# 愤怒管理

Anger Mangement for Dummies，3rd Edition

## 第 3 版

[美] 劳拉·史密斯（Laura L. Smith） 著

王　楠　王嫩寒　张忠丽　王峻清　译

WILEY

CIS K 湖南科学技术出版社·长沙

国家一级出版社　全国百佳图书出版单位

我把这本书献给我的伴侣、最好的朋友，我的丈夫查尔斯·H.艾略特。我们将永远共同书写我们的生活。

# 作者简介

劳拉·L.史密斯（Laura L. Smith）博士是一位临床心理学家。她曾任新墨西哥心理学协会主席，在治疗患有焦虑症和抑郁症的儿童、青少年和成人方面拥有丰富的经验，曾为国内外听众举办过关于认知疗法和心理健康问题的研讨会。她最近完成了《愤怒管理（第 3 版）》（Wiley 出版）。

史密斯博士与现已退休的丈夫查尔斯·艾略特（Charles Elliott）博士合作出版了多部著作。他们合著了《戒烟和电子烟》（*Quitting Smoking & Vaping For Dummies*）、《边缘型人格障碍（第 2 版）》（*Borderline Personality Disorder For Dummies, 2nd Edition*）、《儿童心理学与发展》（*Psychology & Development For Dummies*）、《焦虑（第 3 版）》（*Anxiety For Dummies, 3rd Edition*）、《强迫症》（*Obsessive Compulsive Disorder For Dummies*）、《季节性情感障碍》（*Seasonal Affective Disorder For Dummies*）和《抑郁症（第 2 版）》（*Depression For Dummies, 2nd Edition*）、《焦虑抑郁自我练习指南》（*Anxiety & Depression Workbook For Dummies*）（均由 Wiley 出版）。

# 作者致谢

感谢 Wiley 的优秀团队，他们一如既往的专业、支持和指导为我完成本书提供了不可估量的帮助。感谢凯尔西·贝尔德（Kelsey Baird）在本书的初步策划过程中给予的鼓励。优秀的项目经理蒂姆·加兰（Tim Gallan）回答了我各种问题，在保留内容重点的基础上帮忙编辑。还要感谢约瑟夫·布什（Joseph Bush）提出了特别有见地的意见。

特别感谢查尔斯·H. 艾略特（Charles H. Elliott），《愤怒管理》第 2 版的合著者。尽管他已经退休，但他时常帮我编辑，为本书的写作提出自己的想法，更重要的是，在我疲倦的时候端来一杯咖啡。我还要感谢 2013 年去世的 W. 道尔·金特里（W. Doyle Gentry），是他撰写了这本书的第 1 版，他的许多想法都贯穿于后续的版本中。

# 目录
Contents

# 引言

　　和记忆、幸福以及同情一样，愤怒也是生命的一部分。如何应对愤怒，并不代表让您生气的人或事离谱到什么程度，反而更能体现一个人的素养，包括气质，如何看待世界，生活是否平衡，是否容易原谅他人。不要成为自己怒火的受害者。当世界没有以您希望的方式对待您时，要学会如何处理愤怒。

　　您可以选择如何表达愤怒，就像选择穿什么颜色的衬衫，早餐吃什么，或者今天下午的什么时间去慢跑一样。虽然很多时候人们觉得在愤怒面前自己来不及做选择，但实际上，您已经做了选择。您也可以选择把几分昨天的怒火带到今天，让多少今天的怒气再延续到明天。

　　在愤怒问题前，无人能够幸免。愤怒是一种非常平等的情绪：男人和女人、孩子和老人、富人和穷人、受过教育和未受过教育的人、各种肤色和种族背景的人、信徒和非信徒都会面对愤怒问题。数以千万计的人在生活中的每一天都遭受不必要的过度愤怒的折磨——愤怒实际上会毒害人。

　　愤怒不是可以治愈的，也不需要被治愈。但最好能处理好它，在家里，在工作中，以及最亲密的关系中。本书将告诉您如何积极地管理愤怒：睡个好觉，改变对生活的看法，将冲突转化为挑战，等等。在过去几年中，对于愤怒，人们往往会给出善意而简单化的建议——生气时数到十或深呼吸几次。真正的愤怒管理，远远超过了这个范畴。这真是一个振奋的消息！

## 关于本书

如何判断是否怒火过盛？您的愤怒是由自己做决定还是让他人代劳？如果没有身体攻击性——给他人造成人身伤害或在墙上砸个洞——是否意味着没有生气？攻击真的有助于发泄，让坏情绪从胸膛里消失吗？或者最好还是闭上嘴来保持平静？易怒的人真的能改变吗？或者就因为他们易怒的性格，所以必须要经历些人生磨难？如果您不幸站在造成别人愤怒的那一边，您该怎么办？这些都是第 3 版《愤怒管理》将为您解答的重要问题。

本书的目的是让您了解如何看待愤怒：

» 愤怒不仅仅是两个汉字组成的词语，而是一种极其复杂的情感，其意义远远超出了人们用来表达愤怒时使用的粗鲁和伤人的语言。
» 当愤怒太频繁、太强烈时，会对生活产生不利影响。
» 管理愤怒是能够做到的——如果您愿意做出本书中提到的必要的生活方式改变，包括思维、行为、沟通和习惯的改变。

幸运的是，有很多技巧可以在不过度愤怒的情况下处理困难的情况。您可能愿意把注意力集中在控制脾气最困难的场合，比如在工作中，或者可能想直接读一章关于快速启动愤怒管理的内容。是的，您不需把整本书通读。这取决于您的意愿。

注：本书中的专栏包含了很多有趣的信息，但它们并不是必读的。如果是那种喜欢直击主题的人，那就跳过专栏吧。

## 一些愚蠢的假设

下面是笔者站在读者的角度做出的一些假设：

» 您可能有也可能没有管理愤怒的问题，如果您自己不爱生气，熟人或所爱之人可能爱生气。如果您不是为自己买这本书，那这本书可能是为丈夫、妻子、伴侣、兄弟、姐妹、儿子、女儿、父亲、母亲、朋友或同事买的，或者是其中一个买来给您的。

» 您可能并不想知道关于愤怒的一切，只想知道怎样才能有效地控制愤怒。

专家们对愤怒进行了多年的研究，但在本书内您不会发现一堆科学的"胡言乱语"。这本书重点介绍能帮助您搞定愤怒的行之有效的策略，仅此而已。

## 本书中用到的图标

图标是本书页边空白处的那些小图片，是用来提请您注意的。

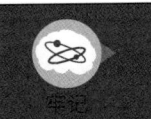
该图标提醒您记住一些重要的想法和概念，即使您手中没有《愤怒管理》第3版，您也可以使用这些想法和概念。

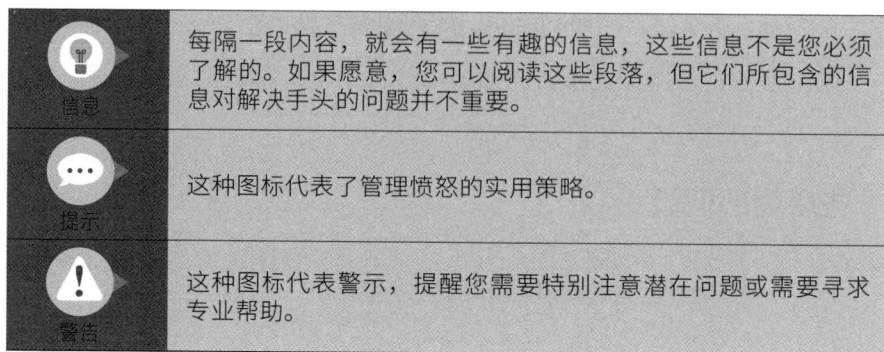

## 除此之外

除了您现在正在阅读的印刷品或电子书中的材料，第 3 版
《愤怒管理》还提供了一些可以在网络上随意浏览的好东西。无
论您从所读的内容中收获几何，都可以免费查看速查表，了解
更多的想法和愤怒管理工具。只需访问 Dummies.com 并在搜索
框中输入 "Anger Management For Dummies cheat sheet"。

## 从此以后

您不必把本书从头读到尾就能从中受益。本书的每一部分
和每一章节都独立探讨愤怒管理。随意选择一个感兴趣的话题，
并一头扎进去就可以了。

无论您是否阅读了第 3 版《愤怒管理》的全部内容，如果
您发现自己仍然在与愤怒做斗争，请认真考虑寻求专业人士的
帮助。愤怒管理是一门小众的专业，您需要找到一个既有执照
又有相关证书（例如，医学博士或硕士）和专业知识的人。

也许阅读本书会使您受益，还有些人觉得愤怒管理课程会

有帮助。是的，您可以在愤怒管理课上，分享您的故事，倾听其他人的故事，您会得到更多的帮助，同学之间往往会相互提供有用的反馈。

# 第 1 部分

# 打开愤怒管理之门

**在这一部分中，您可以：**

☑ 了解愤怒的不同类型

☑ 发现愤怒有时候也有帮助

☑ 分析何时该做出改变

☑ 看看愤怒的负面影响

第 1 章 | **何为愤怒**
Understanding Anger

**本章亮点**

» 鉴别愤怒，弄清楚其来源

» 用科学的态度审视关于愤怒的神话

» 了解情绪的作用原理

» 在需要时如何寻求帮助

近年来，空中愤怒行为层出不穷，飞机上究竟发生了什么？现在，空乘已经成为一种危险的职业，不是因为飞机失事，而是因为乘客不时爆发的攻击。尽管实行了零容忍政策，但乘客在飞机上还是容易失去理智。大约一半的空中愤怒行为是酒精导致的，但另一半据称来自清醒的乘客。他们到底怎么了？

首先，世界正处于一个世纪以来最动荡的时期。政治从未像现在这样分裂，贫富差距从未如此之大，气候变化造成了越来越多的自然灾害。人们经常会感到恐惧、压力，以及极度愤怒。

牢记

愤怒是人类生存机制的一部分。当面临威胁时，人类和其他动物一样，要么逃跑，要么吓傻了，要么进行攻击。愤怒助长了攻击的力度。愤怒的人会能量激增，击退敌人。

但愤怒有时也会产生相反的效果，导致过早死亡。过度愤怒会导致心脏病发作，增加工伤发生的概率，破坏人际关系，并导致各种意想不到的负面后果。愤怒真的是一把双刃剑。

## 找到愤怒管理的关键

您可能想要一个明确的答案来回答这个问题："我为什么这么生气，我能做的唯一、最有效的事情是什么？"您希望本书中的某一章能让您找到答案。但是，唉，本书做不到啊！

愤怒是一种复杂的人类情感。通过阅读本书，您可以搞清楚愤怒从何而来，也就是说，哪些特殊因素在发怒时起了作用，以及起了多大的作用。这些因素包括更好的应对技巧，减少饮酒，增加社交活动，增强生活的目的感和意义，或者找一份新工作。

以上因素中的部分或全部，一个或是其他别的因素，可能会出现问题，导致愤怒。重要的是要找到正确的方法来管理愤怒，并利用本书中的信息和资源来引导情绪发泄，将其带到一个更好的地方。

## 识别愤怒

　　大多数人应该可以识别什么是愤怒，或者至少自以为能够识别愤怒。例如，也许直觉告诉您，您的朋友生气了。于是您问他是否真的生气了，但是他回答："不，我一点也不生气。"哦，当然，可能是您的直觉错了，朋友真的没有生气。但一般在这种情况下，您的直觉是值得相信的。您可以通过他的语调、姿势和肢体语言来辨别。

　　愤怒是一种情绪，涉及某些类型的想法，比如他人企图伤害您、您受到不公平对待、自尊受到威胁以及受到挫折。愤怒可以表现在身体上，例如肌肉紧张、声音洪亮和坐立不安；也可以表现在行为中，例如做一些威胁动作、踱步和紧握双手。愤怒是一种强烈的情绪，用来表达气愤和不满。

## 选择愤怒

　　人类是唯一可以选择如何看待世界的动物。猫、狗、松鼠、仓鼠、金鱼——它们都是本能生物，也就是说它们的反应方式是可预测的，这些方式都预先存在于它们的神经系统中。本能是普遍的，所以如果您抓挠一只金毛贵宾犬的肚子，它会立即开始摇晃后腿。所有的金毛贵宾犬都这样做，它们在这件事上别无选择。

牢记

作为人类，神奇之处在于您可以不受本能的支配。人类不仅可以选择如何应对周围的世界（例如，当受到虐待时如何反应），而且在做出应对之前，还可以选择如何看待或辨识他人的行为。

他是故意这样做的吗？这是意外还是有意为之？虐待是专门针对我一个人吗？这是一场灾难还是一场改变生命的大事件？这是不应该发生的事情吗？也许您没有意识到，这些问题都是在您有机会做出反应或对挑衅做出回击之前，大脑会考虑到的。您可以想想下面这件事：

麦克（Mike）可能是个天生的悲观主义者，但事实上并不是这样。人类生来并没有态度，这些态度来自生活经验。事实上，麦克生活在一个酗酒的家庭，在那里，事情可能前一分钟进展顺利，下一分钟就会陷入完全混乱。当他还是个孩子的时候，他发现自己并不指望美好的时光会持续下去，而且他和家人总是离家庭危机只有一杯啤酒的距离。

因此，在麦克成年后，他一直觉得，只要有足够的时间，大多数事情最终都会变得糟糕。无论他的妻子多么爱他，他的孩子们多么听话，在他的内心深处，他都抱有这样的想法：任何一分钟事情都会变得糟糕，当那一刻到来时，他会愤怒地做出反应。他为什么会生气？这是麦克保护自己免受混乱的方式，一种可以控制事态发展的感觉。这是一种不同于他小时候的反应，儿时的他只能躲在床下，任酗酒的父亲一直咆哮到深夜。

　　麦克不知道他的童年是如何影响他的世界观的。像大多数酗酒家庭的孩子一样，他认为，因为他熬过了那些不愉快的岁月（至少在肉体上），所以他是没有问题的。他也不知道为什么自己那么容易发脾气。

提示

　　许多有愤怒问题的人都有不愉快的童年经历。他们在童年时期的愤怒在当时是有帮助的，这是他们应对困难的一种方式。但是当他们把愤怒带到了现在，往往不太奏效。他们可以寻求新的、更有效的应对方式，但这需要耐心和努力。

## 解密常见的愤怒误区

　　在能够控制自己的愤怒之前，您需要弄清楚什么是愤怒，什么不是愤怒。不幸的是，关于愤怒的误区比比皆是。以下是从一开始就要消除的一些误区：

» **"如果不表达愤怒，我就要爆炸了！"** 事实是越频繁地生气，未来就越有可能感到愤怒。从另一方面讲，适当、谨慎地表达愤怒对您是有益的。所以请继续阅读！

» **男性比女性更易怒。** 如果您所说的更易怒是指生气但不表达出来，那么男人比女人更易怒是不正确的。调查显示，女性和男性的生气频率是一样的，只不过表达愤怒的方式可能略有不同，但在这一问题上的研究结果并不一致。

» **愤怒是不好的。** 在应对压力时，愤怒有多种积极的作用。如果得到控制，愤怒可以激励您改善与他人的沟通，保护您免于恐惧和不安。

» **发怒是好事。**当它导致家庭暴力、财产损失、性虐待、毒瘾、道德败坏和自残时，愤怒肯定是不好的。

» **只有在公开表达愤怒时，愤怒才是问题。**许多愤怒的人要么压抑自己的愤怒（"我不想谈论它！"），要么否定自己的愤怒（"我真的没有生气！"）。表达愤怒的人就像那些引人注意的吱吱作响的车轮，压抑或否认愤怒的人同样需要愤怒管理（请参见第 3 章，了解更多有关愤怒成本的信息）。

» **年龄越大越易怒。**相反，随着人们年龄的增长，他们的负面情绪减少，情绪控制力增强。人，就如葡萄酒和奶酪，确实会随着年龄的增长而不断发酵完善自己。

» **愤怒仅仅是一种精神层面的活动。**当一个人生气时，这种情绪会在全身的肌肉、脖子后面的毛发、血压、血糖水平、心率、呼吸频率、肠道，甚至手指温度（它会升温！）上立即显现出来，您可能还没有完全意识到发生了什么。

» **愤怒是为了报复。**研究证明，愤怒背后最常见的动机是渴望维护自身权威或独立，或改善自己的形象，而不一定是为了对他人造成伤害。复仇是次要动机。第三个动机是发泄累积的沮丧情绪——同样没有明显的伤害他人的意图。

» **如果不表达愤怒，别人会觉得我很软弱。**并非如此。事实上，冷静、有分寸、自信的回应（更多关于自信的信息，请参见第 8 章）不仅效果更好，而且会让人觉得您非常强大。

» **有愤怒问题的人自尊心很低。**事实上，有时的确如此。然而更常见的是，愤怒经常会伴随过度膨胀的自尊（有关自尊和愤怒作用的更多信息，请参见第 7 章）。

## 述情障碍：没有感情的人

述情障碍这个词用来形容那些似乎缺乏情绪的人，包括愤怒。述情障碍是一种相当稳定的人格特征，但它本身并不是一种正式的心理疾病的诊断。尽管有述情障碍的人确实有感觉，但他们似乎没有意识到，也无法从中学习。述情障碍倾向于：

- 难以识别不同类型的感受。
- 在与他人交往时显得僵硬和木讷。
- 缺乏情感意识。
- 缺乏乐趣。
- 难以区分情绪和身体感受。
- 在决策时显得过于逻辑化。
- 缺乏对他人的同情。
- 对他人的情绪感到困惑。
- 对艺术、文学和音乐无动于衷。
- 几乎没有情感记忆（例如童年记忆）。

不要为了控制愤怒而与自己的感情脱节。您要拥有情绪，也要控制情绪。您需要在愤怒驱使下给当地报纸的编辑写一封关于一些社会不公的信。当您的才能在工作场所被人利用时，您需要愤怒促使您为自己挺身而出。

生气地对配偶说"嘿，有些事情在这里不应该是这样的"，这样做对婚姻有好处。但是，如果愤怒只会让您伤害他人或自己，

那么肯定有问题。如果知道如何使用愤怒，就把愤怒视为一种可
以帮助您的工具，并把《愤怒管理》视为如何使用这种工具的参
考书。

## 测试情绪

情绪的英文单词"emotion"是一个复合词。"e"代表能量
"energy"，而"motion"的意思就是所谓的"运动"。情绪促使
您采取行动免受威胁，推动您对异性产生依恋和生育繁衍，让
您追求使人愉悦的事物，鼓励您在挫折失败后满血复活，并推
动您对陌生环境展开探索。没有情绪，生活就会停滞不前。

牢记

情绪的本质就是短暂的、转瞬即逝的经历。通常，情绪在
一天中会有高低起伏，将您推向不同的方向，使您的行为发生
变化。对愤怒这样的情绪不采取行动是不自然的，在某些情况
下，也是不健康的。情绪可以导致生理变化——血压升高、心
率加快、血糖升高和肌张力升高——这些变化通常是无害的，
因为如果处理得当，这些变化都很短暂。如果情绪堆积在心里
无法表达，可能会导致持续的生理紧张状态，造成致命伤害。

其实，将愤怒定义为表达或未表达都是不正确的，所有的
愤怒都可以表达出来，问题是如何表达。您可能会认为，以其
他人可以看到、听到或感觉到的方式表达就是所谓的表达愤怒。
相反，就是不表达愤怒。但事实是，所有的愤怒都在表达，其
中一些愤怒是以无法立即观察到的方式表达的。例如，您可能
看起来并不生气，或说话的语气听起来并未发怒，但愤怒可能

已经在心血管系统（高血压或偏头痛）、胃肠系统（肠易激综合征或结肠痉挛）或肌肉骨骼系统（颞下颌关节痛或紧张性头痛）中表现出来。

或者，愤怒可能会表现为态度消极（悲观、愤世嫉俗、希望渺茫、痛苦和固执）或某种形式的回避行为（沉默）、对立行为（"我不这么认为！"）或被动攻击行为（"对不起，你究竟想要什么？"）。愤怒也可能会让人情绪低落，感到沮丧，突然失去了以往生活的热情。

保罗·埃克曼（Paul Ekman）博士总结了世界上所有文化中的七种基本情绪，表 1-1 列出了这些情绪及其表达方式。

表 1-1　**七种基本情绪**

| 情绪 | 表达方式 |
| --- | --- |
| 悲伤 | 眼睑下垂，嘴角向下，回避他人，思想集中于消极、悲观的问题，失败和自卑的自我观，体温升高，心率加快 |
| 愉悦 | 眼角产生皱纹，嘴角上扬的微笑，思想聚焦在积极的享受上，大笑 |
| 惊讶 | 眼睛变宽变圆，嘴巴张开，对意外事件会迅速响应并很快恢复平静，思想集中在发生了什么以及为什么发生 |
| 沮丧 | 鼻子上出现皱纹，上唇卷曲，对看起来、闻起来或尝起来使人不快的东西快速做出反应，思想集中在如何使自己避免或消除令人沮丧的事情 |
| 蔑视 | 脸颊的肌肉向后拉，这会导致"半"微笑或冷笑；头部经常向后倾斜一点；思想集中于他人的缺点。 |
| 恐惧 | 眼睛睁得大大的，嘴唇张开，心率加快，体温下降，思考如何应对危险——是战斗、逃跑还是僵持，可能会跌倒 |
| 愤怒 | 怒目而视，双唇紧闭，体温和心率升高，挺胸抬头，思想集中在不公平、不公正，想要报复、攻击等问题上 |

## 寻求必要的帮助

每个人都需要外界的支持，没有人能独自度过一生。当您的生活发生重大变化时，其他人的帮助尤为重要。学会控制愤怒是人生的一大改变。

支持有多种形式。为了有效地管理愤怒，您需要以下支持：

» **精心挑选志同道合的朋友，用心经营自己的家庭：** 您需要百分百支持您的人，他们了解您，知道您遇到了什么难题，在您想办法解决问题时会为您加油打气。

在愤怒管理初期，如果您寻求帮助却很难得到支持，不必太惊讶。这时您应该意识到，这些年来，您的愤怒可能伤害了很多人，他们可能会有一些挥之不去的怨恨、恐惧和不确定性。这很自然。但如果您真的致力于控制愤怒，他们最终会支持的。

» **信息支持：** 有管理愤怒的意愿是好事，但如果没有所需的信息，就走不了多远。幸运的是，手捧这本书，您可以掌握控制愤怒所需的所有信息。

» **自己帮助自己：** 您可以从一些渠道获得帮助，比如美国大多数社区都有愤怒管理自助小组和课程。还有一些在线支持小组。一定要小心在线群组哦。那里有些人在抱怨，甚至可能让您比以前更生气。

» **专业帮助：** 有愤怒管理问题的人往往不认为自己需要心理治疗。然而，受过训练、有资质的治疗师、咨询师、心理学家或精神科医生都具有专业的技能，可以帮助您远离愤怒。专业治疗可以帮助您识别愤怒的诱因，传授您应对技巧，并在整个过程中为您提供支持。治疗师也会很乐意与您一起充分利用这本书，解决遇到的问题。

警告

除非您遇到了极端的困难，而且在自我帮助和专业帮助方面没有取得很大进展，否则不要试图通过药物解决愤怒问题。大多数治疗愤怒问题的药物效果有限，又有严重的副作用。如果必须选择，去找一位专家开一些治疗心理疾病的药。

第 2 章 | **描画愤怒轮廓**
Finding Your Anger Profile

**本章亮点**

» 愤怒具有一定的适应能力

» 找到触发愤怒的"按键"

» 何时何地用何种方法表达愤怒

» 愤怒伴随的问题

怎样判断何时出现了愤怒的问题？有人说，只要生气，那就是有问题。另一些人则持不同意见，有的甚至认为愤怒永远不是问题，只要是为了表达生活中存在问题。

吉安娜（Gianna）、丹尼尔（Daniel）和阿里亚（Aria）都在一家生物医学工程公司工作。他们将在本周进行年度审查。这三个人在工作中都会感到愤怒，但表达方式却截然不同。

老板告诉吉安娜，她的工作很出色，但其他员工反映她非常易怒。听到这些，吉安娜感到脉搏加快，脸变红了。"我不明白他们为什么会这么说，我从不生任何人的气。"她坚持说，"我帮每个人解决问题，这就是我得到的感谢吗？听着，我完成了我的工作。对吗？那有什么问题？"

丹尼尔则通过摔门和提高嗓门来表达他对工作的愤怒。当老板告诉他情绪失控了，建议他参加愤怒管理课程或接受纪律处分时，丹尼尔猛地把绩效评估册摔在桌子上，喊道："我周围有一群笨蛋，你能指望我怎么做？我没有愤怒的问题！只是因为我和一群白痴一起工作，这其中也包括你！"

老板给了阿里亚一个很中肯的评价。当老板问她是否有任何顾虑或抱怨时，她思考了片刻，平静地说道："事实上，我被一些同事的愤怒问题所困扰，这伤害了我们工作组的士气，让我感到不安，甚至也会有点生气。我认为，如果能解决这些问题，我们的团队会更有效率。"

从上面的案例可以看出，阿里亚有效地控制了她的愤怒，而吉安娜和丹尼尔在愤怒管理方面都有问题。无论是您有愤怒问题，还是周围的人有愤怒问题，都会影响每天的工作方式。

本章将为您解密决定谁会生气、谁不会生气的影响因素。首先，让我们看看人们表达愤怒的多种方式。这些信息有助于识别自己的愤怒风格。接下来，我们要知道愤怒并不总是坏事，愤怒实际上可以有建设性作用。然后我们一起去寻找是什么触发了您的愤怒，并开始追踪这些因素。最后，看看愤怒如何被转移到错误的方向，以及愤怒如何使其他心理健康问题复杂化。

## 愤怒的多面性

每个人都会生气。毕竟愤怒和悲伤、喜悦、恐惧一样，是全世界人类在看到或听到时都能意识到的一种普遍情绪。但每个人在感受和表达愤怒方面有所不同。接下来我们看看人们表达愤怒，或者压抑愤怒的多种方式。在改变表达愤怒的方式之前，了解愤怒表达策略会有所帮助。当人们谈论愤怒时，会听到各种各样的词汇。当阅读以下案例时，想想您一般是用什么方式表达不满。

### 感到烦恼

所有的人都会时不时感到烦恼。塞车，电脑死机，孩子们打闹，等等。感到烦恼是对挫折的一种完全正常的反应，通常是短暂的。但是，有些人每天都很容易因为一些小事而烦恼。如果您经常感到烦恼，要么您有问题，要么您的生活需要一些改变。

### 易被激怒

易被激怒是一种过度敏感的情绪和身体状态。与烦恼不同的是，这种状态往往更趋于慢性化。易被激怒的人很容易感到不安（和烦恼），但可能还没有完全意识到自己的情绪、想法或感觉。易被激怒不利于身心健康。您可能意识不到自己有多容易被激怒。很多时候，周围的人比我们自己更能察觉到。和一个脾气暴躁的人在一起并不有趣。

警告

易被激怒的人除了容易生气或烦躁外，还经常会出现注意力不集中、心跳加快、呼吸急促或浅呼吸的情况。低血糖、内分泌失调或睡眠不足等身体问题可能会导致易被激怒。如果您正在遭受这种困扰，可以去医院检查一下，排除可能存在的身体原因。

## 抱怨和说三道四

抱怨和说三道四比直接面对愤怒的人更安全。喜欢抱怨的人会找到富有同情心的听众，来倾听他们对他人的不满、痛苦和愤怒的抱怨。这样，就避免了直面对他们发火的人。但是，毫不奇怪，在这个过程中问题并没有得到解决。

## 消极对抗性愤怒

以消极对抗的方式表达愤怒的人其实是试图找到“安全”的方式来表达愤怒。他们更愿意自己的行为能掩饰实际的愤怒情绪。换句话说，他们在找借口，号称自己的动机是可以原谅的。下面是一些消极反抗行为的例子：

» 故意拖延答应的事情，以报复某人。
» 长期迟到。
» 面有愠色或噘嘴。
» 故意不认真完成他人拜托的事情。

» 故意一次又一次忘记完成承诺的任务。

» 间接言语表达，如微妙的讽刺。

下面是一个消极反抗的例子：

尼克（Nic）是一个消极反抗的人，他娶了索尼娅（Sonya）为妻。尼克经常对索尼娅感到愤怒和不安，但很少直接表达自己的感受。有一天，他决定给他们的房子换一种颜色，那样会更好看。因此，他带了大约 30 种不同颜料的样本回家，在房子的所有墙上涂抹，看看他喜欢什么颜色。不知何故，那之后的两年多时间里，他都没能抽出时间来粉刷房子。他总是对索尼娅说："很抱歉，我保证我会尽快解决的。"

当面对愤怒时，消极反抗的人总是有借口，并完全否认他们的愤怒。在 50 万次"对不起"或"我忘了"之后，他们的伴侣会感到非常疲惫。

## 怀恨在心

怨恨和不满常常同时存在。当您觉得受到委屈时，就会产生不满。怨恨是许多人对伤害他们的人深深的愤怒。怀恨在心会让人一直生活在过去，并对人际关系产生持久影响。长期受负面情绪的影响会使人无法前进。

## 表达敌意、暴怒或身体攻击

本节涵盖了大多数人认为的愤怒的形式。敌意、暴怒或身体攻击的表达强度不等，很容易失控。攻击是故意对人或物体造成伤害或破坏。并非每个有攻击行为的人都会感到愤怒。有些人之所以进行攻击，只是因为他们喜欢或感受到伤害别人带来的快乐。还有一些人，如银行劫匪，会对人产生攻击，但是他们并不愤怒。正如您可能怀疑的那样，这些人不是愤怒管理的理想人选。

- » **敌意**是指对他人或某些场景的长期、消极的态度和信念。例如，一个帮派成员可能会对另一个帮派中的每个人充满敌意。一般来说，敌意比愤怒更具扩散性和集中性。

- » **暴怒**是指达到失控程度的愤怒。暴怒几乎总是伴随着极高的生理刺激。

- » **言语攻击**包括大喊大叫、争吵、侮辱和威胁。用言语伤人有时会在当下奏效，但往往会留下不满、愤怒和不良情绪的痕迹。例如，经常对孩子大喊大叫的父母有时会得到孩子短暂的顺从，但从长远来看，孩子可能会变得叛逆，容易愤怒。

- » **非言语攻击**会让人无话可说。非言语攻击包括不友好的手势，如指指点点、紧握拳头和竖中指。愤怒的面部表情包括不屑一顾、敌意和轻蔑（通过冷笑、长时间愤怒地凝视和不耐烦地说话来表现）。这些表情很难用语言形容，但当您看到一个这样的表情时，您就知道是什么样了！故意忽视和冷战也会传达愤怒和敌意。肢体语言包括攻击性的、夸张的姿势。

- » **物理性攻击**包括针对人或物的行为。摔门、砸墙、扔盘子都属于对物体的物理性攻击。这种类型的攻击行为会让看到的人感到非常恐惧。此外，这些对物的攻击行为往往会是人身攻击的前兆。人身攻击可以采取推搡、殴打和掌掴等形式，甚至可以使用武器。显然，物理性攻击几乎总是施加于受虐人和目击者。

提示

愤怒造成的物理性攻击一般是在切实受到他人的攻击、生存受到威胁时才会发生。物理性攻击不会解决问题。

## 压抑愤怒

压抑愤怒的人会感到疯狂，但会努力克制。只有亲密的朋友和家人才能发现这些人愤怒的端倪。然而，有些人是压制的高手，没有人真正知道他们内心有多少敌意。

不幸的是，压抑愤怒往往要付出身体代价，如高血压、消化问题和心脏病，也会伴发慢性紧张、不愉快、疲劳和痛苦。因此，压抑愤怒并不是一个好的愤怒管理策略。有关愤怒和抑制愤怒的成本的更多信息，请阅读第 3 章。

## 有效地表达愤怒

是的，保持冷静也是表达愤怒的一种方式。当然，如果您正在读这本书，就会知道保持冷静并不是表达愤怒的主要方法。保持冷静意味着您不会冲动地做出反应。在说任何话之前，您可以慢慢地深呼吸一两次，然后在试图解决问题时直接表达自己的感受。

牢记

愤怒是一种情绪，包括身体的唤醒，对威胁、不公平、不公正、不容忍和不可接受的挫折的思考。愤怒的情绪可能转化为行动，也可能不行动。当您感到愤怒，无论表达与否，都要把它当作一个信号，关注您周围发生的事情。

## 关注愤怒类型

我在一个很少表达愤怒的家庭长大。回想起来，我确信，我家也会有很多愤怒存在，但大喊大叫、咒骂或愤怒的肢体语言是不被容忍的。我清楚地记得一件事，因为妈妈不让养狗，我哥哥砰地关上了卧室的门。我还清晰地记得母亲说"该死"这个词，那是第一次，也是唯一一次，是在我 16 岁的时候，我想从家里搬出去，住在大学附近的一个公寓里。由于母亲异常愤怒的表现，最后我没有搬出去。

我在家里没有公开表达愤怒的经历，这对我来说并不总是好事。在现实世界中遇到愤怒时，我会变得害怕和不知所措。在我年轻的时候，压抑是我表达愤怒的方式。在决策和人际关系中，这样并不总能对我有利。

让我们花几分钟时间想想早年的愤怒经历。问自己几个问题：

» 家里的大人如何表达愤怒？

» 其他家庭成员如何表达愤怒？

» 我们如何回应对方的愤怒？

» 我以前如何表达愤怒？

现在，想想现在的您表达愤怒的方式。大多数人发现，童年时接触愤怒的方式会影响他们成年后表达愤怒的方式。查看下面的内容，检查您处理挫折和愤怒的方式：

» 烦恼。

» 被激怒。

» 抱怨和说三道四。

» 消极反抗。

» 怨恨。

» 变得充满敌意和攻击性。

» 压抑愤怒。

» 有效表达愤怒。

您是否有自己表达愤怒的方式？或者在不同的阶段有不同的愤怒表达形式？想想生气的时候，您现在表达愤怒的方式与早期的经历有什么关系？

牢记

大多数人认为，愤怒管理是针对那些在生气时大吵大叫或咄咄逼人的人。但正如您将会看到的，愤怒管理对于那些不知道如何有效表达信息、默默忍受或长期感到愤怒的人也很有用。

## 愤怒何时会有用

人们往往将愤怒与攻击性行为或生活中其他类型的破坏性结果联系起来。确实是这样，因为迄今为止没有人告诉您如何建设性地利用愤怒。本节阐述了愤怒积极的一面，即可以用来解决日常生活中的一些问题，理解他人的观点，并最大限度地减少将会发生的冲突。

情绪不是天生是好的或是坏的。人们会因为一件快乐的事情如升职而心脏病发作；当他们震惊于亲人去世的意外消息时，也可能引起脑卒中发作。这是否意味着应该不惜一切代价避免快乐和震惊？当然不是。同样，我们也不应该因为错误地认为愤怒只会造成伤害而试图避免愤怒。正是您对愤怒所做的事情——如何表达愤怒——决定了愤怒的好坏。

### 与愤怒握手

如果能够建设性地使用愤怒，您将会与一些伟人同行——

乔治·华盛顿（George Washington）、马丁·路德·金（Martin Luther King Jr）、纳尔逊·曼德拉（Nelson Mandela）、耶稣基督（Jesus Christ）、甘地（Gandhi）和特蕾莎修女（Mother Teresa）。诚然，这些人对贫困、种族不公或外国势力占领他们的国家感到愤怒，但他们将愤怒转化为建设性行动，使世界变得更好。

以下几节介绍了在构建更健康、更幸福、更有成效的新生活时，要与愤怒结盟的几个原因。

## ·愤怒可以是一种内在资源

人天生就有愤怒的能力。早在 3 个月大的时候，母亲就能感受到新生儿的愤怒。婴儿大声哭闹并满脸通红地表达愤怒，告诉他们的监护人，他们不舒服："换尿布！"或"喂我！"

愤怒不像金钱或友谊那样可以赚到或学习。当需要时，您就可以体验愤怒。您可以把愤怒看成与生俱来的权利。正如婴儿通过愤怒以表达需求一样，您也可以用具有建设性的愤怒来表达需求。

## ·愤怒会让人精神振奋

情绪的英文单词"emotion"中的"e"代表"energy"，是能量的意思。愤怒会使肾上腺素瞬时飙升，导致瞳孔扩张、心跳加速、血压升高、呼吸加快。如果您生气到一定程度，甚至脖子后面的毛发都会竖起来！肝脏通过释放糖分对愤怒做出反应，血液从内脏转移到骨骼肌，导致全身紧张。愤怒使您精力充沛，随时准备行动。不过，请记住，情绪是短暂的——它们起起伏伏。因此，打铁需趁热，并在它冷却之前将愤怒的能量服务于您，创造更多的利益。

警告

只有当愤怒得到控制和适当表达时，其所带来的能量激增才是有益的。有效表达愤怒的方式参见本书第 2、第 3 和第 4 部分中的众多案例。

### · 愤怒是新行为的催化剂

情绪的行动部分与激励行为有关。和大多数人一样，您想改变生活中的一些事情。但您很害怕，对吧？如果放弃现状，朝着新的方向生活，比如尝试一段新的关系或放弃一段旧的关系，离开一份有毒的工作，搬到一个新的城市，或开始一种新的、更健康的生活方式（如去健身、开始节食或戒酒），您不确定结果会怎么样。因为对改变的恐惧感，您什么都不做——也就是说，直到对现状感到愤怒，您才开始行动。

### · 愤怒使您与世界沟通

用愤怒告诉世界，您是多么的痛苦——不快乐、没有成就感、不满足、不激动和不被爱。愤怒让您将说不出口的话表达出来！想想您上次口头表达愤怒的时候，还记得您说过的话吗？

您是不是说了一些诸如"别再跟我唠叨""你根本不在乎我""我厌倦了这种上顿不接下顿的生活"这样的话？或者是"我付出了那么多，到头来却一无所获"？其他人听到了您说的话，但您自己听到了吗？您是否倾听了自己的愤怒，理解了愤怒所传递的生活中的问题，您是否开始思考需要做什么来纠正？

提示

最有效的情感对话是您与自己的对话。感到愤怒时，想想这种情绪体现了您的一种什么状态。

### ·愤怒可以保护您免于伤害

　　愤怒是人类与生俱来的一部分，是人做出"要么战斗，要么逃跑"反应的重要因素，能帮助您适应和应对生活中的挑战。愤怒是战斗的组成部分，促使人采取攻击性措施，以保护自己免受精神和肉体的威胁。

　　您曾经愤怒到为自己的权利或其他人的权利挺身而出吗？您有没有用愤怒来限制别人粗鲁或不体贴的行为？看看下面这些愤怒的表达方式：

» "嘿，这样做不对。"

» "停！就这样吧。我不会再坐在这里，让自己受这种折磨了！"

» "你在侮辱我的朋友，住手！"

» "你可以欺负办公室里的其他人，但不能欺负我。"

　　这些都是适应性愤怒的例子。如果不表达愤怒，可能很快您就会成为受害者。

### ·愤怒可以是无能的解药

　　无能——缺乏力量和能力——是一种很糟糕的感觉。无能不仅仅是性无能，也体现在您如何应对周围的世界：人际关系、工作、财务状况、健康情况、您的体重、失去亲人，等等。

　　面对以上情况，您生气了，突然间，您充满了一种坚毅、有力量、自信和有能力的感觉。此时，您可以直面一直在逃避的挫折和冲突。愤怒，如果使用得当，会成为一种激励情绪："我可以解决这个问题""我可以在这里有所作为""如果我努力，我可以成功"。

提示

下次，当您对生活中的一些重要方面感到沮丧和无力时，注意自己的姿势。当您情绪激动并开始掌控局面时，姿势会发生怎样的变化。您会惊讶于这种变化。

## 理解建设性愤怒的本质

建设性愤怒与破坏性愤怒在许多重要方面有所不同，包括：

» **建设性愤怒的目的是解决问题或弥补不当行为。**例如，球赛正在进行却天公不作美，下起了雨，此时生气并不是特别有帮助，但感到愤怒，然后有动力去想出另一种活动是很不错的。

» **愤怒的矛头指向错误行为人。**如果售货员在您寻求帮助时粗鲁地对待您，而您却无视她的粗鲁，把情绪发泄在收银员身上，此时的愤怒是没有好处的。

» **愤怒的反应与错误行为成正比。**例如，如果您青春期的女儿对您翻白眼，并说了一句讽刺的话，您可以惩罚她几个小时不玩电子产品、不看电视。但是如果您扇了她一巴掌，就有点反应过度了。

» **愤怒是为了解决问题，而不是寻求复仇。**对许多人来说，这是一个艰难的时刻。例如，帕蒂（Patty）的丈夫终于承认，十年间，他总是时不时地欺骗她。如果愤怒使她离婚并接受心理疏导，她就是在有效地利用愤怒。但是如果她终其一生都在攻击她丈夫，并试图让孩子们也疏远他，这就是在寻求毁灭性的复仇，会像她丈夫伤害她一样，也伤害她的孩子。显然，这不是个好主意。

## 识别触发愤怒的因素

了解触发愤怒的因素——让您生气的事件和情况——是很重要的，因为当您做好准备后，会更有效地回应愤怒。准确地预测愤怒会提高您建设性地表达愤怒的能力。本节我们来探讨常见的愤怒触发因素。

### 受到不公平对待

当受到不公平对待时，许多人都会感到愤懑、烦恼甚至暴怒。不幸的是，每个人都会遇到不公平事件，发生的频率还不低。以下是几个常见的事例：

» 电影院有人插队。

» 老师给您的分数很明显不公平。

» 上司对您的工作评价不准确。

» 明明没有超速，交警却开了罚单。

无论对不公平事件做出什么样的反应，这些反应是否温和、富有成效，或者与发生的事情不成比例，都会影响事件的结果。

下面，我们看看 16 岁的卡梅伦（Cameron）的例子：

卡梅伦住在美国新墨西哥州阿尔伯克基市，在一次广为人知的交通执法大清除行动时，他正在开车。警方将他拦下，说他没有使用转向灯。但是他坚称自己已经正确使用了转向灯。他是一个诚实的年轻人，有着崇高的原则和坚定的公平信念。因此，他与警察发生了争执，警察立即开出了一张罚单，并告诉他，如果他愿意，可以去法院起诉。

作为一个有点天真的公民，卡梅伦上了法庭，并向法官强烈争辩说，他是对的，警察出于某种原因不公平地针对了他。法官判处他 30 小时社区服务和 50 美元罚款。接下来的几个周末，卡梅伦穿着橙色背心和那些犯下更严重错误的人一起收垃圾。

卡梅伦受到了不公平对待？可能是吧。但最后，他总结说，有时，愤怒和对公平的渴望凌驾于常识之上，使他做出一些不值当的行为。其实生活并不总是公平的。

## 时间压力和挫折

今天的地球是一个繁忙的星球。人们处处感到压力，需要同时处理多项任务，并不断增加工作产出。但不可避免地，有些事情会阻碍前进的脚步。比如：

» 上班出门晚了一点，又遭遇了交通拥堵。
» 飞机马上要起飞了，却被安检人员选中进行额外检查。
» 正在紧张工作，家人或朋友却频繁给您发短信。
» 等了整整一上午，您的房屋项目承包商却没有出现。
» 电话那端说"稍等"，却让您等待了 45 分钟，更要命的是，电话挂断了。

这样的事件令人沮丧吗？当然。但是它们可能发生在每个人身上，无论采取什么措施来阻止，它们都会发生。

牢记

您或许能够用一种有效的方法避免某种烦恼的发生。例如，可以告诉家人工作时不要给您发信息。但仍会有许多延误和挫折不可避免地发生。此时愤怒失控于事无补，相反，只会带来不必要的压力。

## 经历欺骗或失望

当人们让您失望时，无论他们是食言还是撒谎，都会让您感到恼怒、沮丧。我们大多数人一生中都会不断地遇到这类事件。例如：

» 伴侣或配偶的欺骗。

» 老板没有按照承诺给您升职加薪。

» 密友忘记了您的生日。

» 一位朋友没能按他答应的那样帮忙搬家。

» 一位同事编造了一个谎言，让您失业了。

» 孩子撒谎说哥哥打了他。

提示

当然，对所有这些触发因素感到沮丧甚至愤怒是正常的。试着找出哪些类型的事件最常发生在您身上，哪些事情最容易引起愤怒。

## 威胁自尊

人们喜欢自我感觉良好。即使是自尊心低的人也不喜欢经历挫折和批评。一些人对威胁自尊的反应是悲伤和 / 或自我厌恶，而另一些人则是愤怒。这些威胁可能是现实的、应得的，也可能是相当不公平的，正如本章前面一节"受到不公平对待"中所指出的：

» 得到较差的分数或评价。

» 受到侮辱或不尊重。

» 在别人面前犯错误。

» 将葡萄酒洒在邻居的地毯上。

» 被拒绝。

» 没有入选运动队。

» 败选。

提示

阅读第 7 章了解自尊和愤怒之间的关系，可能会使您惊讶。

## 在人际关系中挣扎

良好的人际关系使生活变得更美好。然而，当一方或双方都有愤怒的问题时，这段关系可能会成为有毒的战场。您可能会对杂货店排在前面结账的人感到愤怒，因为她找不到信用卡。然后您说了一句粗鲁的话，但您可能再也见不到那个人了，所以从长远来看，您的粗鲁言论可能对生活没有什么长远的影响。然而，当您对伴侣、室友或孩子说一句尖刻的话时，这句话会被记住。更糟糕的是，这句话可能引发反驳或指责，带来难以打破的愤怒循环。

## 陷入偏见和歧视

在本章的前一节"与愤怒握手"中，我们提到了甘地和纳尔逊·曼德拉等一些特殊的历史人物，他们将愤怒转化为举世瞩目的、改变人类命运的运动。大多数人面对歧视和偏见时会感到无能为力，无法改变自己的世界。他们的反应是愤懑、懊恼、暴怒，甚至绝望。歧视或偏见可以不明显，也可以显而易见。以下是最常见的不公平待遇：

» 种族或民族差异。

» 性别歧视。

» 性取向。

» 民族主义。

» 阶级歧视。

» 残疾。

» 宗教信仰。

» 外表（如身高矮和肥胖）。

您可能会发现，偏见是无穷无尽的。有些人甚至根据他们选择观看的电视新闻节目来预先判断他人。今天，仅仅是您所支持的政党不同，就可能激发愤怒。

牢记

愤怒可能是由不宽容或偏见引发的，不宽容或偏见的受害者也会产生愤怒。

## 经历生理问题

有慢性疼痛或严重疾病等身体问题使人们更容易疲劳且易怒，可能会导致沮丧和愤怒，特别是在近期没有快速解决方案或治愈方法的情况下。

处于这种情况的人会感到脆弱无助，偶尔会对他人发起猛烈攻击。不幸的是，他们的愤怒矛头可能指向那些试图帮助他们的人，例如护理人员或医生。这种愤怒往往会弄巧成拙，增加孤立感。

信息

某些新冠肺炎患者在从最初的感染中恢复数月后仍有症状，

被称为"长新冠"。他们可能会出现思考困难、呼吸困难或慢性疲劳。目前还没有人对长新冠的心理影响进行研究，但常识表明，随着时间的推移，他们可能会变得烦闷、抑郁、焦虑和愤怒。

## 受到攻击

这个世界充斥着暴力。成为暴力或虐待的受害者自然会产生愤怒，有些人会也感到焦虑和 / 或抑郁。在某些情况下，慢性虐待会使受虐者变成施虐者。虐待有多种形式，可以是不明显的，也可以是显而易见的。以下是常见的几类虐待或攻击：

» 朋友或家庭暴力。

» 朋友或家人的言语虐待。

» 虐待儿童。

» 人身攻击。

» 强奸或性虐待。

» 战争创伤。

» 言语恐吓。

» 种族灭绝。

» 不可预测的暴力和事故。

警告

与偏见和歧视一样，您可能是施暴者，也可能是受害者，其中任何一种都可能引发巨大的愤怒。认真审视自己，确定您是施暴者还是受害者，或是两者兼而有之。

## 存在威胁

我们要认清现实，从人类诞生伊始，就遭受了一切可以想象的灾难和悲惨事件：瘟疫、洪水、地震、战争、经济萧条等。其中许多都对全人类的生存构成了威胁。那么，当今世界，是什么让许多人很难在没有愤怒，甚至疲惫的情况下处理问题呢？

愤怒是对危机时期淹没人们的不确定性和无力感的自然反应。当需要改变时，愤怒可以激发建设性的行动。然而，现代世界正受到一种新的威胁的困扰：媒体不断报道地球上各种地方发生的一切不好的事情。这就是为什么研究表明，人们比以往任何时候都更焦虑、愤怒和沮丧。

## 追踪愤怒触发因素

为了更好地控制愤怒，我们需要找出是什么让您如此生气。表 2-1 列出了常见的诱因。第一列是触发因素的类别。在第二列中，根据您的触发频率对每个因素进行评分，从 1 到 5。例如，评分为 1 意味着很少或从未遇到这种愤怒触发因素；评分为 3 意味着经常遇到这种触发因素；5 分表示几乎总是遇到这个问题。在第三列中，是触发因素对您的影响评分：1 分表示您对此问题没有太大的关注，例如，有些人不会因为时间问题而感到压力，另外一些人认为时间压力有一定问题，会将该项目评分为 3 分。如果由于时间压力问题，一些人每天都会把自己的生活搞得一团糟，评分为 5 分。

提示

在您身边经常发生的、您觉得问题很大的触发因素，就是您的热点问题。

为了更好地了解追踪愤怒触发因素是如何帮助您的，看看下面的例子。

46 岁的蒂莫西（Timothy）在高中教数学。他的医生告

表 2-1　　**追踪愤怒触发因素**

| 触发因素 | 发生频率 | 影响程度 |
|---|---|---|
| 不公平 | 1 2 3 4 5 | 1 2 3 4 5 |
| 时间压力 | 1 2 3 4 5 | 1 2 3 4 5 |
| 欺骗或失望 | 1 2 3 4 5 | 1 2 3 4 5 |
| 对自尊的威胁 | 1 2 3 4 5 | 1 2 3 4 5 |
| 混乱的关系 | 1 2 3 4 5 | 1 2 3 4 5 |
| 偏见或歧视 | 1 2 3 4 5 | 1 2 3 4 5 |
| 生理问题 | 1 2 3 4 5 | 1 2 3 4 5 |
| 受到攻击 | 1 2 3 4 5 | 1 2 3 4 5 |
| 存在的威胁 | 1 2 3 4 5 | 1 2 3 4 5 |

诉他最近血压很高，并怀疑他是否处于异常压力之下。蒂莫西解释说，最近学校课程和教师评价体系的变化给了他很大的压力。因此，他一直感到很烦躁。在与医生交谈时，他意识到自己一直在过分训斥学生，并失去了教学的乐趣。医生给他开了两种降压药，但也强烈建议他采取一些控制愤怒的措施，这样甚至可以帮助他在某个时候减少降压药的用量。

在第二节愤怒管理课上，蒂莫西接触到常见的愤怒触发因素，老师要求他填写一份追踪愤怒触发因素表（见表 2-1）。他发现，对他来说，最常发生且问题最大的因素是时间压力、对自尊的威胁（来自教师评估）和不公平，因为他觉得课程的改变对那些没有时间去吸收理解的人来说是不公平的。由于发现了自己愤怒的触发因素，蒂莫西感到更有准备，更有力量。他发现自己不再对学生发泄愤怒，这一点让他在课堂上感到更快乐。他恢复了工作热情。

牢记

追踪是什么让您生气是我们采取改变措施的第一步。您必须意识到问题，才能有所行动。当您继续阅读这本书，会发现更多可以使用的愤怒管理工具。

## 愤怒存在于有错误的地方

毕竟，愤怒不是在真空中发生的，它发生在特定的地方或环境中。愤怒最常爆发的地方是在家里。这是因为家是表达情感的安全场所，无论好的还是坏的。但是，最初的愤怒往往从其他地方开始。

詹妮弗（Jennifer）是一位客户经理，工作压力很大。她的老板经常要她加班，还时不时口头辱骂她。在老板喋喋不休时，詹妮弗往往气得冒烟，但她坚持沉默，因为担心失去工作。不幸的是，她经常把怒气发泄在孩子身上。在准备晚餐时，她感到不耐烦、脾气暴躁，并对孩子们大喊大叫。詹妮弗的愤怒是在工作中引发的，但却在家中表达。

提示

因此，除了了解愤怒触发因素之外，准确地知道愤怒发生的地点也是有帮助的。如果愤怒的发生地和结束地之间不匹配，就需要做些什么了。本书的第 3 部分为您提供了大量工具，可以在愤怒真正开始时更有效地进行管理控制。

常见的愤怒发生地点或背景包括：

» **家：** 可悲的是，很多人都会把自己在外面的愤怒储存起来，发泄在爱人身上，他们似乎相信这样做是安全的。然而他们没有意识到，这种行为很可能是虐待，通常会造成情感创伤、离婚、婚姻纠纷，甚至虐待指控。

» **工作：** 当权者经常对那些权力较小的人有过度表达愤怒的倾向。处于底层的人要么压抑愤怒，要么爆发并被解雇。

» **人多、嘈杂和交通拥堵的地方：** 即使没有严重愤怒问题的人在这些情况下也可能变得暴躁。想想那些在飞机上腿部空间仅仅 2 英寸（1 英寸 =2.54 厘米）的地方打架的人，或者在路上暴怒导致身体伤害的人。（有关处理路怒的具体方法，请阅读第 15 章。）

» **社交环境：** 聚会和家庭活动可以提供点燃愤怒的火种。有时是因为酒精，酒精可以释放人们抑制的愤怒情绪。还有些时候，是因为朋友和家人之间的长期敌对。

## 深入研究愤怒情绪：频率、强度和持续时间

要了解您的愤怒问题的严重程度，需要看看经历这种情绪的频率、持续时间、感受和表达的强烈程度。显然，如果是频繁、强烈和持久的愤怒，那就有问题了，愤怒很可能会干扰您的生活和人际关系。可以问自己以下问题：

» **我感到愤怒的频率有多高？** 一般来说，如果每周经历两到三次以上的愤怒情绪，最好是进一步看看您是否有需要解决的问题或压力源。然而，愤怒强度和持续时间可能更重要。

» **我有多生气？** 每个人都会时不时地生气。坦率地说，大多数人

都会时不时感到愤怒，但不会砸墙，也不会咄咄逼人地威胁他人。如果您变得暴力、歇斯底里、恶毒、让其他人害怕或失控，那么您的愤怒就过度了。没有一个真正简单、有效的数字尺度来衡量愤怒的程度，但您肯定能明白。

» **我要气多久?** 面对愤怒，有些人很快就释怀了，另一些人则会持续数小时、数天，甚至更长时间，有时甚至数年。有一次，我乘坐游轮，请了一位东欧服务员。他痛苦地讲述了野蛮人屠杀他祖先的事情。我很震惊，也很同情他。然后服务员接着说，这场屠杀发生在 10 世纪。这是一个很长的保持仇恨的时间!

提示

愤怒等负面情绪是人类经验的正常部分。当愤怒影响您的工作质量、愉悦感和人际关系时，它就会成为一个问题。

## 使问题复杂化

过度愤怒本身会严重损害工作、人际关系和日常满意度。然而，当愤怒伴随着其他情绪、生理和 / 或社会问题时，混乱就会持续下去。不幸的是，愤怒往往与其他问题有关。

愤怒是许多心理健康障碍的症状。它可以与焦虑、抑郁、强迫症、边缘人格障碍、双相情感障碍和创伤后应激障碍共存。此外，愤怒也是以下情况的主要表现:

» **阵发性暴怒症:** 有此问题的人会大发脾气，如火冒三丈、打架、长篇大论、进行身体攻击或毁坏财物。这些突发事件发生的程度与频率都与触发因素不成比例。

» **行为障碍:** 其行为模式是对人或动物的攻击、违反规则、欺骗或破坏财产。它通常开始于青春期，但有时也会出现在儿童时期。

» **对立违抗性障碍：**这种疾病的症状通常在儿童时期开始显现，包括易怒、爱争论、挑衅和恶意。患有这种疾病的儿童和青少年对父母和老师来说尤其具有挑战性。

» **破坏性情绪调节障碍：**这是一种相对较新的诊断，一些人认为这是抑郁症的一种形式。愤怒经常发生，几乎没有任何指征。有这种疾病的人在大多数日子里都会烦躁不安。对 6 岁至 18 岁之间出现这些症状的儿童必须进行干预。这一诊断存在争议，部分原因是其与对立违抗性障碍重叠。

提示

　　当身体受到伤害，心灵感到悲伤或担忧时，愤怒的启动键更容易被按下。如果您患有严重的情绪或生理问题，需要马上解决这些问题，以最大限度地提高有效管理愤怒的机会。您可以求助于心理健康专家和医生。

　　周围的环境也会让您的愤怒管理变得更加困难。有时您可以对所处的环境做出有意义的改变。如果做不到，可以寻找支持，比如一些社团、朋友，甚至治疗师。看看下面问题中有多少发生在您身上：

» 过度焦虑、担忧或恐惧。

» 长期情绪低落。

» 过度疲劳。

» 过度使用酒精、某些物品或处方药。

» 慢性疼痛。

» 经常回顾过去的创伤事件。

» 对批评过于敏感。

» 失眠。

» 长期情绪低落。

» 认为全世界反对您。

» 认为别人以偏见或歧视的态度对待您。

» 贫困。

» 隔离。

» 犯罪。

» 战争。

如果您同时存在情绪、生理或社会问题，一定要在控制愤怒的同时解决这些问题。

信息

西格蒙德·弗洛伊德（Sigmund Freud）认为，抑郁症是一种向内转化的愤怒，这一信念至今仍为许多专业人士所信奉。尽管如此，历经多次尝试，这一假设仍未得到证实。愤怒实际上会激发和激励人们，而抑郁症却相反。

第 3 章 | **何时要做出改变**
Deciding Whether to Change

**本章亮点**

» 寻找困于愤怒的原因

» 如何改变现状

» 持续愤怒的成本

» 使用成本效益分析来决定是否改变

　　您为什么会阅读本书？也许是您的另一半买了这本第 3 版《愤怒管理》，告诉您最好读一读，否则，此处省略若干字！可能您在工作中遇到了一些愤怒的问题，希望对这个问题有更多的了解，以便更好地与同事相处。也许是一位法官或社会工作者把您安排到愤怒管理课上，而老师恰好用这本书作为教材。也许是您的伴侣有愤怒的问题，所以您想多了解一些关于愤怒的事情。或者您可能怀疑自己有愤怒的问题，但不确定自己是否想要改变，因为您觉得愤怒在很多方面有帮助。

　　有个不好的消息是，读一本关于愤怒管理的书并不能消除您所有的愤怒。但好消息是，如果您想改变，这本书可以为您提供很多工具。如果人们不想改变，肯定是不会改变的。可能您听过一个古老的笑话，"换灯泡需要多少心理学家？只需要一个。但前提是灯泡必须想被换！"

　　事实上，那个笑话包含了很多真相。您必须对愤怒做出自己的决定。如果一个人自己不想改变，没有人能强迫他做出改变。但如果您想改变，这本书可能会帮到您。

　　本章会让您想清楚究竟该怎么处理愤怒，可以看到愤怒的好处，也可以看到很多为愤怒付出的代价。

## 保持愤怒的十大理由

　　人们有理由持续表达自己的愤怒。他们对改变犹豫不决，是因为他们对感情、愤怒和改变本身的认知，这些认知可以非常强大，下面让我们来分析分析，然后您就可以决定是否要考虑这些认知的替代方案。

牢记

　　您可以在不改变愤怒的每一个原因或认知的前提下列出替代

观点，也就是可以选择（或不选择）另一种方式来看待这个观点。在这里，我不是想告诉您该如何思考，而是可以提供一些方向。

## 他们真让我生气

这种认知会让您把注意力集中在责怪他人的行为导致您愤怒上。事实上，人们确实做了很多值得愤怒的事情：他们撒谎、欺骗、偷窃、欺骗，而且往往会把事情搞砸。所以您有充分的理由感到愤怒。

替代观点：当然，人们会做各种令人恼火、不安的事情。但生气会改变、阻止或解决任何事情吗？有没有更好的方法来解决这些问题呢？或者是否可以用一种能控制、有建设性的方式表达愤怒？

## 我害怕尝试改变，最后却以失败告终

这种认知告诉您，您无法以其他方式成功地控制自己的愤怒。您也可能担心，如果试图改变但以失败告终，会让您看起来很愚蠢。因此，您放弃努力。

替代观点：您不是可能失败，而是必定失败！毕竟，习惯很难改变。但坚持不懈和努力练习总会有回报。您是否曾在不冒一丝风险的情况下取得过很多成就？可能不会哦。

## 我不喜欢别人告诉我该怎么做

人们不喜欢别人告诉他们该怎么做。妈妈告诉我们要吃蔬菜，不要到处乱跑，或者坐直。而内心深处，2 岁的自己会主动说"不"！

替代观点：本书不会告诉您该做什么。您可能会觉得别人在强迫您做一些事情，比如参加愤怒管理课程，但最后，您必须自己决定如何处理愤怒。

## 如果都不会发火了，我还是我吗？

愤怒可能会充斥在您生活中的每个角落，以至于您会产生怀疑：如果我都不会发火了，那还是我吗？您可能会觉得自己是一个容易愤怒的人，不知道总是能够保持冷静和自控是种什么感觉。如果不发火，我是谁？别人会认为我有什么问题吗？

替代观点：如果您改变了处理愤怒的习惯，但是并不喜欢这样的结果，那么您仍可以回到原来的轨道上。如果控制住自己的愤怒，您会遇到很多与您有共同喜恶的人——也许会发现交朋友变得更容易。

## 感情无法被控制

许多人认为感情或情绪是不可改变的。他们认为是环境导致了某种情绪的产生，而不是自控能力。因此，也就无法认同自控能带来不同的情绪状态。他们认为事件直接导致反射性情绪。确实是这样。

替代观点：很多科学研究一再表明，人们可以获得新的思考、解释或感知事件的方式，从而产生不同的感觉。请阅读第 6 章，了解如何改变对引发愤怒事件的解释方式。

## 我必须表达我的愤怒，否则我会爆炸的

社会中一个非常普遍的观念是，愤怒的人就像没有安全阀的高压锅。有了足够的时间和热量（愤怒），锅将不可避免地爆炸。所以很多人认为，他们必须表达自己的愤怒，否则就会面

临完全失控的风险。

替代观点：研究表明，冷静会使人的心理、生理和人际关系更趋于健康。必须表达所有愤怒的情绪，这是没有道理的。

## 因为我生气了，所以其他人会做我想要他们做的事

这种认知为表达愤怒提供了动力。事实上，愤怒往往会让人们在短期内为所欲为。

替代观点：不幸的是，短期内看似有效的方法如果长期使用，往往适得其反。如果您总是设法迫使人们做您想做的事，很可能会招来怨恨和敌意。和其他坏习惯一样，比如吸烟和喝酒，长期的后果比短期的愉悦更糟糕。

## 如果我不让别人知道谁说了算，我会看起来像个窝囊废

这种认知基于这样一种观点，即在与他人打交道时只有两种选择——支配和顺从。如果您不命令别人，他们会认为您软弱，并利用您。

替代观点：大多数人并不想强迫您去做一些事情。事实上，大多数时候，他们都太关心自己了，根本没有注意到您。此外，您完全可以自信地表达需求，既不会过分支配，也不会唯唯诺诺。有关自信的好处，请阅读第 8 章。

## 愤怒能保护我

您可能会坚信，肆无忌惮的愤怒会让您免受他人攻击。因此，您总是觉得愤怒的反应是有道理的，可以保护您免受他人的伤害。

替代观点：来自他人的真实攻击实际上并不那么常见。即

使在高风险行业，如执法部门，控制愤怒也能使决策更理智，工作环境更安全。

### 愤怒使我所经历的坏事变得有意义

许多有愤怒问题的人都遇到过可怕的事情。他们从小就受到虐待，他们是犯罪的受害者，或者他们在战争中受伤。创伤受害者往往认为，对这些事件感到愤怒有助于他们应对所发生的事情。他们认为愤怒是对恐怖事件的道义上的反应。

**替代观点：**放弃愤怒并不意味着您的创伤经历微不足道。您可以放下愤怒，继续生活。请阅读第 16 章和第 17 章，了解如何铭记在心，却放手和原谅。

## 改变的不同阶段

我们最好能明智地决定是否要做出改变。如何才能明智，您需要了解改变的过程。普罗查斯卡（Prochaska）博士、诺克罗斯（Norcross）博士和迪克莱门特（DiClemente）博士在他们备受赞誉的著作《为美好而改变》（*Change for Good*）中描述了改变人类行为、情绪和习惯的过程。他们认为在改变的过程中，人们经历了六个阶段。但是，人们不必按照既定的顺序完成每个阶段，而是可以向前或向后移动，甚至跳过一两个阶段。下面我们来说说这些阶段，您可以对照一下自己处于哪一个阶段。

### 预备阶段

如果您已经打开这本书并正在阅读这句话，那么您可能还没有进入预备阶段。这是因为处于这一阶段的人甚至不认为自己需要改变。他们也许知道自己有愤怒问题，但并没有计划对此采取任何措施。他们没有阅读相关书籍，也没有寻找治疗师。如果问他们是否有问题，他们会进行辩解、否认或指责他人。就像体重超重且处于减肥预备期的人不会认为体重问题仅仅是个人问题。

**思考阶段**

这个阶段是针对想要做出改变的人。他们还没有将这些想法付诸实际行动，只是越来越觉得，自己确实有问题需要解决。您可能正在阅读这本书，并处于改变的思考阶段。

思考阶段的一个常见例子是，有些人知道自己应该减肥，但却没有真正想过节食、锻炼或其他减肥计划。对于愤怒管理，一个处于思考阶段的人可能会说："我确实应该停止对孩子大喊大叫。"但他没有实施改变的想法或计划。

**准备阶段**

处于改变准备阶段的人开始制定计划，预约治疗师，或写下他们准备采取的步骤。在准备阶段，人们开始收集资料并开始设计如何实施。这是开始改变的阶段。您已经开始致力于减少愤怒。

**行动阶段**

接受考验的时候到了。在这个阶段，人们将他们的计划付诸实际行动。为了管理愤怒，他们会写下愤怒的触发因素，并使用本书中讲到的各种策略，以新的、更具适应性的方式应对触发愤怒的因素。

您可能会发现一些真正有用的技巧，并在现实生活中去实践。慢慢地，您会发现，自己变得不那么容易愤怒了，能更好地处理生活中的挫折。

## 维持阶段

当人们做出了想做的大部分改变之后，还有更多的事情要做。他们必须努力维持自己的改变，这并不容易。压力的增加或其他生活变化会使维持变得困难。阅读第 18 章，了解如何在逆境中保持效果稳定。

## 终点

并非每个人都能进入改变的这一阶段。终点是指新习惯根深蒂固，几乎不需要或根本不需要努力就能维持。因此，此时复发的可能性大大降低。

例如，一些戒烟者到了这个阶段，感觉不到再次吸烟的诱惑。然而，也有人一生戒烟成功，但偶尔仍会有冲动。所以并不是非要到达终点才算成功。但如果您做到了，那很好，往后的日子会更美好。

## 如何度过改变的各个阶段

为了给大家阐明改变的过程，下面我们以凯勒布（Caleb）为例，告诉您人们并不总能干脆直接地完成每个阶段。相反，反弹是很常见的。

凯勒布在一家货运公司做长途司机，经常会超负荷工作。他脾气很火爆，特别是当他疲劳的时候。一天，凯勒布在货运码头爆发了。因为一名同事扰乱了秩序，他对同事破口大骂，并大打出手。

事件发生后，凯勒布的老板告诉他要注意自己的脾气。凯勒布向老板承诺，永远不会再这样做了。凯勒布信守他对老板的许诺，并向妻子和朋友发誓，他的暴脾气时代已经结束了。凯勒布等于是突然从改变的预备阶段（甚至不去思考）转向行动阶段，但没有任何思考或准备。

但是两周后，凯勒布又对其他司机做了几个挑衅的手势。在接下来的几天里，他逐渐恢复了以前爱发火的坏习惯，不再思考这个问题。现在他又回到了改变的预备阶段。不幸的是，凯勒布在工作中再一次爆发。他的老板给他 6 个月的考察期，他必须解决爱发脾气的问题，否则就另谋他就。

这一次，凯勒布开始认真思考这个问题（思考阶段）。然后，他开始尽可能多地收集关于愤怒管理的资料（准备阶段）。他买了一本《愤怒管理》，并预约了一位治疗师。他和治疗师一起制定了一套具体的行动方案和目标，就像本书中所描述的那样。他开始实施这些行动（行动阶段），并取得了很大的成功，但时不时地，他的旧习惯又回来了。

最终，凯勒布很少发脾气，他的朋友们觉得他简直变了一个人（维持阶段）。他从未再有愤怒冲动（终点）的时候，而且工作表现和人际关系都有所改善。

大多数试图改变习惯或行为模式的人，比如凯勒布，都会经历不同阶段。比如，开始您可能不会认为吃得太多有什么问题（预备阶段），但随后发生了一些事情，让您意识到吃太多确实有问题，比如您上秤称了体重（思考阶段）。如果没有发生其他事情，您可能会忽略这个问题，但是医生告诉您血糖高（更多的思考）。所以您决定节食（行动阶段）。节食很有效，您可以在几年内保持一个理想的体重（维持阶段）。但您永远不会到达最后一个阶段（终点），因为总是要注意吃的东西。可能会有几个月的反弹，然后您发现自己不得不再次经历这些阶段。这就是新旧习惯的斗争方式。

# 愤怒的成本

本节将向您展示愤怒的高昂代价。如果觉得自己就像一个无法充电的电池，如果总是减肥不成功或无法戒烟，如果一直头疼，如果正在服用降压药，如果担心人际关系，或者如果职业生涯像火车脱轨，您会觉得这一节特别有启发性。

## 损害健康

情绪和身体健康之间的联系可以是直接的，也可以是间接的。例如，愤怒会对血压产生瞬时影响，这种影响是短暂的，通常不会立即造成伤害，但是长期愤怒往往会增加患心脏病和高血压的风险。此外，愤怒可导致吸烟和肥胖，间接地升高血压，这种影响是永久的。

### ·抢夺能量

愤怒和疲劳相伴而生，情绪激动会消耗能量。身体需要能量使自己形成攻击姿势——心跳加速、血压升高、从头到脚肌肉紧张。从本质上来说，愤怒让人兴奋。肾上腺素激增，过后又归于正常水平，此时您会感到身体疲惫。

现在，假设您时常生气，就像下面的例子中的科琳（Colleen）一样，每天都要经历好几次兴奋和疲惫的恶性循环。想想您的精力有多少被这种侵入性的情绪抢走了。

科琳因为极度疲劳就医。医生给她做了一些血液检查，但怀疑导致她疲劳的罪魁祸首可能是她的愤怒。科琳经常和酗酒的丈夫发生矛盾。除了全职工作，她还要独自照顾三个孩子，因此大部分时间她都对丈夫充满不满和怨恨。然而，她说她害怕面对丈夫，因为他喝醉了会很狂躁。科琳的医生恰好在一个综合医疗系统工作（该系统有各种各样的医生，提供广泛的医疗、康复、健康促进和身心护理），所以让她下楼去找心理医生。

科琳和她的心理医生一起研究如何在丈夫不喝醉时温柔地与他交谈。他们还设法找到一家科琳可以负担得起的日托机构，以减轻一些育儿的压力。尽管有大量的证据，但科琳的丈夫仍否认自己有饮酒问题。最终，因为无法和丈夫达成一致，科琳决定离开他。有趣的是，在他们分开几周后，她的能量水平慢慢恢复了正常，不再感到疲劳。

· 吸烟

如果您总是产生强烈的愤怒和敌意，那么吸烟的风险就会大大增加。

不可思议的是，当一个人被激怒时，尼古丁会降低他做出过激反应的可能性，这是好的一面。但坏的一面是，吸烟与心脏病（显然还有癌症）有关。易怒的吸烟者戒烟成功的可能性

## 愤怒、怀孕和吸烟

研究人员一致认为，怀孕期间吸烟对母亲和婴儿都有危险。孕妇吸入的尼古丁和其他毒物会直接进入胎儿的血液。吸烟的孕妇流产、死胎和早产的发生率均较高。当母亲在怀孕期间吸烟时，婴儿更有可能出现低出生体重、肺部问题和出生缺陷，甚至发生婴儿猝死综合征。

吸烟的人比不吸烟的人会表现出更高的敌意和攻击性。一项针对怀孕低收入吸烟者的研究发现，怀孕期间进行愤怒管理干预增加了成功戒烟的可能性，这又为进行愤怒管理提供了一个理由。

远低于不易怒的吸烟者。另外，愤怒是戒烟者复吸的第二大原因——比压力／焦虑小，但比抑郁大。

牢记

沉迷香烟意味着沉迷愤怒。

### · 酗酒和药物依赖

当涉及情绪时，大多数非法药物和酒精都会使人麻木。这些东西不仅可以使人们忘记烦恼，还可以忘记他们此刻的感受——悲伤、焦虑、羞耻、内疚，当然也包括愤怒。使用得越多，与这些感觉的联系就越少。大多数人不是通过喝酒就是通过服用药物来让自己感觉良好，仅仅是为了感觉不那么糟糕。

如果您想继续饮酒，但又想到愤怒管理问题，请考虑以下事项：

» **药物或酒精会导致您误解他人的动机和行为。**原本无意或意外的事情，在药物或酒精的作用下，会被当成故意为之。

» **致幻剂可以降低人们对情绪和行为的控制力，降低神经系统表达情绪的阈值，做出一些清醒时不会做的事情。**致幻剂也会改变一个人的行为方式，让人觉得有"权利"去做正常的自己不会做的事情。所以安静的人变得吵闹，顺从的人成为支配者，性情温和的人变得爱生气。

» **酒精和药物会影响服用后的情绪。**换句话说，一个酗酒或药物滥用的人，清醒后会比之前更沮丧。

» **如果您是一个所谓的愤怒的酗酒者（也就是说，喝了酒容易发火），那就更不适合饮酒了。**没有人知道为什么有些人喝了酒表现得很傻，有些人喝了酒感到沮丧，还有一些人会更性感，等等。但如果您喝了酒会更易怒，那么远离酒精吧。

提示

适度饮酒的量大概为女性每天喝一杯，男性每天喝两杯。研究表明，保持适度饮酒甚至可以减少心血管疾病发生，减缓老年人记忆力减退。但是过量饮酒必定对健康有害。有些人根本无法保证每天喝一两杯，在这种情况下，禁酒比节制更有效。

警告

处方药在由医生开出时可以挽救生命。但是，一些处方药，特别是止痛药，很容易让人上瘾。如果您或您的亲戚、朋友不能适量服用处方药，立即寻求帮助。拖延可能会产生致命的后果。

· 肥胖

当您烦躁、不安或生气时，会去翻冰箱或去最近的快餐店吗？如果是这样，您并不孤单。不幸的是，许多人选择用食物来平息愤怒和其他负面情绪。当然，肥胖也是心脏病和糖尿病的另一个危险因素。

事实上，研究表明，抑郁、愤怒和敌对情绪会增加患代谢综合征的风险，代谢综合征是一种以高血压、高甘油三酯、高血糖水平、胰岛素抵抗和腰部脂肪堆积为特征的疾病。代谢综合征往往会导致心脏病、卒中和糖尿病。

### ·高血压

高血压患者患心脏病的风险要高得多。习惯生气的人患高血压的风险要高得多。需要注意的是，那些对外表达愤怒的人（例如大喊大叫、嘶吼和砸东西），以及那些假装自己不生气但实际上非常愤怒的人，都会增加患高血压和心脏病的风险。

### ·高胆固醇

虽说愤怒不会导致胆固醇过高，继而增加患心脏病的风险，家族史对高胆固醇有很大影响。但是，愤怒会使人吃很多高脂肪食物。毫无疑问，肥胖、愤怒和压力加剧了高胆固醇的问题。

当医生告诉您需要减肥并开始锻炼以降低胆固醇水平时，您应该听从这个建议。但如果您的症结在易怒，那么考虑一下愤怒管理，对您会大有裨益。

### ·工伤

成年后的大多数时间，人们都在工作。因此，如果受伤，最有可能发生在工作岗位上，无论做什么工作都是如此。这与愤怒有什么关系呢？事实证明，对于易怒的人来说，工伤发生率更高。许多工作事故发生在愤怒发作期间或之后。

### · 路怒

愤怒有害驾驶，如果您是一个路怒症司机，帮帮忙，快去寻求帮助吧。无论如何，每次以生气开始的出行都不会有乐趣。愤怒的司机会冒更多的风险，车开得更快，发生更多的事故和受伤。这不是一个好的组合。

牢记

生活中很多意外的事情其实都不是意外。有些人真的是走在发生意外的路上。诚实地对待自己的路怒症——不仅可以挽救自己的生命，也可以挽救路上所有人的生命。参见第 15 章，了解如何管理路怒症。

## 阻碍事业

愤怒不仅会夺走您的精力，让您生病，还会严重影响您的职业生涯，这往往是您不想要的结果。

　　35 岁的失业男子利亚姆（Liam）打电话给一个提供职业建议的脱口秀节目，咨询如何找到一份好工作。主持人询问了利亚姆的教育背景（他是大学毕业生），并询问了他的上一份工作。他说是在一个小社区担任管理员，听起来是一份不错的工作。

　　"这份工作做了多久？"主持人问。

　　"大概干了 18 个月，我辞职了。"利亚姆说。

　　"为什么辞职？"主持人问。

　　"他们不给我应得的加薪，我很生气，就辞职了。"他回答道。

　　"在那之前您做了什么？"主持人问。

　　"同样的事情，另一个小型社区的管理员。"

主持人问："您做那份工作多久了？"

"大概两年，也是因为他们不能满足我的所有要求，所以我生气了，辞职了。"

谈话一直持续到利亚姆讲述了他大学毕业以来的四份工作，所有工作最后结果都是他愤怒地离开。

最后，主持人说："我明白了，但我认为您没有意识到问题所在。您的问题不在于如何找到一份好工作，您曾经有四份工作。您的问题是，当雇主不能或不给您想要的东西时，您无法控制自己的脾气。"

听到这话，利亚姆怒不可遏，喊道："你都不知道自己在说什么吧！我没有问题！有问题的是他们！你在这里没有给我任何帮助！"然后他愤然挂断了电话。很显然，原本是充满希望的职业生涯，现在却陷入了停滞，很快就要完蛋了。

下面的部分介绍了愤怒破坏职业生涯的其他方式。

## · 提前偏离轨道

当今世界，如果您希望在工作中取得成功，比以往任何时候都更需要教育。没有受过教育，选择极为有限，能得到一份过了今天没明天、薪水微薄的工作，已经很幸运了。

这与愤怒有什么关系？事实证明，在儿童和青少年时期脾气暴躁的男性和女性在高中毕业前辍学的情况比青年时期脾气暴躁的人多得多。他们进入就业市场时已经处于明显的劣势，而且再也赶不上了。

## 写日记有助于在工作中克服愤怒情绪

失业往往让人生气。经过多年的研究，得克萨斯大学的詹姆斯·彭尼贝克博士（Dr.James Pennebaker）发现，那些被解雇的人所经历的主要情绪之一是愤怒。他还发现，一个简单的方法可以帮助失业者控制情绪，同时增加他们重新就业的可能性。简单地说，他将失业人员随机分为三组。他要求第一组在一周内每天花 30 分钟写下他们的想法和情绪，第二组花同样的时间写一些中性话题，比如时间管理，第三组没有任何写作任务。

结果非常惊人，仅仅写一些想法和情绪就可以减少情绪困扰，增加失业人员找到新工作的可能性。事实上，那些被要求写深刻思想和情感活动的人，获得新工作的速度是其他两组人的五倍。相对那些人所花费的时间来说，这是相当大的回报。

### ·朝着错误的方向前进

大多数人都希望过上比父辈和祖辈更好的生活，想赚更多的钱，有更多的物质享受，开更好的车，住更好的房子，穿更贵的衣服，享用美食，享受更精致的假期。这些会激励您年复一年地工作，工作时间更长、更努力、更机敏。

但并不是每个人都在追随这个梦想。有些人正经历着相反的情况，所以到了中年，他们在工作保障、工作状态和收入方面实际上比父母更差。为什么？对一些人来说，答案就是愤怒。事实证明，容易生气的人一生中会更频繁地换工作，被解雇或辞职的频率更高，被迫从事一些工作（而不是更合理地追求职业理想），与那些不太易怒的人相比，他们的就业史更不稳定。

　　更糟糕的是，许多脾气暴躁的成年人找到的工作让他们可以随便发脾气，只要工作完成就行，他们甚至觉得找到了发泄愤怒的地方。（不幸的是，这些工作大多危险且收入低。）

## · 反生产行为

　　在工作中您有过下列行为吗？

» 未经允许迟到。

» 在工作中取笑某人。

» 在工作时间摸鱼，而不是努力干活。

» 对客户或同事举止粗鲁。

» 拒绝协助同事工作。

» 因为自己的错误责备别人。

» 什么都不做却显得忙碌。

» 长时间休息。

» 不给同事回复电子邮件。

» 故意浪费办公用品。

» 偷走属于公司的东西。

» 和人打架。

» 对同事做出挑衅的手势。

　　如果这些问题中，您有任何一个回答是肯定的，很遗憾，您存在反生产行为。反生产行为是指在工作中明显有意伤害您所在组织或其他员工的任何行为。哪些员工最有可能出现此类行为？当然是那些容易愤怒的人。有关改善工作行为的内容，请阅读第 12 章。

## 破坏您与周围人的关系

易怒的人很难相处，愤怒的力量足以扼杀夫妻、家人或朋友之间的任何积极情感。"爱战胜一切"的想法只是个神话。愤怒具有传染性。愤怒，就像新冠肺炎一样，只要呼吸周围的空气，就会让您生病。

提示

您对某个人感到愤怒，但试图将其保持在心里，这恐怕很难做到。愤怒像乌云一样围绕着您。一般来说，即使您不觉得自己生气了，周围的人也会察觉到您的愤怒。

可能您不会马上看到您的愤怒对伴侣、同事或朋友的影响。有愤怒伴侣的人往往会把自己的烦恼藏在心里，随着时间的推移，怨恨也会逐渐加深。最终，他们认为自己受够了，终止友谊或逃离这段关系。

提示

您应该看看愤怒在您和周围人的关系中扮演了什么角色。您付出的代价比想象的还要多吗？

## 愤怒的成本效益分析

在本章的前面部分，我们回顾了愤怒可能带来的一系列好处。这是因为理解所有的情绪（包括愤怒）在不同的时候都有不同程度的好处是至关重要的。上一节涵盖了愤怒的代价。

商业人士一直在使用所谓的成本效益分析来改进他们的决策，提高他们成功的概率。成本效益分析是一种系统的方法，来评估所考虑的任何类型的选择的优势和劣势。事实上，这项技术已经成为认知行为方法的基石，以应对愤怒、抑郁、焦虑、担忧和药物滥用。

　　成本效益分析有助于您对任何重要决策形成客观的认识。您可以用它来决定是否改变对愤怒的态度，也可以更好地决定想做什么，比如：

» 是否为您的房子贷款。

» 送孩子去哪所学校。

» 购买哪辆车。

» 是否戒酒。

» 是否更换工作。

» 是否改变花钱的方式。

» 您所持有的某种信念有益还是有害。

» 留下还是脱离一段关系。

## 成本效益分析的原理

　　进行成本效益分析非常简单明了。这种技术可以帮助您平行看待两种冲突的想法。让我们用以下两个事例了解它的原理。

　　罗莎琳（Rosalyn）嫁给了托德（Todd），托德的家庭氛围非常融洽。罗莎琳爱她的公婆，他们体贴、热情、可爱、善良。尽管她的公婆住在很远的地方，但在结婚的头四年里，他们给罗莎琳送上了贴心的礼物、频繁的短信和她喜欢的美食。她觉得自己能嫁给托德，有这样的家庭是多么幸运。

　　这也就难怪罗莎琳在公公婆婆宣布退休并决定搬到他们附近居住时的兴奋和激动。她的公婆搬进新家后，就开始频繁地、不打招呼地来访。有时他们甚至在周末一整天都待在罗莎琳和托德的客厅里。这样罗莎琳就不能出门去办自己的事情。她发现自己感到不安、烦躁、愤怒和被侵犯。她甚至不知道这是为什么。

罗莎琳要求托德介入，但他似乎不能对父母设定任何限制，因为担心他们的感情会受到伤害。出于同样的原因，她对这个问题也无能为力。小两口开始争吵。罗莎琳开始认为，也许她有愤怒管理问题。表 3-1 罗列了罗莎琳的愤怒成本效益分析。

最后，罗莎琳得出结论，她的愤怒让她付出了很多代价。然而，也有一些好处。最重要的好处是，愤怒帮助她发现有问题需要采取行动。小两口告诉老两口，他们需要更多的隐私。令他们感到意外的是，他的父母也意识到，自从搬家以来，他们在结交新朋友和开展新活动方面做得还不够。

表 3-1　**罗莎琳的愤怒成本效益分析**

| 成本 | 效益 |
| --- | --- |
| 我时刻处在崩溃的边缘。 | 愤怒至少让我知道，有些事不应该这样。 |
| 我频繁地与丈夫生气。 | 愤怒使我行动。 |
| 我不再觉得公婆很好很可爱。 | 我开始慢跑（这是我喜欢的运动）以躲避我的公婆。 |
| 夜晚我无法入睡。 | 我经常做家务，房子更干净，因为他们住在附近，随时可能到访。 |
| 我已经戒烟了，但又想吸烟，我知道这样不好。 | |
| 我不再感到快乐。 | |

罗莎琳发现，除了需要变得更加自信之外，她并没有真正的愤怒管理问题。她的愤怒完全合理且可以解释。她还得出结论，如果能更有效地表达自己的愤怒，完全可以解决自己的问题，并仍然拥有更干净的房子和继续她新发现的慢跑爱好。她可以注意到什么时候出了问题，并更快地采取行动。

下面这个例子是有关一个真正有愤怒问题的人。

杰拉尔多（Geraldo）在一场足球赛的看台上与另一名场外球迷发生了争执，随着情绪的爆发，冲突升级为推搡。杰拉尔多向对方挥出了拳头，其他观众上前劝架，保安也过来制止，并控制了他。随后杰拉尔多被指控行为不端。杰拉尔多一生中从未做过任何违法的事，但在他的朋友中以爱冲动而闻名。他出席了庭审。当法官判处他 500 美元的罚款时，他与法官发生了争辩。杰拉尔多说："是对方的错，我不应该被罚款！"

法官回答说："嗯，您不但要接受罚款，您在法庭上的行为还为您争得了 12 周的愤怒管理培训。还有什么要说的吗？"

杰拉尔多极其不情愿地停止了与法官的争论，去上愤怒管理课。在第一节课时，他走进教室，把笔记本"砰"地砸在桌子上。他的脸上流露出愤怒。他说："我不属于这里。"

他以为自己会被强迫留下来听课，但让他惊讶的是，老师说："也许你不属于这里，而且，就像你知道的，如果你不想改变，没有人会真正让你改变。这取决于你自己。"

这位老师讲述了成本效益分析，并建议杰拉尔多也对他的愤怒进行成本效益分析，或许会起作用。表 3-2 是杰拉尔多的想法。

杰拉尔多回顾了自己的成本效益分析，仍然没有觉得有必要改变他爱发脾气的毛病，但他确实意识到这会让他付出一些代价。他觉得既然不管怎样他都得来上课，认真听听老师说什么也没坏处吧。

杰拉尔多又上了几节课。忽然有一天，他意识到自己已经不是个高中生了，他需要以更成熟的方式处理自己的情绪。

表 3-2　**杰拉尔多的愤怒成本效益分析**

| 成本 | 效益 |
| --- | --- |
| 我的臭脾气和愤怒搞得我必须来上这倒霉的愤怒管理课程，真没劲。 | 在这里可没人推操我。 |
| 我的坏脾气让我损失了 500 美元。 | 发火是我处理事情的一种方式。 |
| 去年，一次争吵让我失去了一个真正的朋友。 | 惹我发火的人都活该，该让他们知道这一点。 |
| 我的老板说我态度不好，不是做管理的料。 | 当我在高中足球队踢球时，愤怒让我变得更加好斗。 |
| 有时我会很生气，不得不怀疑我的高血压是由我的愤怒引起的。 | |

## 给自己做个成本效益分析

也许您也想给自己的愤怒问题进行成本效益分析。慢慢来。只需自上而下画一条线，将一张纸分成两边，在一边写下成本，另一边写下收益。记下每一边发生的一切。然后把它收起来，过一会儿再回来——您可能会想出更多的东西。

以下是需要考虑的几个问题：

> » 愤怒是否影响了我的健康；如果是，怎么办？

> » 愤怒能让我不受伤吗？

> » 愤怒在工作中帮助或伤害了我吗？

> » 愤怒对我的人际关系有什么影响？是好还是坏？

> » 愤怒让我陷入麻烦了吗？

> » 愤怒真的让我得到了更多想要的东西吗？

> » 我的愤怒是否惩罚了他人？他们能记住吗？

> » 愤怒对我的家人有影响吗？是好的还是坏的？

提示

　　完成成本效益分析后，再次回顾效益。问问自己，解决愤怒是否真的意味着必须失去所有这些好处。很多时候，人们发现，控制情绪以及更有效地表达自己的愤怒能让他们得到更多益处，而不必付出过去的代价。

　　在进行成本效益分析时，还要考虑这些项目是短期或长期成本效益。例如，对某人大喊大叫可能会让您感觉很好，但长期来看，您往往会为此付出代价。

　　成本与收益的绝对数量不是关键，重要的是这些部分对整体来说有多重要。例如，一个单一的成本，比如被送进监狱，可能会凌驾于 20 项看似得到的好处之上。

# 第 2 部分

# 重新认识愤怒

Rethinking
Anger

**在这一部分中，您可以：**

- ☑ 寻找自身的愤怒
- ☑ 学习一些快速进行愤怒管理的小技巧
- ☑ 近距离探究愤怒的触发因素
- ☑ 解开扭曲的想法
- ☑ 放弃完美

第 4 章 | **开启愤怒管理之门**
Jump-Starting Anger Management

**本章亮点**

» 感受愤怒

» 停止冲动

» 远离愤怒

当您感到愤怒时，首先要做的是阻止自己立即化愤怒为行动。虽然有句老话说"迟疑的人会错过良机"，但在这里并不适用。

情绪要顺其自然地发展，这是骗人的，而且是一种非常危险的想法。越早控制住愤怒，最终结果就越好。对周围的人来说，其好处是加倍的，因为他们可能是愤怒的宣泄对象。

本章为您提供了愤怒"急救箱"。当您面临愤怒问题时，可以打开"急救箱"，立即施救。这里有"创可贴"和"止血纱布"，稍后将进行更密集的治疗。

首先，我们要弄清楚内心的愤怒信号如何以身体感觉和情绪的形式表现。只有在意识到这些信号之后，才能准备好采取不同的方式对付它们。其次，利用一些简单的技巧来快速平息愤怒情绪。最后，在短期内避免引发愤怒。更持久的解决愤怒问题的方案将在后面的章节提供。

## 增强对愤怒情绪的意识

愤怒是身体感知、感觉、思想和行为的复杂混合。许多有愤怒问题的人会瞬间从平静状态变得火冒三丈，他们甚至不知道发生了什么。这个看似瞬间的过程让人想起了"盲目愤怒"这个词。盲目愤怒是指对发生的事情或行为未来可能产生的后果不进行任何思考或有意识地处理。顺便说一句，法官通常不会认为盲目愤怒是暴力的充分理由。

因此，对于许多有愤怒问题的人来说，第一步是放慢愤怒的过程，增强对愤怒早期预警信号的意识。这些信号会以身体感知和感觉的形式出现。当您意识到预警信号时，可以马上拿出"急救箱"。

提示 　　尽管您可以按照自己喜欢的顺序来阅读本书中的章节，但在准备好对愤怒问题做出改变后，请尽快阅读本章。如果您还没有下定决心改变，请通读第 3 章，其中讨论了改变的利弊。

## 调节生理反应

　　身体是愤怒被触发后的第一反应者，这些反应几乎是瞬间的，往往在人们还没有意识到的情况下就发生了。每个人对愤怒的触发因素都有自己独特的生理反应模式。以下是两个不同生理反应的示例：

　　　　梅丽莎（Melissa）注意到在上班路上自己的手掌会变得潮湿。最初，她觉得可能是驾车穿越车流导致她感到紧张。然而，几周过去了，她发现了其他身体迹象，例如喉咙紧绷，即使所处的环境很温暖，她也会感到特别冷。渐渐地，她将这些感觉与各种情绪联系起来。

　　　　另一个例子是鲍勃（Bob），和梅丽莎在同一个办公室工作，他在上班路上有不同的感觉。他发现自己会全身紧张，心率加快，上班时经常胃部不适。起初，鲍勃不知道为什么这些感觉总是在他去上班时出现。后来，他也开始将自己的感觉与各种不安感联系起来。

　　看了以上例子，您可能会想，愤怒的出现还伴随着怎样的身体感觉？下面给您罗列了许多愤怒可能伴随的感觉，这个列表可能无穷无尽，请注意以下感觉：

» 面红耳赤

- » 面色苍白
- » 出汗
- » 身体颤抖
- » 双手颤抖
- » 胃部不适
- » 喉咙紧绷
- » 咬紧牙关
- » 紧握拳头
- » 蓄势待发
- » 磨牙
- » 头痛
- » 感觉过热或过冷
- » 脸部扭曲
- » 眩晕
- » 脉搏加快
- » 音量和音调变化

圈出您注意到的反复出现的感觉。或者在手机备忘录里写下它们。您可能会意识到这些身体反应也经常伴随着愤怒以外的情绪。观察得真仔细啊！要想知道什么样的情绪造成什么样的反应，需要首先意识到身体中的这些感觉。然后将各种情绪和感觉联系起来。

提示

如果您发现焦虑、悲伤、恐惧或抑郁等其他情绪与这些感觉有关，最好读读最新版本的《抑郁症》（ *Depress For Dummies* ）和《焦虑症》（ *Anxiety For Dummies* ），这两本书都是 Wiley 出版的。

## 找到愤怒的感觉

可以将感觉和情绪视为在特定时间内各种身体感觉的体现。了解情绪的变化可以帮助您更好地理解和应对身体感觉。要了解这是否有用，让我们回到梅丽莎和鲍勃的例子中（在上一节中讨论过）。您可能还记得他们在同一个办公室里一起工作：

> 梅丽莎意识到，她的身体感觉正试图告诉她自己的情绪变化。她意识到自己觉得老板不支持、不欣赏和不尊重她。此外，这些情绪还会导致她和上司相处不融洽、愤怒和怨恨。于是她总结出，她需要采取适当的行动了，其中可能包括对抗和 / 或撤退。

> 鲍勃发现，追踪自己的身体感觉会提醒他，有些事情发生了可怕的错误，但他一开始并不确定是什么。过了一段时间，他明白了自己一直存在让他感到愤怒的想法，特别是在每周的员工会议之后，他觉得自己的意见经常被驳回。他对老板将自己从一个非常满意的职位上挪到现在的岗位感到愤怒。他也非常沮丧，因为老板一直说一些无关紧要的话。鲍勃也审视了身体感受和情绪变化，发现了症结所在。

梅丽莎和鲍勃避免了没有事先考虑就冲动行事。他们倾听自己的身体，思考与身体感知相关的情绪。然后他们开始考虑各种可能的选择，但还没有采取行动。

首先让我们回顾以下情绪列表。这个列表和前面的感觉列表一样，只是一个开始。请随意添加：

恼怒　　　　　　　　　　沮丧

| | |
|---|---|
| 不安 | 大为恼火 |
| 生气 | 狂怒 |
| 被欺骗了 | 被刺激了 |
| 脾气古怪 | 厌烦 |
| 被激怒 | 震怒 |
| 惊慌 | 煽动 |
| 非常激动 | 愤慨 |
| 大为光火 | 恼怒 |
| 急躁 | 紧张 |
| 崩溃的边缘 | 懊恼 |
| 焦躁 | 热锅上的蚂蚁 |
| 不安 | 愤恨 |
| 挑衅 | 上足了发条 |
| 仇恨 | |

当您浏览这个列表时，问问自己哪些感觉与您的身体感知相关。让我们再次圈出或记录经常出现的感受。坚持这样做，您会发现自己能更清楚思想和身体何时试图告诉您有什么不对劲的事发生了。

提示

也许您不认为列表中的所有情绪都与愤怒有关。例如，脾气古怪、崩溃的边缘、紧张、沮丧和懊恼等词可能不会让人联想到愤怒的形象。但是经过检查，人们发现这些情绪为更强烈的愤怒提供了火种。

信息

几百年来，哲学家、心理学家和科学家一直在争论身体感知是否会导致或先于感觉和情绪，或是其他方式。有些人认为感觉可以完全独立于身体感知而存在。在这里我们不需要辩论。

就当前的目的而言，这无关紧要。重要的是，在处理愤怒问题时，将感觉或情绪与身体感知分开是很有帮助的。

## 重新思考你的反应

当身体感知和情绪提示您正处于某种程度的愤怒时，您可以选择做出何种反应。可以继续用以前的方式——无论是爆发、内心激动、变得被动、咄咄逼人，还是其他什么。或者停下来，后退，暂停。

问自己以下问题：

» 在您今后的日子里，是否也想对愤怒做出与今天一样的不计后果的反应？

» 您想永远成为情绪的受害者吗？

» 您想继续为您的愤怒反应道歉吗？对那些被您受伤的人说："对不起，我不知道自己怎么了。我保证我不会再这样做了。"

» 您想让别人根据您的愤怒反应来评判您吗？例如，"离那个家伙远点，他脾气很坏！"

也许，您对这些问题的答案都是非常明确的"不"。很可能，您已经做好了改变的准备。因此，在做任何其他事情之前，您需要对愤怒做出正面回应，而不是被愤怒牵着鼻子走。诚然，这只是一种心理策略（正如所有选择一样），但它仍然是一种重要的策略。为了开始理解对愤怒的反应和正面回应之间的基本区别，请看看表 4–1。

表 4-1    对愤怒的反应和正面回应

| 反应 | 正面回应 |
|---|---|
| 条件反射 | 深思熟虑 |
| 冲动 | 有意为之 |
| 无法预知后果 | 可预知后果 |
| 失控 | 结果可控 |

您会问，如果我选择继续对愤怒做出反应，会发生什么？我没有权利对愤怒做出我想做的反应吗？您当然有权利，只要您愿意，愿意继续体会以往的后果，或者更糟的后果。您可以继续道歉，试图挽回愤怒所造成的伤害。或者也可以选择停止反应，开始选择您想要的回应方式。

对于这种情况，愤怒"急救箱"包含以下建议：保持耐心，保持安静，放松心情。但是即便这样做了，也会很罕见地得到一些不好的结果。

提示

如果您被黑熊袭击，专家往往会建议您大声咆哮并鼓起勇气吓退它（灰熊是个例外，可能需要其他技巧，比如装死。）事实上，无论是哪种熊，您都身处险境！或者您被歹徒袭击，他想把您扔进汽车后备箱里，在这种情况下，您弄出的动静越大越好。尽管如此，以下章节中的建议在大多数情况下都是有帮助的。

## 多点耐心

情绪，包括愤怒，本质上都是短暂的经历。每一次愤怒都有起点（开始）、中间阶段（达到顶峰并开始消退）和终点（最终决定）。情绪也符合重力原理：上升的东西必然会下降。

愤怒总会自行解决，即使不付出任何努力也会解决。一般成年人在五到十分钟内就会度过愤怒期。所以您不必为了平息愤怒而做出反应，只要给它足够的时间，就会从伴随着愤怒而产生的紧张和思考中解脱出来。事实上，时间是最好的盟友。有一个看似矛盾的结论，您越是想让自己生气的时间长点，反而就越快摆脱这种情绪。

要给自己足够的时间，请遵循以下提示：

提示

» **提醒自己时间是治愈愤怒的良药。**即使世界上最能生气的人，也不会愤怒很长时间。

» **记住，耐心是一种美德。**没有人因为过于耐心而心脏病发作或早逝。

» **尽可能多地对自己重复一遍"这也会过去的"。**有时候，小智慧能起大作用。

» **反复对自己说："以退为进。"**在处理一段愤怒时，采取一种更被动的姿态往往是有益的。

» **拿出奶奶的老把戏：慢慢地，在脑海中数到 10。**如果还感觉不好，就一直数到 100。

» **做几次深而长的呼吸：吸气数到 3，呼气数到 5。**根据需要重复。

## 保持安静

安静是身体休息时的自然状态。口头发泄愤怒只会增加紧张感，进一步提高心率、血压等。只需安静片刻，同时继续思考如何对愤怒做出理性回应，就能帮助您平静下来。这也是个很好的愤怒管理工具。当您感到愤怒的时候，闭上嘴，不要让一个字漏出来。此时说出来的话有用的概率仅为 14.83 亿分之一！

## 放轻松

如果您想持续愤怒（或者再糟糕一点，变得更为恼怒），那好吧，那就保持严肃吧。提醒自己，愤怒不是闹着玩的事。甚至不要考虑微笑。而且，不要试图在任何惹您生气的情况下表现出幽默。

但如果您不想生气，想让自己平静下来，您需要放轻松。例如，如果您觉得必须对让您生气的人说些什么，就这样开始："你知道这很有趣……"

## 掌握回避的艺术

回避您的真实感觉不是个好办法，特别是从长远来看。一般来说，这是一个非常糟糕的办法。然而，对于愤怒，大多数人都需要时间来学习愤怒管理技巧。在学习的过程中，可以从回避麻烦、置身事外中获益。

### 回避可以避免的事情

对于大多数人，情绪是情境性的。存在于这一时间空间的某些东西会激怒您，换个时间空间就不会有同样的效果。情绪本身与它产生的情境有关。只要您一直处于这种激惹的状态，可能会继续生气。如果您离开了这种环境，结果就会相反，情绪会开始消退。远离愤怒的环境会帮您逃离愤怒的困扰。

心理学家经常建议患者与困扰他们的事物保持一定的情感距离。要做到这一点，一个简单的方法是在地理位置上把自己与愤怒的源头分开。例如，如果您在堵车时容易感到愤怒，尽量不要在高峰期出行，或者尝试弹性时间上班和通勤。如果您发现自己在七大姑八大姨身边就容易失去冷静，那么下次家庭聚会时就离她们稍微远点。

## 避免与其他愤怒狂为伍

如果周围都是爱发脾气的人，您想试着理性回应愤怒而不是被愤怒牵着鼻子走也很难。您知道物以类聚的说法吧。

但是您真正需要的是一些盟友，这些人可以帮助您养成有效应对愤怒的新习惯。这样的盟友应该是下面这样的：

» 通过亲身经历展示如何以健康的方式表达愤怒。

» 积极倾听并支持您控制愤怒。

» 不带评判。

» 征服了自己的愤怒心魔。

» 有耐心。

» 富有同情心，理解过度愤怒是一种负担。

» 不认为对他们有效的控制愤怒的方法一定会对您有效。

» 在情感危机时刻愿意帮助您。

» 不假装自己知道所有答案。

» 愿意帮忙，但不会为您的愤怒负责（这是您自己的事！）。

警告

您必须与一群同样爱发火的人保持距离，不管他们是朋友还是家人。远离愤怒的朋友需要很大的勇气和意志力，但您可以做到，而且很快就会看到自己生活中的积极变化！

## 参与对抗愤怒的行动

早期的愤怒管理策略包括延迟或分散冲动，理性回应愤怒。如果给它一点时间，大多数怒火都会平息。接下来的三个部分为您提供了简单易用的工具，来延迟愤怒反应。

### 寻找干扰因素

您所经历的事，都在吸引大脑的注意力。如果您被愤怒激发，大脑就会把注意力转移到这一点上，而远离其他事情。这就是为什么愤怒会成为一种破坏性情绪。情绪越强烈，大脑就越着迷。也许您被刺激后，至少还可以继续部分地关注其他事情。但暴怒是个例外。

强烈的情绪体验——积极或消极——压倒了您的感官。然而，好消息是，大脑可能会分心，也就是它可以随时将注意力转移到其他地方。因此，愤怒管理的诀窍是给大脑一些除了愤怒之外的其他事情。当您感到愤怒时，有几个办法可以分散注意力：

» 玩手机游戏。

» 重复一个单词或短语，如"冷静下来""和平"或"冷静"

» 想想正在计划的假期。

» 数数谈话对象脸上的雀斑。

» 用手捏冰块或在脸上摩擦。

» 尝试一些有氧运动，如慢跑或跳跃。

» 打扫房间。

» 散步。

牢记

分散注意力的策略通常会在几分钟内就起效。因此，您不必慢跑半小时，也不用做一个下午的家务活——只需五到十分钟就可以了。

## 做与愤怒相反的事

另一个能让您尽早摆脱愤怒的好办法是去做与您此时想做的完全相反的事。大脑能观察您的行为方式，让您觉得此时所做的事就能体现当时的心情。此外，所有这些技巧都能在足够长的时间内抑制愤怒，使其开始自行平息。尝试以下方法：

» **练习像蒙娜丽莎一样微笑，在真正生气之前练习，微微一笑。** 当愤怒袭来时，记得把蒙娜丽莎从工具箱里拿出来。

» **有意识地说话更慢、更柔和。** 再次强调，提前练习有助于为需要时做好准备。您可以在说话时在脑海中重复"缓慢而柔和"。

» **慢慢走路。** 大多数人走路都有自己的节奏。愤怒时会加快步伐。无论您现在走得多快，都要放慢速度。

» **练习采取冷静的姿势。** 可以用镜子帮您做练习。从练习愤怒的姿势开始。气鼓鼓，面部扭曲，眉头紧锁。然后尝试相反的放松姿势。让肩膀变软一点，眼睛和前额放松，想一朵温柔的花。

» **缓慢、有节奏地呼吸。** 这项技术与前一节"多点耐心"中所建议的深长呼吸不同。想象一下，如果您在巴哈马的原始海滩上，您会怎样呼吸。想象一下自己在平静和安详的氛围中呼吸——即使有些事情导致了愤怒的情绪。

## 糖果消消乐

当您发现自己生气时，一个简单、便宜、方便的方法就是吮吸一块硬糖，直到它完全消失。与游戏《糖果消消乐》不同，您不应该粉碎它，而是吮吸它。（注意：如果您患有糖尿病或代谢综合征，一定要使用无糖糖果。）吮吸糖果只需要五分钟，但它会缩短愤怒的自然进程。

为什么会起作用呢？

信息

» **这个办法利用了新生婴儿通过吮吸反射达到平静状态的原理。**
任何一位母亲都知道，吃奶可以减轻婴儿的痛苦。这就是为什么安抚奶嘴如此受欢迎——而且随着年龄的增长，有些孩子很难放弃。

» **这个办法涉及摄入甜的东西——糖和甜的感觉在大脑皮层与快乐相关，这是愤怒的对立面。** 糖果真的会让您的心情更甜蜜！
然而，有些人却喜欢酸味，那也没关系，吃点酸的也能奏效，因为这对您来说是愉快的。

» **为您赢得了足够的时间来制定对最初愤怒的理性回应，而不是仅仅对其做出反应（见第 6 章）。** 愤怒是即时的、冲动的、轻率的，往往会导致后悔的结果。而愤怒的理性回应更为谨慎，更能吸引人的注意力，利用过去的经验，结果并不总是可预测的（在一种情况下有效的反应在另一种情况中可能不起作用），而且往往会产生积极的后果。

» **耐心地吸吮糖果与许多人好斗的行为倾向背道而驰。** 吮吸是一种被动的反应，而不是一种积极的反应。只有当您被激怒后，才开始反抗这个世界，愤怒才是必不可少的。

» **把一些东西放在嘴里吮吸，就不能立即用言语表达愤怒，从而**

**加剧和他人之间的冲突，让您以后后悔。**在您用愤怒的语言和语气攻击他人之后，再跟对方说"我很抱歉"是没有用的。这对您没有帮助，对对方也没有帮助。

　　记住，不要咬糖果。咬碎糖果会缩短您对愤怒采取行动之前的时间，更重要的是，释放了您的攻击性人格，破坏了练习的目的。（好斗的性格似乎想要不断地"咬"生活，而不是享受生活。）

第 5 章 | **将事件、想法和感觉
联系起来**
Connecting Events to Thoughts and Feelings

**本章亮点**

» 事件发生前、发生时和发生后的愤怒

» 事件本身不会引起愤怒

» 事件、想法和感觉之间的联系

您有没有注意到，有些人似乎对任何小事都会大发雷霆，另一些人可以在飓风中保持平静。这让您困惑吗？想想下面的例子：

雪莱（Shelley）将她的信用卡插入地铁自动售票机，输入月票的金额，机器没有任何动静。她又试了一次——还是一样。与此同时，列车进站了。她意识到她会错过这趟地铁，上班迟到。她非常懊恼地推了一把机器，然后跺着脚走向人工售票处，一位漫不经心的地铁员工慢慢地为她取票。最终她挤进了塞满人的地铁车厢。她对车厢里的气味和狭小的空间感到恐惧。一名乘客在上车时不小心撞到了她，抓住她的肩膀想稳住自己。她怒不可遏，咆哮道："你干什么？把手放在自己身上！"

布莱恩（Brian）和雪莱在地铁自动售票机上遇到了同样的麻烦。他也担心上班迟到，但他知道自己无能为力。他们上了同一辆地铁，遇到了同样的气味和拥挤的人群。他平静地拿出电子书，打开一本引人入胜的小说。人们推着他，他的身体摇摆不定，但他仍然保持镇定和平静。

为什么当布莱恩处变不惊时，雪莱却失去了冷静？本章将帮助您理解为什么人们对相似事件的反应会如此不同。首先，在本章的开始，我们回顾一下愤怒的典型诱因。然后，我们解释了为什么这些诱因没有直接引起愤怒，尽管许多人对此不以为然。最后，本章说明了如何将特定事件与相应的感受和解释联系起来。有了这些知识，您可以开始改变对发生在您身上的事情的看法。

## 回顾愤怒的触发因素

第 2 章详细描述了愤怒触发因素的主要类别。当特定事件导致愤怒情绪时，往往可以将其归为以下一个或多个类别：

» 受到不公平待遇。

» 应对时间压力和挫折。

» 经历不诚实和 / 或失望。

» 伤到自尊。

» 人际关系混乱。

» 陷入偏见和歧视。

» 健康问题。

» 受到攻击。

» 被威胁。

当某一事件导致您愤怒时，试着问问自己，以上类别中哪一个能概括刚刚发生的事情。您受到过不公平的对待或歧视，让您沮丧和失望吗？您受到过慢性疼痛的折磨吗？您受到过口头或人身攻击吗？有人对您撒谎、侮辱您或您的家人吗？您是否被无法控制的事件所困扰？

接下来的三个部分将向您展示事件发生之前、正在发生时以及发生之后这三个阶段的愤怒是怎么发生的。这些都是从某个特定事件开始（当您感到愤怒时，往往与前面列出的触发因素之一有关）。当您回顾某事件时，可能产生一丝愤怒；大多数愤怒会在事件发生后立即发生；有些人会去预判事件的走向，从而引发怒火。

## 抓住过去的愤怒

如果您对几周、几个月、几年甚至几十年前发生的事情无法释怀，仍然感到愤怒，仍然沉湎在过去。您可能会有以下想法：

» "我永远不会忘记父母的虐待，他们毁了我的一生！"
» "我总是想起三年级时老师对我多么不公平。"
» "我的上一份工作是这一生中最糟糕的经历，我永远不会原谅他们！"
» "如果我得到像哥哥一样好的对待，今天可能就会成功。"
» "在经历了创伤之后，我再也不完整了。"
» "在飓风中失去了亲人，我没有家了。"

几乎每个人身上都会有不好的事情发生——这是生活的一部分。用对过去事件的愤怒来毁掉现在的生活，显然是不明智的。如果您一次又一次地重温同一旧事，反复思考，也什么都解决不了，于事无补。

无论做什么，都无法改变过去。所以停止吧！当然，这并不总是那么容易做到。因此，我建议您读读第 9 章、第 10 章、第 16 章和第 17 章，了解如何处理很久以前的愤怒。

## 着眼于当前的愤怒

大多数时候，引起愤怒的事件都是在现实生活中实时发生的事情。比如：

» 有人说您很愚蠢，威胁到您的自尊心。
» 您没有得到应得的加薪，感觉受到不公平的待遇。

» 老板要求在一小时内提交报告，而您觉得根本完成不了。

» 读到表哥发来的怒气冲冲的短信。

» 伴侣忘记倒垃圾，您感到失望。

　　如果您开始追踪愤怒反应，会发现它们大多发生在当下。但显然情况并非总是如此。有关当前日常生活中愤怒的更多信息，请参见第 11 章至第 15 章。

### 预判未来，感到愤怒

　　有时候，让您生气的事情甚至都没有发生过。您只是坐在那里做白日梦，然后被一阵愤怒击中了。您突然开始预测未来可能发生的事情。这种面向未来的愤怒可能包括以下想法：

» "我确信明天的会议会失败，我会受到指责。"

» "我的前妻和她的律师要去搞我，他们一定想抢走我们的孩子。"

» "未来十年，他们将在我的通勤路上进行道路建设。"

» "我永远不会在这家公司取得成功。"

» "我的岳父永远不会同意我的决定，我们会像往常一样陷入一场激烈的争论。"

» "参加愤怒管理课程将是对我宝贵时间的巨大浪费。"

提示

　　这些事情都还没有发生。其中一些事件可能会发生，还有一些可能永远不会发生。对未来可能发生的事情感到愤怒，不可能有助于解决任何问题，对您没有任何帮助。试着专注于当下，而不是让未来毁了当下。请阅读第 9 章和第 10 章，了解更多关于如何用当前策略处理面向未来的愤怒的信息。

## 了解事实和原因之间的区别

　　人们总是很自然地将愤怒归因于发生在自己身上的某些事情。他们对自己说，是这件事直接导致了我的愤怒。他们是真的相信自己没有能力控制自己的愤怒。他们说情绪和感觉是由事件产生的。因此，您可能会听到他们如下的声明：

» "我必须让她知道，她真的让我很生气！"

» "真受不了在路上被人拦下！"

» "我的老板总是让我做不可能做到的事情，他真的让我失望！"

» "我的老师说女孩学不会数学，气死我了！"

» "他让我失望，所以我要复仇！"

» "我丈夫背叛了我，所以我不得不报复他！"

» "每当我的孩子不按我说的做时，我都会大发雷霆！"

» "那些该死的安检人员害我错过了飞机！"

» "那个裁判真让人生气，那是明显的犯规！"

» "那台愚蠢的自动售货机拿走了我的钱！"

　　在所有这些情况下，愤怒的人都将自己的反应归因于发生在自己身上的事情，他们本身不承担任何责任。此外，他们认为愤怒是唯一合理的感受。

　　如果您声称自己从未说过类似于上面的话，那肯定是在开玩笑。每个人都会生气，时不时地责怪别人。这是人类的天性。

　　让我们深入一点分析，想想第一个例子："我必须让她知道，她真的让我很生气！"这句话有几个问题。首先，没有人能真正"引起"某人有这样或那样的感觉，无论这个人在这种情况下做了什么，另一方都可以用多种不同的方式来回应。比如说，在某种情况下某人侮辱了您。当然，您的一种反应是生气，把他赶走。另一种反应，就是走开。但这种反应可能需要对此类事件采取不同的思考方式。

思考是什么意思？思考是指您解释或感知发生在您身上的事情的方式——换句话说，就是这件事对您的意义。有时，您能够意识到，对于某事，您的想法有点奇特。例如，前面提到过"那台愚蠢的自动售货机拿走了我的钱！"当人们称机器愚蠢时，他们可能不觉得自己想法奇特，但他们会感到愤怒，他们可能会以以下方式之一解释（或思考）事件：

» "机器应该工作！"
» "我应该得到我想要的，但事实上没有！"
» "机器就是来气我的！"

您也可以用其他方式来应对一台吞了您钱的机器。例如，可以有这样的想法：

» "机器出故障和生活中的其他事情一样自然。"
» "机器不会思考或感受，所以它并不是想气我。"
» "它吞了我的钱，是有点倒霉，但这并不是世界末日。"
» "在 1 到 100 的范围内，发生这种情况的概率大约是 3。我需要克服它，不要让它毁了我的一天。"

## 将事件、感受和想法联系起来

将这些点联系起来，有助于您对让您愤怒的事情形成更全面的理解。这种方法可以让您明白个人的愤怒模式。

许多人认为，他们的感受是由与之相关的事情直接引起的，例如人们对待他们的方式（关于这方面的更多信息，请阅读本章前面的章节）。但有一个重要的中间环节——他们对这些事件的想法。本节我们将带您体验两种具有不同解释和响应的场景。

牢记

您可以从多种角度审视大多数事件。如果您习惯性地感到愤怒，问题可能并不是事件本身，而是您对事件的解读。当您开始感到愤怒时，将这种感觉作为一个信号，然后放慢脚步，后退，重新思考发生了什么。

重新思考是有益的，但有时人们需要外界的帮助来做到这一点。第 6 章将指导您完成重新思考的过程，使您能够采用新的、更具适应性的方式来思考或解释发生在您身上的事情。

### 与约翰（John）和戴夫（Dave）玩扑克牌

下面这个故事中，约翰和戴夫给我们提供了很好的例子，可以准确地说明改变思考或解释事件的方式如何改变最后的感受。

戴夫正在和他的朋友玩扑克。虽然他并不是一个出色的扑克玩家，但他仍以巨大的优势获胜。桌上的每个人都对他今晚的成功感到惊讶，包括他自己。随着自己筹码的减少，约翰开始变得越来越恼火。当戴夫又准备大捞一笔时，约翰抱怨道："天哪，戴夫！你的袖子里到底藏了多少张牌？"

　　表 5-1、表 5-2 和表 5-3 显示了同一事件——约翰的评论——如何产生三种不同的感觉，因为戴夫可能对约翰的评论有不同的想法。每个表包含相同的事件、不同的想法（或解释）以及与该解释相关的感觉。

表 5-1　**戴夫的事件－想法－感觉（其一）**

| 事件 | 戴夫的想法 | 戴夫的感觉 |
|---|---|---|
| 约翰抱怨道："天哪，戴夫！你的袖子里到底藏了多少张牌？" | "啊，他竟敢说我作弊！他不再是我的朋友了。" | 生气，怨恨 |

　　戴夫认为约翰的评论是对其诚信的人身攻击。在这种情况下，愤怒的触发因素是对自尊的威胁和言语攻击。然而，他本可以用其他方式来思考这一事件，比如表 5-2 所示。

表 5-2　**戴夫的事件－想法－感觉（其二）**

| 事件 | 戴夫的想法 | 戴夫的感觉 |
|---|---|---|
| 约翰抱怨道："天哪，戴夫！你的袖子里到底藏了多少张牌？" | "我的牌技真的很差，他也觉得我这是撞大运了。" | 不自信，尴尬 |

　　在这种情况下，戴夫将约翰的评论解释为对自己扑克技能的贬低。这种想法会导致不自信和尴尬。下面我们看看表 5-3 中的另一种解释。

表 5-3　　**戴夫的事件 – 想法 – 感觉（其三）**

| 事件 | 戴夫的想法 | 戴夫的感觉 |
| --- | --- | --- |
| 约翰抱怨道："天哪，戴夫！你的袖子里到底藏了多少张牌？" | "约翰真是个有趣的家伙，可能他嫉妒我这辈子第一次赢吧！" | 感觉好笑、满意 |

在本例中，戴夫将约翰的评论只当作一个笑话。因此，他的想法仍然是积极的。戴夫意识到自己赢了，桌上的其他人也注意到了，可能会有点嫉妒，但没关系。

## 和丽贝卡（Rebecca）去银行

另一个例子是关于丽贝卡的故事，可以说明同一特定事件如何引发不同的解释，从而产生截然不同的感觉或情绪。

丽贝卡在午休的时候开车去银行。时间不充裕，但她觉得自己可以在下午 1 点前回到工作岗位。银行排队的人太多了。当她终于来到柜员窗口时，她希望工作人员还认识她，因为过去五年来她经常来这家银行。但是工作人员只是抬头看着她，要求她出示身份证明。

表 5–4、表 5–5 和表 5–6 说明了丽贝卡对工作人员让其出示身份证明这件事的不同看法或解释，导致事件往不同的方向发展。一个事件有三种不同的解释，会导致三种完全不同的反应。

丽贝卡已经觉得时间有点紧了，这种时间压力感使她以负面偏见解读工作人员的要求。事实上，她确实如此。她在示例 1 中对事件的解释直接导致了她的愤怒。她对这一事件的想法

表 5-4　　丽贝卡的事件 – 想法 – 感觉（其一）

| 事件 | 戴夫的想法 | 戴夫的感觉 |
|---|---|---|
| 银行工作人员要求丽贝卡出示身份证明 | "那个工作人员明明认识我，她是故意拖延。这简直是对我的侮辱，真气人！" | 生气，狂怒 |

表 5-5　　丽贝卡的事件 – 想法 – 感觉（其二）

| 事件 | 戴夫的想法 | 戴夫的感觉 |
|---|---|---|
| 银行工作人员要求丽贝卡出示身份证明 | "工作人员真可怜啊！必须向每个人索要身份证明，即使他们知道这些人是谁。我希望我能按时回到工作岗位。" | 轻度沮丧，担忧 |

的触发因素（更多关于愤怒的常见触发因素的信息，请阅读第 2 章）是时间压力和认为自己受到不公平对待。但也有其他方式来看待这一事件。就像表 5–5 说的那样。

　　在第二种情况下，丽贝卡以不同的方式看待该情况。她明白工作人员必须要顾客出示身份证明，但她并不介意。她有一种轻微的挫败感，担心能否按时回到工作岗位。表 5–6 是丽贝

表 5-6　　丽贝卡的事件 – 想法 – 感觉（其三）

| 事件 | 戴夫的想法 | 戴夫的感觉 |
|---|---|---|
| 银行工作人员要求丽贝卡出示身份证明 | "可怜的辛迪（Cindy）。她工作很努力。为什么她明明认识我，领导还会让她问这么一个愚蠢的问题？真庆幸我不在这里工作。" | 轻度沮丧，担忧 |

卡对该事件的第三种看法。

在这第三种情况下，丽贝卡的思想展现了一个全新的视角。她实际上是站在工作人员的立场上。这样想使她避免了事件的个性化，还会让认识她的人有一种积极、温暖的感觉。这种反应使她比前两个反应受益更多。

第 6 章 | **重新审视愤怒的想法**
Reexamining Angry Thoughts

**本章亮点**

» 挖掘扭曲的思想

» 挑战扭曲的思想

» 使用工具修补扭曲的思想

» 将工具应用于实际行动

　　本书并不是第一本讨论思想对感觉的作用以及情绪反应对事件影响的书。事实上，早在 1 世纪，一位男士就非常雄辩地谈到了这个问题。公元 55 年出生的奴隶爱比克泰德（Epictetus）后来获得了自由，成为一名哲学家，他宣称："人们的困扰不是来自事情本身，而是来自他们对事情的看法。"

　　他的智慧确实经受住了时间的考验。在 20 世纪，这一基本哲学启发了认知疗法的开创者，他们将爱比克泰德的见解付诸具体、易于理解的实践。由此，这些开创者转变了心理学的基础和实践。许多研究证实了这种转变的价值。简单地说，认知疗法通过帮助人们改变认知来减少焦虑、抑郁、愤怒和其他情绪问题。

　　本章将为您阐述如何运用认知疗法解决愤怒问题。它集中体现了爱比克泰德的立场，即当发现自己感到不安、焦虑或愤怒时，您怎么看待这个事件往往比事件本身对您的影响更多。然而，将这种理论付诸实践并不像听起来那么容易。因为大多数人认为他们的想法天生是准确的。坚持住，最后您会看到如何通过质疑，发现您先前的想法中可能存在的扭曲。

　　每个人的思维都可能发生扭曲。人们从生活经历、父母、同龄人和文化中获得这些不准确的认知。他们无法摆脱扭曲的思维，但可以找到解开扭曲思维的方法。

　　即使是有愤怒问题的人也不会一直歪曲理解发生在他们身上的事情。有时，在某些事件中，他们会非常准确地看到事情的本质。然而，当愤怒抬头时，往往会有一种或多种扭曲的想法遮蔽了他们的视野。

## 揭示思维扭曲

本节将指导您了解最常见的容易导致愤怒的思维扭曲。如果您在愤怒中挣扎，可能会认为您对事情的看法清楚地代表了现实，而其他观点都没有意义。当然，您有权对不公平、威胁、挫折和失望等问题感到愤怒。但如果给您一条路，可以用另一种方式来看待一次又一次让您生气的问题，那该怎么办？您会考虑尝试一下吗？如果您正在读这本书，可能正在寻找新的东西，愿意尝试。所以看看下面的内容，看看想走哪条路。

### 过滤

愤怒的大脑有一副眼镜，在过滤其他重要数据的同时允许某些信息进入。这种类型的思维集中在事件的侮辱性、不公平性、刺激性和令人沮丧的方面。我们将带领您了解过滤的原理，并在接下来的两部分中用一个例子来让您有更好的理解。

#### · 摒弃积极因素，关注消极因素

大多数事件都包含一系列复杂的积极和消极影响。大脑自然想要简化事情。因此，例如，当人们遇到交通拥堵时，大多数人都会有一个简单、直接的视角——这种视角往往停留在消极方面。以下是一些对交通拥堵产生的简单想法：

» "真烦人。"

» "太可怕了。"

» "不能指望交通总是顺畅。"

» "嗯，是时候放松一下，听听音乐了。"

» "我必须在三分钟内赴约，否则我永远无法赴约。"

» "我喜欢在拥挤的交通中体验有难度的驾驶。"

» "只要这座城市的人都正确驾驶，这种情况就永远不会发生。"

哪一种思想能准确地解释这一事件？嗯，他们都有道理。愤怒的头脑可能只会倾向于那些消极、过分和令人不安的观点。它过滤掉了这种情况下的积极方面。

在这里，我们并不是要让您认为交通拥堵是一件好事！但如果您能想到一个积极的方面，或者至少是一个中性的因素，或者专注于更温和的思考方式，都可能会平静下来。

### · 过滤在现实生活中是如何进行的

让我们通过以下客户与汽车维修师之间的对话来看看在现实生活中过滤如何进行。

维修师：欢迎来到服务中心；有什么可以帮您的吗？

顾客：我想要换机油。

维修师：没问题。您可以在休息室等候，那里有 Wi-Fi、咖啡和甜甜圈。

顾客：太好了。正好我有一些电子邮件要处理。

30 分钟后，维修师回来了。

维修师：您好，我们的服务经理注意到您的行车里程有 53 400 英里（1 英里 = 2.54 千米）了，超过 50 000 英里就应该保养。您想让我们来保养吗？

顾客：嗯，我想想。需要多长时间？

维修师：差不多 45 分钟到 1 小时吧。

顾客：好的，如果能按时完成，那就保养吧。

90 分钟后，维修师回来了。

维修师：您好，您的爱车已经保养好了，麻烦您跟我去把费用结清。

顾客：我以为一小时就能做完，结果我在这里待了两小时！

维修师：很抱歉让您久等了。您的账单是 786 美元。

顾客：你在开玩笑吗？我进来换机油时，没人告诉我得花几百美元！

维修师：好像是挺多。但是您应该知道，汽车保养是一个固定的价格。您可以看看账单。

顾客：听着，我来这里换机油，计划 30 分钟后离开这里。你们这么做感觉就像在给我下套。"我应该知道"是什么意思？你在说我傻吗？

维修员：当然不是这个意思。非常感谢您的耐心等待，您真是个很好的客户，我可以在我的权限之内给您打 9 折。我们真的不是有意欺骗，只是想让您知道，您的行车里程超过了 50000 公里，确实该保养了。

顾客：所以你承认确实欺骗了我——虽然只是无意的。

维修师：不，实际上，我们没有欺骗您，确实是征求了您的同意才做的，我给您打 9 折好吧。

顾客：当时你问我的时候，并没有说会花这么一大笔钱。我来这里不是为了被人说我不懂，我很傻。

下面，我们来看看顾客在哪里过滤了积极因素，关注了消极因素。首先，顾客将注意力集中在服务上，花费的时间比预期的要长（尽管这是很常见的）。尽管顾客过滤出他没有要求报价，但他也会详细查看账单。当维修师试图解释账单时，客户被"您应该知道的"这句话冒犯了，认为这是在侮辱他。

顾客忽视了维修师关于"感谢您耐心等待""可以给您打 9 折""您想让我们来保养吗"的陈述，还将注意力集中在"欺骗"这个词上，并过滤掉了维修师说"我们不是有意的"。

## 灾难化思考

灾难化思考是指夸大负面后果和事件意义的习惯。那个成语"小题大做"抓住了灾难化思考的本质。以下章节中出现了三种不同的灾难化思考发生的方式。

### · 自我惊吓

那些习惯自我惊吓的人往往认为事件是可怕的、糟糕的和恐怖的。事实上，事件本身并不是这样的。如果把种族灭绝、大地震、疾病大流行、暴力犯罪和海啸称为可怕，那没毛病！但有愤怒问题的人往往把日常的麻烦和烦恼说成是可怕的、恐怖的。以下是一些自我惊吓的陈述：

» "股市下跌了 9%！我完蛋了！"
» "婚礼蛋糕上的糖霜砸了一朵花。太可怕了！"
» "真不敢相信我面试时衬衫上有污渍！太可怕了！我再也找不到工作了。"
» "太热了，要热死人了。"

## ·整体评定法

这种形式的灾难化思考包括一概而论，给自己或他人贴上负面标签。这些判断充满谴责和诽谤。因此，不可避免最终会使您对自己或他人感到愤怒。整体评定法的例子包括：

» "我完全失败了。"
» "他是个十足的白痴。"
» "那个销售人员只不过是个笨蛋。"
» "我妹妹是个不折不扣的失败者。"

## ·夸大

夸大是最后一种灾难化思考方式。当人们通过夸大来扭曲事件时，他们放大了痛苦或不安的程度。从某种意义上说，这种心理行为加重可怕、恐怖和令人憎恶的感觉。换言之，夸大会将事件变成有史以来最糟糕的事情。以下是一些示例：

» "这是我吃过的最难吃的饭！"
» "她是世界上最卑鄙的人。"
» "那孩子是有史以来最残忍的恶霸。"
» "那个政客是历史上最腐败的。"
» "那间办公室是有史以来最肮脏的地方，导演是我见过的最疯狂的人。"

## 错误归因

愤怒的头脑有一种将令人不安的事件归因于错误的人或原因的技巧。这种失真有两种类型：一种是内在的，一种是外在的，正如后面两节所述。

## · 自责

这种思想的扭曲导致人们对自己非常愤怒。也许这是您在自寻烦恼。事情出了问题，可能是由很多不同原因造成的，但不知怎么地，您把一切都归咎于自己。自责的思维方式也发生在人们对中立的评论进行个性化评价时。以下是一些自责的示例：

» "我儿子不交作业，这都是我的错。"
» "主管说需要提高生产力，其实她就是针对我。"
» "有人告诉我，'野餐因为下雨被迫取消了'，我根本不应该把它安排在今天。"
» "我妻子离开了我，显然是我不够好。"
» "我的朋友今天异常安静，都没联系我，他一定是不再喜欢我了。"
» "我们工作组得到了很差的评价，老板肯定认为我搞砸了。"
» "我的车在停车场被撞坏了，我真不应该把车停在那里。"

## · 责备

这种类型的思维扭曲会指向问题的实际来源，并指责某人或某事。一般情况下，人们会责怪某个人，或者完全归咎于发生的事情，即使存在其他原因。

愤怒的人往往会指责别人。责备会让责备者摆脱困境，并将责任推到其他地方。比如：

» "这个国家的混乱完全是 ×××的错。"

» "你总是让我照看孩子，结果我没时间做我自己了。"

» "我的车的盲点感应器没有提醒我另一条车道上的车，所以发生了剐蹭。"

» "如果不是因为我丈夫太迟钝，我的生活会很幸福。"

» "你在电话里喋喋不休害我上班迟到了。"

警告

如果把自己的不幸归咎于他人，您一般不会意识到自己至少有一部分责任。仔细查找所有可能导致该问题的原因，当然不要忘了照镜子。

## 以偏概全

这种类型的思维扭曲会将一件事情及对该事的认识应用于未来可能发生的很多事情。例如，一个人在便利店被收银员粗鲁对待，他开始认为所有的收银员都是粗鲁的。接下来看看吉尔（Jill）的故事。

吉尔在小时候受到过家人的虐待，很难和人交流，也从不信任任何人。现在她已经成年了，她的朋友圈非常小。然而，随着时间的推移，她与一位名叫斯蒂芬妮（Stephanie）的同事成为了朋友。她们每周都会出去共进午餐，并逐渐开始互相倾诉。吉尔向斯蒂芬妮透露了她受尽虐待的童年。终于她的故事有人可以分享给别人，吉尔感到很欣慰。但是几周后，另一位同事对她说："哇！我听说了你的悲惨童年。难怪你总是这么拘谨。"

吉尔立刻想到是斯蒂芬妮违背了对她的故事保密的承诺。她发誓不再相信任何人。她得出的结论是，人们永远无法被信任。

　　吉尔有充分的理由不信任别人。毕竟，她的童年是由违背诺言和虐待组成的。现在，她多年来的第一个朋友打破了她刚刚萌芽的想法——也许有那么几个人是可以信任的，难怪她不再相信任何人。但是，她的以偏概全让她付出了很大代价，她几乎完全与可能的朋友和亲密关系隔绝。

## 评判

　　您可能会注意到，某些类型的思维扭曲之间有点相似。是的，一般情况下，一个想法包含不止一种扭曲思维。

　　评判的一个与众不同的关键特点是，人们认为他人的举止和行为是不道德、无礼的和不恰当的。评判思维包括：

» "他不应该那样做。"
» "她的行为太出格了。"
» "你撒谎！"
» "我对她作弊感到愤怒，这种行为会破坏整个系统。"

## 非黑即白

　　人们一直在进行非黑即白的思考。这句话本身就是一个很好的例子。当非黑即白的思考发挥作用时，人们很少看到灰色或中间地带。有这种想法的线索可以很容易地通过检查几个极端的词找到，例如：

» 总是（如"你总是和我争论"）。
» 从不（如"你从不向我示爱"）。

» 完全（如"你完全错了"）。

» 绝对（如"她绝对没有什么可提供的"）。

### 揣测别人的想法

家庭成员和亲密的朋友间经常发生这种思想扭曲。事实上，人类几乎本能地会去揣测别人的想法。有时，这么做也有一定的价值——例如，人们同情别人，或想弄清楚某人是否有威胁。

另一方面，揣测别人的想法有时也会让人陷入困境。例如，如果您自以为某人皱眉就是表示对您不满意，您同时也在进行自责（在前面有关于自责的章节）。看看下面这个例子：

> 晚饭后，山姆（Sam）和皮特（Pete）拿着各自的笔记本电脑坐到了一起。山姆说："皮特，你看到关于亚洲最近发生危机的报道了吗？世界到底要怎么样啊？"
>
> 皮特保持沉默，专注于屏幕。山姆将皮特的沉默解释为不感兴趣和拒绝聊天。他用讽刺的语气说："哇。你肯定对我说的话很感兴趣。非常感谢。"
>
> 皮特从屏幕移开眼睛说："什么？你说了什么？"山姆说："这就是我们关系的问题所在。"
>
> 皮特生气地回答："你在说什么？我在看一些重要的电子邮件，没有听见你说什么。再说一遍，好吗？"

这段对话可能会在山姆和皮特以及无数其他关系中反复出现。当您揣测别人的想法时（换言之，试着读懂他们的想法），可能会引发不必要的冲突。

当您认为某人在想什么，在做出回应之前先确认一下。这

提示

样做可能会减轻不必要的痛苦。

## 无法忍受

有这种思想扭曲的人很多。他们预测自己无法处理或完成各种事情。换句话说，他们说一些大意是"我无法忍受"的话。

几乎每个人都会时不时发表这样的言论。不幸的是，如果把这种想法过分地当回事，这种思维扭曲会阻碍人们积极应对困难和寻找解决方案。相反，他们会呻吟、叹息、抱怨，最终放弃。以下是一些示例：

» "我无法忍受别人不同意我的观点。"

» "我不能忍受排长队。"

» "我无法忍受不听我话的医生。"

» "我无法忍受不尊重；当这种事发生时，我会大发雷霆。"

提示

"我无法忍受"伴随着低挫折容忍度。很不幸，生活给每个人都带来了很多令人沮丧的经历。但好消息是：挫折容忍度可以增强，就像可以通过锻炼来增加力量和身体素质一样。但这确实需要大量练习。参见第 10 章，了解帮助提高挫折容忍度的办法。另外，还可以读读本章后面的"宽容"一节。

## 权力感

愤怒常常伴随着权利感。权利感是指一种固有的、根深蒂固的想法，即想要什么就得到什么，并且比其他人更应该得到特殊待遇和特权。那些有权利感的人认为，他们不受许多适用于其他人的规则的约束。因此，当他们得不到想要的东西时，愤怒就会爆发。想想下面这些例子：

» "我的利益和日程比其他人的更重要。"

» "开会迟到或取消约会对我来说没什么，因为我有更重要的事要做。但如果别人这么对待我，那可不行，我会很生气。"

» "我可以在高速公路上以每小时 138 英里的速度行驶，因为我知道自己在做什么。"

» "我不认为冒犯别人有什么问题，只要我是对的，而且大多数时候我都是对的。"

» "别人应该帮助我完成我的项目，而我对他们的项目兴趣不大。"

» "当人们不按照我说的做，我会觉得被冒犯了，而且很愤怒。"

## 清除思维扭曲

牢记

　　大多数扭曲的思维都包含不止一种扭曲。上一节区分了不同类型的思维扭曲之间的细微差别，但它们经常叠加。

　　扭曲会毒害您的思维。了解思维扭曲有助于重新考虑您想法的绝对、不容置疑的准确性。

　　不要以为您所有的想法都是错误的，或者都是正确的。相反，拿出一个放大镜，开始像一个客观、多疑的侦探一样认真看待您的想法。以下部分将向您展示如何操作。

### 检查证据

　　您的想法或对事件的解释可能是真实的，也可能不是真实的。检查证据使您能够考虑有助于解决问题的信息。以下想法和问题可作为实现这一目标的指南：

&raquo;　有任何确凿的证据证明我的想法是绝对的真理吗？

&raquo;　我是否有与这种想法相矛盾的经历？

&raquo;　我有可能夸大了吗？

&raquo;　我是否过滤掉了可能改变我想法的信息？

&raquo;　我有没有平静地处理过这样的事情，而没有生气？

&raquo;　我指责别人就是要发泄愤怒吗？

表 6-1 和表 6-2 分析了本章前几节中引起愤怒的一些想法，并对证据进行了权衡。

表 6-1　**检查证据案例一**

| 引起愤怒的想法 | 检查证据 | 证据 |
|---|---|---|
| 如果我丈夫不那么迟钝，我的生活会很幸福。 | 我是否有与这种想法相矛盾的经历。 | 嗯，我曾经和他在一起幸福生活了六年。他当时也和现在一样迟钝。 |
| | 我是否在过滤可能改变我想法的信息。 | 事实上，和他在一起的大部分时间都很愉快；但当他迟钝的时候，我真的很生气。 |

表 6-2　**检查证据案例二**

| 引起愤怒的想法 | 检查证据 | 证据 |
|---|---|---|
| 我无法忍受排长队。 | 我是不是有点夸大其词。 | 好吧，我承认我这一生中经历了数百次漫长的排队，虽然我觉得这很烦人，但还可以忍受。 |
| | 我指责别人就是要发泄愤怒吗？ | 事实上，造成排长队的原因是我起来晚了，没给自己留足够的时间。 |

### 缓和极端言论

缓和极端的言论可以平息愤怒。愤怒是一种巨大的情绪，需要真正有力的语言来激发它。极端言论在前面的"揭示思维扭曲"一节中出现过。

本杰明·富兰克林（Benjamin Franklin）建议做任何事情都要适度，包括"适度"本身。好多人都曾说过类似的话，所以也弄不清楚是谁先说的。不管怎样，这个建议还是很不错的。

我们要学会调整那些极端的话语以及对事物重要性给出的夸大描述。表 6-3 罗列了一些典型的、愤怒的想法，其中包含大量的极端词汇，如果用温和的词语替换，这些想法会如何变化。

表 6-3　极端词汇温和化示例

| 愤怒的想法 | 温和的想法 |
| --- | --- |
| 真不敢相信我面试时衬衫上有污渍！太可怕了！我再也找不到工作了！ | 哎呀，我面试时衬衫上有污渍。太糟糕了。希望面试官没有注意到。 |
| 我妹妹是个不折不扣的失败者。 | 我妹妹总是让我失望。 |
| 你总是对我发火。 | 你对我发火的次数比我想的还多。 |
| 我对她作弊感到愤怒；这种行为会破坏整个系统。 | 我对她的作弊行为感到难过，这会让其他人也这么做。 |

### 从朋友的角度看问题

当人们陷入愤怒时，很少能停下来反思。愤怒倾向于冲动。在这里，我们建议您退后一步，将所有反应推迟几分钟。假设一个朋友来找您抱怨一件让您生气的事情，现在问自己以下问题：

» 我会建议我的朋友用愤怒回应吗？

» 我可以向我的朋友建议哪些替代愤怒的方法？

» 我会希望他怎么看待这件事？

» 如果我告诉他用愤怒来回应，那真是最好的选择吗？

**我们来看看艾伦（Ellen）在与水管工进行烦人的互动时是如何使用这种技巧的。**

艾伦打电话找水管工，因为她的淋浴喷头里没有热水。她有点生气，因为不到六个月前，她刚刚对浴室进行了彻底的改造，还安装了她非常喜欢的即时热水系统。水管工告诉她，该系统安装不正确，维修费用为 325 美元。她快要气爆炸了，但她学会了停下来，后退。

因此，艾伦问自己，如果这件事发生在我朋友身上，我会建议她怎么做？她可能会告诉朋友这个系统应该在保修期内，应该给商家打电话。因此，她平静地要求水管工等她与商家核实后再做决定。最后，她从朋友的角度出发，既省了钱，又避免了焦躁。

## 宽容

愤怒是一种不宽容的情绪。不宽容意味着您不接受他人的观点或行为。愤怒的人认为自己是对的，而对方是错的，这再简单不过了。

愤怒使一个人的思维方式不易受外界影响，不发生任何变化。不宽容的人不接受真诚的、有分歧的意见，反而是对其进行恐吓、侮辱，或者退缩，避而不谈。所有这些都是由愤怒引发的——作为一种严格坚持自己信念的方式。

越是不宽容的人，他们的愤怒就越强烈。

当您发现自己对他人的言行感到愤怒时，请试试以下操作：

牢记

提示

» 提醒自己，如果您的思维方式正常，就没有什么可辩解的。别人有不同的想法并不意味着您的就是错的，也不意味着必须为自己的信念和行为辩护。

» 与其防御（这就是不容忍的全部原因！），不如多收集点信息。您可以对另一个人说："多跟我说点这方面的事情，我想知道您是怎么得出这一观点的，您可得好好教教我。"

» 不要将对话个体化。关注问题本身，而不是个体，对事不对人。您的评论要指向有争议的问题（例如，"我不同意我们应该在投票过程中制造麻烦"），而不是辩论另一端的人（"你这样想很愚蠢"）。

» 寻找共识。例如，当父母们讨论是否为女儿提供避孕药时，可以先同意，当然所有父母最终都关心孩子的安全和福祉。

» 避免使用脏话。咒骂只会贬低对方，扼杀任何富有成效的思想交流。最好说，"我真的不知道你这样做该说什么"，而不是说，"你是个混蛋，真蠢！"

» 无论如何，避免轻蔑。轻蔑——冷笑，翻白眼——不仅传达出一种不宽容的感觉，而且还告诉对方您认为他（和他的想法）毫无价值，只是想表达"我比你强！"

## 寻求事物的多样性

人类并不是天生就没有耐心。这是一种在生活中不断总结经验养成的态度。一个在能接受不同观点的家庭中长大的人，也会容易接受他人的不同意见。相反，如果在一个不包容的家庭中长大，也会变得不包容。

不包容——非黑即白——的一种解药就是接受事物的多样性。不包容是试图简化这个不断变化的复杂世界的一种方式。接受事物多样性有助于您拓宽视野，看到思想、信念和行为的"海洋"浩瀚无边。事实上，比黑色和白色多得多的是灰色地带，往往介于我的想法和你的信仰之间。

提示

多样性其实比想象的更容易实现。以下是一些关于如何变得更世俗，从而成为一个更包容的人的建议：

» **了解与自己不同的宗教信仰。**您可以读读《达人迷》(dummies)系列中关于世界主要宗教的书，大多数书店都摆满了各种宗教书籍。

» **阅读您居住地以外的新闻。**如果您来自美国中西部地区的一个小城，可以订阅一份《纽约时报》；如果您住在纽约市，可以让您住在纽约州北部的阿姨寄一份她家乡的报纸。还可以浏览一些与您有不同世界观的网站。

» **每次去餐馆，尝试一些新的东西，**这会迫使您离开舒适区。

» **去参加聚会时，找一个不认识的人聊聊。**如果只与熟人交谈，就不太可能发现新的东西。

» **在您的钱包和政策允许的范围内，尽可能多地旅行，**试着去本国的不同地区或世界各地，多花些时间和当地人交谈。

» **多和自己圈子以外的人交流，包括不同种族、不同社会背景的人。**可以在不同的教堂、清真寺和社区团体找到来自不同背景的人。

» **大量阅读网上或报纸上的社论，而不仅仅是和您的意见相同的**

**评论。** 调到您不常看的频道，看看有什么新闻。

» **多参观博物馆和美术馆。** 在自己的国家进行一次"度假"，看看各种奇妙之处。例如，到几年没去过的当地博物馆参观一下，现在好多博物馆都免费了。

» **与不同年龄的人交流。** 您会惊讶于人们比想象的更幼稚或更成熟。有些城市有社区中心，在那里可以与各个年龄段的人互动。

» **参加本地和外地政府举办的各种主题的免费讲座。** 大多数社区提供系列讲座或类似的文化体验。如果您住在一个非常小的城镇，可以去参加附近的一个大一点的城镇的讲座。当您下次要去那边办事时，就会有帮助。

» **少说多看。** 先学习，再讨论。当您不停地说说说，很难学到新东西。

前面的许多提示都提到了要增加社交活动。这是一个令人悲伤的提醒，提醒人们世界各地的人在新冠病毒大流行期间损失了多少。希望到这本书出版时，全世界已经战胜了病毒，我们都能想去哪就去哪。

## 重新评估意图

重新评估意图有助于弄清楚您对他人的愤怒是否真的有意义。有愤怒问题的人倾向于认为其他人有恶意——也就是说，他们把完全正常、能够理解的情况视为出于恶意动机。举个例子：

沃尔特（Walter）60 岁出头。他聪明，受过教育，讨人喜欢，但他总是能很快看出别人的行为中有什么邪恶的意图。比如他给某人打电话，并留言要求他马上回电话，如果那个人不马上回电话的话，沃尔特的最初想法就是："该死！他绝对是不尊重我！"

沃尔特永远不会觉得让他生气的人还有其他重要的事情要做，或者他被困在交通拥堵的地方，或者他感冒了。不。就沃尔特而言，他的电话不响只有一种可能的解释——没得到尊重——这就是沃尔特生气的原因。所以他总是生气。

如果这种情况只出现一次，那不是问题。但如果像沃尔特一样，这就成了您看待一天中发生的所有事情的方式。每当有人在车流中挡在您前面，每当您在餐厅里服务员晚了两分钟来为您点餐，每当您的配偶忘记拿您干洗的衣服，这都成了他们坏心肠的又一个例子，也是一个您认为百分比合理的愤怒缘由。

眼睛里只有恶意并不是什么好事，会导致过度愤怒，付出相应的代价（有关愤怒的成本，请参见第 3 章）。

当您要对别人的恶意进行反击之前，先问问自己以下问题：

» 我是否误解了此人的意图？

» 这个人这么做，是不是有其他原因？

» 其他哪些原因最有可能解释他的行为？

» 我是不是不应该把这东西据为己有？

» 如果我不认为他有恶意，我会怎么做？

» 如果我是那个人，我的动机可能是什么？

如果沃尔特采纳了这一建议，他可能会想出各种不让人生气的原因来解释为什么对方不给他回电话。他可能会拿起电话，再拨回对方的号码。他会保持冷静，不生气，也不会表现出恶意。

牢记
有愤怒问题的人经常用怀疑、不信任的眼光看待生活。他们错误地认为，日常事件或多或少地涉及他们个人。当他们觉得自己受到错误的攻击时，会很快做出愤怒的攻击或反应。

## 改变扭曲的思想

在这一节我们来了解两个人的惨痛教训。这两人都很容易生气。您可以看到他们如何看待自己在应对各种挑战时的想法。我们将告诉您如何分析这些想法中的扭曲，您可以使用本章前面"清除思维的扭曲"一节中讲到的技巧来形成更合理、更适用的想法。

### 沉湎于痛苦

下面的例子是关于一个愤怒的家伙如何悲惨，他从不表达自己的愤怒，而是专注于痛苦。后面的部分，我们假设他对愤怒做出不同回应，可能会挽救他的生命。

11 年前，德韦恩（Dwayne）在工作中背部受伤，此后一直处于失业状态，背上的疼痛也一直困扰他。他是一个非常易怒的人——对受伤感到愤怒，对医生无法治好他的背伤感到愤怒，对被雇主虐待感到愤怒，对家人和朋友也感到愤怒，因为觉得他们对自己不够同情，甚至对上帝让这一系列不幸在他壮年时期发生感到愤怒。

德韦恩在 36 岁时第一次心脏病发作。当他走在街上时，看到了一个过去工作中的"敌人"，他突然感觉不舒服，捂住胸口，晕倒在地。被救护车送到当地医院后，他告诉医生，当他看到那个人时，就非常生气，然后感到胸口剧痛。医生不敢相信是愤怒引发了他的心脏病发作。

德韦恩继续他易怒的处事方式，在他 41 岁时第二次心脏病发作。在医院的心脏病专家、心理学家、护工、兄弟和妻子的围绕下，德韦恩接到了最后通牒："放下所有的愤怒，否则你会死。你的心脏再也受不了了。"再一次，他的脸上露出了那副熟悉的表情，他热泪盈眶，他说，"永远不会，我永远不会停止愤怒，我宁愿死。"

三周后，当德韦恩对着电话愤怒地喊叫时，他第三次也是最后一次心脏病发作。当妻子发现他死在地板上，手机还在他的手中。

不幸的是，德韦恩没有进行愤怒管理。但是，如果他有机会和愿望，会发现不同的思维方式可能会挽救他的生命。

表 6-4 展示了如何将这一过程付诸实践，以德韦恩的一个引起愤怒的情景为例。如果德韦恩能够随着时间的推移倾听他愤怒的想法，识别他思想的扭曲，并利用这些信息以及各种改变技巧（在前面的"消除思维扭曲"一节中介绍过）来发展形成更合理的想法，他的生命可能不会这么快结束。

德韦恩可能会活下去，如果他能这么想：

» 我能忍受我的背痛，虽然很痛苦，但我能忍受。
» 医生已经尽力了，但我希望他们能有更多的办法。他们像对待其他病人一样关心我，但他们不是我的母亲。
» 我的雇主做了很多雇主都会做的事情，他们为了省钱，无视工作条件中的安全隐患。我本可以更加小心，但工作条件确实对

表 6-4　以德韦恩为例剖析愤怒

| 德韦恩的愤怒思想 | 德韦恩的扭曲思想 |
|---|---|
| 我忍受不了疼痛 | 无法忍受 |
| 医生真无能 | 灾难化思考 |
| 他们根本不关心我，老板欺骗了我 | 只看到错误的来源 |
| 这一切都不是我的错，该死。生活是不公平的。不应该这样对我；我努力工作，现在却落得这样的下场 | 权力感 |
| 我什么也做不了，只能坐在那里，任时间流逝 | 以偏概全 |
| 我的妻子和孩子不相信我在受苦 | 揣测别人的想法 |

这个问题有很大影响。

» 生活是不公平，但对每个人来说都不公平，并不是针对我一个人。我努力工作，至少得到了残疾保险。

» 我应该能学会一项新技能。

» 我的妻子和孩子感到灰心，这可以理解，但他们仍然爱我，他们知道我也很难过。

对德韦恩来说已经太迟了，但对您来说还不算太晚。您觉得如果德韦恩检查自己的想法是否扭曲，并使用各种改变技巧来拥有更合理的想法（如前所述），他还会感到愤怒吗？如果是这样的话，很难想象他的愤怒还会一直如此强烈。也许他可能感到有些不安，也许有点生气，但并不是经常。

## 探索生活环境

在下面的例子中，宝拉（Paula）让我们看到生活困难的人是如何陷入严重扭曲的思维，从而导致愤怒和绝望。本节展示了她如何意识到自己的思维扭曲，更合理地重新思考自己的处境。

宝拉，一名 35 岁的缓刑犯监督官，刚刚从一个强制性的计算机系统培训班回来。之前她经历了三次计算机大修，但都没有达到提高效率、改进通信和易于使用的承诺。花费了数百万美元的计算机系统，最终还不如多年前的纸质档案系统。她得出的结论是，这个系统完全是浪费时间，毫无用处。

宝拉受够了。她对周围的一切感到愤怒。她坐在办公桌前，打开个人金融账户，看着自己可怜的存款，她感到愤怒。她知道，在获得联邦医疗保险资格之前，她是不能退休的，而这还需要七年。宝拉觉得她忍不了那么久。她特别讨厌自己的工作，觉得她的客户都是毫无价值的人渣。他们中似乎没有人能摆脱困境，他们就是在浪费她的时间。

宝拉有一系列的想法，每当她感到沮丧时，她都会转向这些想法。比如：

» 我丈夫 15 年前离开了我；他和所有人一样，都是可鄙的。
» 带着两个孩子生活，还有抵押贷款，我不得不为房子再融资两次以筹集现金；现在我完全破产了。生活是如此的不公平。
» 仅仅因为我是一个单身妈妈，在这个失控、倒霉的体系中，我一次又一次地被拒绝晋升。
» 我没有什么可期待的。

宝拉的生命还没有结束。但目前的思维方式使她无法找到生活的意义、目标、方向或快乐。她感到痛苦、愤懑、愤怒和悲哀——几乎找不到方法解决生活中的问题并继续前进。

如果宝拉去寻求帮助来发泄她的愤怒，治疗师可以发现她并不完全抑郁（尽管她确实很不开心）。宝拉的思想被愤怒和无数让她愤怒的扭曲思维所严重污染。

表 6-5 显示了宝拉曾经的想法、扭曲思维，以及通过使用前一节"清除思维扭曲"中所示的改变技巧而慢慢获得的新思想。

表 6-5　以宝拉为例剖析愤怒

| 宝拉的愤怒思想 | 宝拉的扭曲思维 |
| --- | --- |
| 我讨厌我的工作，迫不及待想退休。 | 无法忍受 |
| 我的客户都是人渣。 | 以偏概全 |
| 我的未来一片灰暗。 | 灾难化思维 |
| 这个计算机系统纯粹是浪费。 | 极端化词语 |

以下是宝拉更理性化的想法：

» 虽然我不喜欢这份工作，但福利很好，一年有四个星期的假期。

» 我的大多数客户都会重新犯罪，但随着时间的推移，也有少数表现良好。

» 我喜欢和孩子们在一起。

» 计算机系统相当麻烦，但也不是一无是处。

## 练习重新思考

上一节中的例子是对两个长期、多次发怒的人的总结。如果想在生活中重新思考愤怒，可能需要经历一两件困难的生活事件来达到最有效的效果。

首先，拿出纸和笔，当然也可以拿出一些电子设备，您可以选择口述、书写或键入。在屏幕或纸上写出您的想法有助于您更客观、更冷静地看待它们。只有这样，才能从典型的即时情绪反应中退出来。

然后执行以下步骤。请回顾本章前面的章节，了解更多关于扭曲、消除扭曲的细节和方法，以及新的、更合理的想法的示例，这些想法会带来新的、适应性更强的回应。

### 1. 写下愤怒反应之前的事件或情况。

要写清楚，包括能回忆到的所有细节。可以翻阅一下第 2 章和第 5 章，了解与愤怒相关的常见触发因素和事件。

### 2. 记录您对这些情况的想法。

不要退缩。即使您意识到其中一个想法可能是扭曲的（如果你已经阅读了本章前面的章节，也许能够识别出扭曲的想法），也要记下心中真实的想法。如果您不知道具体想法，请问自己以下问题：

- 我如何感知或解释这一事件？
- 这件事对我有什么意义？
- 为什么这件事使我感到不安？

### 3. 检查您的想法，看是否有任何可能的扭曲。

以下是一些扭曲思维的例子（有关每种思想扭曲的详细信

息，请阅读本章前面的章节）：

- 过滤
- 灾难化思考
- 错误归因
- 以偏概全
- 评判
- 非黑即白
- 揣测别人的想法
- 无法忍受
- 权力感

**4. 使用一种或多种改变技巧。**

本章前面讨论的改变技巧包括：

- 检查证据
- 缓和极端言论
- 从朋友的角度出发
- 宽容
- 寻求事物多样性
- 重新评估意图

**5. 记录一个或多个新的、经过修改的、更准确地反映现实的想法。**

这些想法应该不那么极端，能得到更客观的证据的支持。

提示

　　如果您有愤怒的问题，每当愤怒出现时，都要尝试执行这些步骤。偶尔，您的想法可能非常准确。但是，大多数情况下，您会很容易发现您的典型反应中有一些扭曲。练习得越多，就会更好地给出更合理的答案。耐心点。

第 7 章 │ **把注意力从自己身上移开**
Taking the Focus Off Yourself

**本章亮点**

» 意识到自信在愤怒中的惊人作用

» 尝试竞争性较低的方法

» 放弃追求完美

好吧，我承认，我真的是个怪胎。我最喜欢的活动之一是阅读有趣的社会心理学研究（当然还有写书）。其中最有吸引力的研究着眼于所谓的"专注自我"的作用及其对坏脾气、攻击性和易激惹的影响。专注自我是指将注意力集中在"自我"上。以下是这项研究中一些有趣的发现：

» 如果教室里有很多镜子，学生在课堂上的表现会很差，镜子会让他们更加专注于自己。以后的研究可能会发现类似的结果，即学生上网课，在视频中可以看着自己，学习效果可能更差。

» 如果被要求写一篇文章，里面尽可能多地使用"我"这个词，负面情绪会增加。

» 高度专注自我的人在经历创伤后比那些不太专注于自己的人感到更痛苦。

» 以自我为中心的人比不以自我为中心的人幸福感波动更大（从抑郁到欢快）。那些不太以自我为中心的人情绪更稳定。

那么，具体来说，这些发现与愤怒有什么关系呢？事实证明，专注自我和所有负面情绪，包括愤怒，都是相互关联的。本章将讨论专注自我、自尊及完美主义之间的联系，这些都会对愤怒产生意想不到的影响。

## 复习自信和愤怒的关系

几十年来，社会工作者、咨询师、治疗师、心理学家和缓刑犯监督官员都认为，愤怒的根本原因是没有自信心。直到今天，许多人都认同这个想法。根据这种观点，他们合理地推荐了旨在提高暴力犯罪者自信的课程和培训，无论是对青少年还是成年人。现在有一个问题：他们在很大程度上是错的。

那么自信到底是什么呢？下面列出了几个同义词，可以让您了解一下何为自信：

» 自我印象
» 自我认同
» 自我价值
» 自我概念

不必担心这些术语之间的细微差别。下面是关于自信的定义，抓住了这个词的本质：自信是一种感知或言论，对您所看重的品质的评估或判断。自信所依赖的具体品质因人而异。

例如，如果律师具备这种品质，她可能会看重表达论点的能力，如果她口才很好，会让她自信。心理治疗师可能会看重她避免与客户发生争执的能力，如果她擅长这项技能，她会很自信。歹徒可能会看重他的巧舌如簧帮自己脱困。牧师可以把诚实放在首位。换句话说，自信所依赖的特质因人而异。

## 带着自信的气球飞翔

把自信想象成一个气球。一个刚刚从包装中取出来的气球是什么样的？扁平，褶皱，没有充气，还有点难看，而且相当无用。这就是自卑的样子以及给他人的感觉。毫无疑问，自信心极低的人因为缺乏精力和活力，什么都不想干。

想一想，一个泄了气的气球的形象是否会让您和一个怒火冲天、要攻击别人或策划复仇的人联系起来？可能性很小，因为这些行为需要极大的活力，而那些瘪气球（自信心低的人）却没有。

现在，把气球吹起来，吹到几乎爆炸。好吧，再往里面吹几口气。现在，想象一下，如果您很想让那个过度膨胀的气球不要爆炸，必须整天带着它。不仅如此，如果能保证气球不爆炸，还有百万美元的奖金等着您呢！这时候有人开始追气球，您会把他们推开吗？您会大吼、呵斥、尖叫还是反击？此时您会担心气球爆裂的危险，并对任何可能威胁到气球的人和事保持警惕吗？

好吧，保持气球不爆炸实际上没有百万美元的奖金。关键是，那些自信心过度膨胀、过于积极的人，很难保护膨胀到爆炸点的脆弱气球。为了保护气球的安全，他们面临着愤怒和攻击的巨大风险。

当人们过度膨胀时，很容易被刺穿并威胁到他们的自信心。例如，一些狂热的体育迷发现，当比赛开始变得糟糕时，他们的自信心会受到伤害，一些人甚至会做出暴力行为。那些球迷像是瘪了的气球还是高度膨胀的气球，有一丁点挑衅就会爆炸？

提示

回想一下您可能经历过或目睹过的几次愤怒爆发事件。当某件事威胁到某人的自信心时，他们会发怒吗？许多研究证实，那些认为自己远远高于其他人（也称为自恋者）的人，更容易被激发，表现出更多的攻击性。

现在，回到气球的比喻。想象一下一个充气量正好的气球。您可以把它扔来扔去，弹跳起来，不用担心气球会爆裂。换句话说，气球弹性极好。因此，牢固的自信心是稳定的，不容易受到外界干扰。牢固的自信是建立在合理的自我评价和实际成就的基础上的，而这些成就不会不成比例。牢固的自信心不会导致过度的自我批评和嘲笑，而且相当稳定。

## 稳定的自信

我最喜欢给客户、学生、研讨会的观众，甚至我的家人（尽管我应该更了解如何为家人提供建议）的一条建议是，把您的自我放在架子上。您和其他人一样，可能会想，这句话到底意味着什么？

把自我摆在架子上，也就是说，不根据别人的意见来评价和判断自己，情绪就不会像溜溜球一样忽上忽下。您就能够客观、恰当地听到每个人都会听到的批评和反对。您不会因为自我受到威胁而变得扭曲。当您把自我放在架子上时，自信心就会保持稳定而不受伤害。看看下面的三个例子，看看这个过程的实际情况。

赛迪（Sadie）20 岁出头。从她出生的那一刻起，父母和家人就告诉她，她很漂亮，很特别，注定要做大事。基本上可以说，她被宠坏了。父母因为一点点小事就会夸赞她，一旦她犯了什么错，父母就会指责他人，为赛迪辩解。赛迪很幸运，她一直都很有魅力，也很聪明。

大学毕业后，赛迪获得政治学学位。她觉得很快就能在政界谋得一个特殊的职位，比如新闻秘书，或者至少是竞选经理助理。因此，当她投出很多份简历都石沉大海时，赛迪很生气。最后，她终于得到了一个面试机会，但她的语气和肢体语言中流露着怨恨、优越感和特权感。当被要求做一些基层工作时，她感觉受到了侮辱，认为这有损她的教育和社会地位。因此，她拒绝了这份工作，仍然自以为是地失业着。

赛迪自以为是的态度毁了她早期的职业生涯。周围的人都觉得她自视很高，鼻孔朝上，所以不喜欢她。她就需要弄清楚如何把自我放到架子上，并为自己拙劣的态度付出代价。

唐（Don）的教养方式与赛迪的不同。他的父母也会因为他一点点小成就而称赞他。但是，一旦他搞砸了一点小事，就会受到斥责和侮辱。可想而知，他的自信心摇摆不定，时而自我感觉良好，时而认为自己是一个彻头彻尾的失败者。

唐大学毕业后，和赛迪一样，也获得了政治学学位。他也发现，由于经济不景气，就业市场充满挑战。与赛迪不同，最初，他对被拒绝的反应是沮丧和绝望。他觉得自己永远找不到工作了，觉得大学浪费了他的时间和金钱。后来，他接到一个电话，参加一场全国政治竞选的面试。他的自信心飙升，大步走进面试间。面试官说他是一个很好的应聘者，但他现在只能做些跑腿的工作。唐勃然大怒，把简历扔到房间的另一边，跺着脚走了出去。

唐是一个自信心极不稳定的例子，从认为自己一无是处转变为认为自己优于他人。这种不稳定的自信心使他面临抑郁和愤怒的双重风险。

克里夫（Cliff）在父母严厉的管教和深深爱中长大。他的自信心建立在坚实、稳定的基础上。他也是政治学专业毕业生，也发现求职过程令人沮丧。最后他获得了一次面试机会。

前面有几个应聘者都没有成功。面试官看了克里夫的简历后说："你看起来是一个合格的人选，但现在我能给你的只是一份跑腿的工作。"

克里夫有些失望，但意识到这是他的第一份工作，所以并没有太在意。相反，他切换到解决问题的模式，说："嗯，这有点令人沮丧，但我可以做。过一段时间后，我能做一些更有挑战性的工作吗？"

面试官说："哦，当然。事实上，许多高级职员一开始都是无偿志愿者，而且很快就升职了。你前面的两位应聘者基本上都是在他们知道有升职机会之前就辞职了。我想我已经开始喜欢你了。"

克里夫放下了自我，发现了积极的可能结果，不让愤怒阻碍他。和所有毕业生一样，他希望找到一份好工作。当第一份工作没有达到预期时，他也感到失望。但是，因为他的自我并没有阻碍他，克里夫允许自己从事一份长期来看可能会有不错回报的工作。

## 降低好胜心

专注自我的人（过分专注于自己）也经常走上极端好胜的道路。这种心态是不正常的，可以表现在运动或游戏中，也可以体现在工作中。好胜心强的人不惜一切代价想要获胜。他们不顾一切，务必要让自己最终达到顶峰。

这些人为自己设定了具有挑战性的目标，这在一定程度上是很好的。但如果他们没能做到这一点，可能会对他人大发雷霆，有时候也会对自己发火。

因此，减少愤怒的一个方法就是缓和好胜心。

提示
　　下面我们看看可以通过哪些方式来改变自己的好胜心，进行健康的竞争：

» **尝试在不记分的情况下打一场高尔夫。**您可能不知道，一些过分好胜的高尔夫球手不仅关注自己的分数，还关注其他球员的分数——以确保其他球员不会作弊。如果发现其他球员作弊了，可以打赌他一定会愤怒。

» **在家庭游戏中至少一半的时间让孩子获胜。**如果想让孩子们在 40 年后更爱你，那就让他们赢得更多的胜利。

» **如果您和伴侣在对一些事情的看法或做决定方面有异议，不要每次都听您的，至少有一半时间听对方的。**这样，你们的感情会更稳定！

» **永远不要问同事的工资是多少，股票表现如何，或者他们与老板有多少"面对面时间"。**只要做好您的工作，看好您自己的投资，这样就行了。

» **如果要去某个地方，别总想着用最短的时间到达。**摆脱速度的限制，享受旅程。生活不应该是一场比赛。

» **练习冥想。**如果您从来没有冥想过，或者真的不知道从哪里开始，看看第 9 章，了解一些关于冥想和正念的知识。如果您想了解更多信息，可以阅读斯蒂芬·博迪安（Stephan Bodian）最新版《冥想》（Meditation For Dummies，Wiley 出版）。

» **与比您走得慢的人一起行走，并以对方的速度为标杆。**步行——不与人比赛的步行——会让您的内心产生奇迹。

» **交替参加竞争性活动和非竞争性活动。**例如，您可以在星期六下午和朋友一起打网球（并允许自己关注结果），下个星期天就去参观博物馆。

» **下次，您所属的团体举行选举时，请举手提名其他人。** 您不需
要担任所有委员会的负责人，可以信任其他人，让他们来负责，
并随他们的领导做出改变。

您也可以想一些其他创造性的方法来降低好胜心。如果好
胜心稍弱，就不会那么容易生气，这也许是一件好事。

## 文化背景对愤怒的影响

文化背景影响人们表达愤怒的方式和时间。在任何现有的文
化背景下，您会发现不同的人表达愤怒的方式存在很大的差异。
许多社会科学家将文化分为两大类：

•**个人主义：** 这种文化强调了独立、自立、个人成就和个人
利益相对于整个文化的重要性。个人主义通常与西方社会联系在
一起。

•**集体主义：** 关注群体的需求，而不是个人的需求。这些社会
重视合作、分享和协同。东方社会倾向于集体主义而非个人主义。

一些研究表明，集体主义社会中的人会抑制向外表达愤怒。
个人主义与自恋程度的增加有关。自恋是过度愤怒的危险因素。
然而，生活在个人主义文化中的人比生活在集体主义社会中的人
生活满意度更高。

所以我并不是说个人主义或集体主义哪个更好，只是不同而
已。个人主义者最容易因自己的个人目标和愿望被侵犯而感到愤
怒和沮丧。另一方面，集体主义者可能更容易因为他们的群体或

文化受到侮辱而愤怒。这两个极端都可能导致过度敏感，导致更大程度的愤怒。

## 警惕完美主义

完美主义和愤怒到底有什么关系？完美主义也包括关注自我。一个完美主义者事事都要做到完美，这是一种自我关注的形式。这一标准是完全不可能维持的，而且经常会导致沮丧，随之而来的是愤怒。完美主义，就像一个过度膨胀的气球（见前面的"带着自信的气球飞翔"一节），很容易被戳破。

完美主义者的愤怒往往是对内的。他们一旦不能达到不切实际的目标，就很容易自暴自弃。他们对自己说："我可真差劲，因为我不完美。"

或者，有些人将自己的完美主义标准强加给其他人。在这种情况下，同事、朋友和家人就会发现自己无法满足完美主义者的要求。这样很容易导致完美主义者对目标产生愤怒。

苏珊娜（Suzanne）是两个男孩的母亲，她是一个完美主义者。她反复严厉地告诫孩子们，"如果一件事情不能做到最好，那就根本不值得做"。

她专注于指出孩子们的错误，而很少注意他们的成就。孩子们长大后没有安全感，而且很自卑。他们也会对母亲的行为感到愤怒，但害怕向她表达。于是，孩子们将过度的愤怒释放在其他人身上。

牢记

并不是说高标准不好，最有价值的成就需要追求卓越。但重要的是要认识到，非理性的、毫无顾忌的完美主义会导致不可避免的失望和愤怒。

## 拥抱错误

完美主义者讨厌犯错。错误会粉碎他们的自信心，使他们感到不安。

克服完美主义的一个方法就是拥抱错误。拥抱错误意味着发现错误带来的诸多好处。错误会让您少一些自我关注，多一些自我接纳。完美主义的您可以考虑故意将错误带入生活中，下面的事情可以作为开始：

» 每天穿两双不同颜色的袜子。

» 在文档上涂一个小污迹。

» 假装被什么绊倒。

» 把车斜着停在停车位上。

» 从写着"出口"的地方进入某场所。

» 穿着带点污渍的衣服。

» 说些愚蠢的话。

» 把头发弄乱。

» 把邮票歪歪扭扭地贴在信封上。

» 故意打错字！（这可能会让编辑们发疯！）

» 按下电梯上的错误楼层，然后说："哎呀！"

在做了这些事情之后，注意人们的反应。他们会嘲笑你吗？他们会批评或侮辱您吗？您的世界会崩溃吗？可能不会。

但是，运气好的话，您可能会开始自我接纳。

牢记

您不是宇宙的中心。当您陷入困境时，大多数人真的不会太注意。如果减少关注自己，也就不会感到过度的愤怒。

## 打击拖延症

在很多时候，拖延症都是完美主义者的伴侣。因为不能将事情做到绝对完美，所以什么都不做。最后的结果是事情没有完成，您对自己感到愤怒，也对其他人感到愤怒。

当您决定做某件事的时间和真正抽出工夫做某件事情的时间之间存在差距时，就会出现拖延症。拖延症希望能避免批评、挫折甚至成功。是的，他们也不想成功，因为成功会带来更多的任务，更有压力。如果出现以下迹象，可能表明您正处于拖延期：

» 有一项艰巨的任务要做，但您一直在检查电子邮件。

» 等待"心情好"的时候再来做某事。

» 不到最后时刻，什么都不做。

» 强迫自己打扫房间，但却不做手头急需完成的工作。

» 宁可用一周的时间改变办公室格局，也不处理不想处理的事情。

» 在网上一遍又一遍地搜索一条信息，尽管它与您要完成的项目之间几乎没有任何关系。

对抗拖延症，可以尝试以下几种办法：

» 关闭您的电子设备和所有与外界的连接——是的，全部！

» 使用奶奶的法则：首先，把不爱吃的绿豆吃了，然后才可以吃甜点。换句话说，给自己奖励，但前提是先完成一部分任务。

» 开辟一个空间，在那里可以尽可能地完成所有的工作。将这个空间单独用于工作。它可以仅仅是餐桌的一角或咖啡厅的一个位置。关键是能排除干扰。

» 使用视觉提示，如在隔间或门上挂上"非请勿入"的标志。

» 将任务分成小块，每完成一项任务就细细品味。

» 使用日程表或日历，尤其是有提醒功能的电子日程表。

» 在日历上或经常能注意到的地方写上待办事项列表。

当今世界有许多容易导致拖延的因素。拖延症和那些有愤怒问题的人一样，都很难控制自己。经过努力学习和勤奋练习，您可以解决这些问题。

# 第 3 部分

# 用愤怒管理工具武装自己

Equipping Yourself
with Anger Management Tools

**在这一部分中，您将：**

☑ 了解如何坚定果敢而不生气

☑ 练习缓慢而沉稳地说话

☑ 意识到愤怒

☑ 远离愤怒

☑ 深呼吸并找到平静

第 8 章 | **坚定果敢地带着同情心沟通**
Communicating Assertively with Compassion

**本章亮点**

» 说出心里话，让其他人听到

» 防止情绪升高

» 使用分散和缓冲技巧

» 找到表达愤怒的最佳方式

新闻快讯：不是所有人都能一直与人相处融洽。即使是脾气最好的人，也会有与朋友、家人、邻居或同事意见不一致的时候。隔壁的狗每天早上 4 点会叫；您要照看孙子，他的父母总是比想象的晚回来；周五下午老板把一大堆工作扔在您的桌子上；眼看截止时间就到了，您最好的朋友却不让您完成工作，非要拉着您吃午饭……

和所有人一样，您会有感到愤怒的时候。在这种情况下，如何表达自己的感受会让事情朝不同的方向发展，变得更好或更糟。本章我们来了解一下坚定果敢的沟通过程。有了坚定果敢，可以让别人知道您的需求而不生气，并得到更多想要的东西。

# 何谓坚定果敢

坚定果敢的沟通是直接的、有礼貌的，可以让您用别人可以接受的方式表达自己的观点。坚定果敢的沟通一般包括三个要素：表达情感、说出错误和分享您想要的东西。以下各节将进行说明。

## 表达情感

坚定果敢的沟通要求您拥有自己的想法。外界影响不会让您生气、难过、恼怒或焦虑。这些情绪的产生取决于您选择用何种感觉来回应外界事件。通过坚定果敢的沟通，您可以明确表达自己的感受。所以，承认自己的感受，不责备任何人。例如，与其说"你惹恼了我……"，不如改变您的说话方式，表达自己的感受，尝试说"我觉得……时很烦"，以下是更多例子：

» "你让我生气…"变成"当你…的时候，我会生气"。

» "你在…时让我难过"变为"我在…时感到难过"。

这种技巧通常被称为第一人称陈述。记住这一策略的一个简单方法是，简单地以"我感觉……"开头。

## 说出问题所在

坚定果敢沟通的第二部分是对认为不合适的事情进行真实的、冷静的陈述。这部分对某些人来说可能相当困难。害羞、被动或矜持的人往往会避免向他人表达不满。另一方面，好斗的人很难将他们的抱怨转化为冷静、合理、容易接受的陈述。

坚定果敢的沟通包括面对给您制造不安行为的人。这一部分的关键在于以清晰、实事求是、非情绪化的方式表达问题。以下是几个示例：

» 老板在周五下午下班前把工作堆在您桌子上，您可以说："当您给我布置工作时我压力很大，恐怕得到周一才能完成。"

» 您的伙伴一直等到出发前最后一刻才收拾行李，因为这样，经常会耽误旅行。您会说："你不提前收拾行李时我会很生气，因为我们总是在赶时间。"

» 邻居把孩子的自行车和玩具放在您家门口。您可以说："我担心你孩子的玩具放在我家门口时，我会被绊倒。"

提示

不必对困扰您的每一件小事都表现得很坚持。有时候，对这些小事您大可不去计较，特别是那些不太可能出现第二次的事情或人，您得衡量一下，他们值不值得您去坚持。

## 带着同情心说出您想得到的

前面我们说到，您表达了自己的感受，指出哪里出了问题，现在需要说出您想得到的东西。这一部分需要做个计划，提前思考您想要什么，并考虑其可行性。

提示

除了要将您想要什么表达清楚外，带着同情心去表达，可以在人与人之间架起一座桥梁。当进行评价时，站在对方的立场去寻求理解与同情。大多数时候，人们并不想让局面变得难堪，但他们有自己的考虑，有自己的不得已。发出富有同情心的呼吁会增加您被倾听的可能性。

如果老板给了您太多工作，像下面这样说可能会适得其反。

"您总是在星期五下午给我额外的工作，我感到很烦。希望您不要再这样做了。"

老板可能会说："好吧，我再也不给你工作了，你被解雇了。"

换一种更合理、更有共鸣、更自信的说话方式：

"当您在周五下午给我额外的工作时，我感到压力很大。我非常理解您，有那么多的工作要做，对您来说也是个难题。我们一起来讨论如何解决这个问题吧"。

再举一个母亲和她 9 岁儿子的例子：

"我特别反感你不打扫房间。希望以后不要让我再提醒你了！"

其实，这个母亲可以这样说：

"我不想看到你房间乱糟糟，我知道打扫房间的确挺无趣的。我可以帮你规划一下，这样就不用花太长时间了。你需要我怎么帮你，能让我们都感觉更好？"

**提示**　当您表达自己的意愿时，多使用诸如"我更喜欢……""我希望……""我想要……"之类的语句。像"要求""必须"或"规定"这样的词听起来像是最后通牒，可能会引起防御性的回应。

## 坚定果敢沟通的作用

下面我们举个例子，关于如何与年迈的父母坚定果敢地沟通，使困难的情况得到改善。

58 岁的艾米（Amy）医生将她的成功很大程度上归功于她的成长经历。但是，她没有童年的美好回忆。父母对她态度冷淡，经常言语辱骂她。因此，她将精力转向书本和学校，以逃避在家中遭受无情的批评和蔑视。多年来，她已经克服了早年间被虐待给她留下的阴影，心理健康状况算是良好。

随着年龄的增长，艾米的父母越来越虚弱。艾米的文化背景要求她必须照顾长辈。当父母到了需要照顾的阶段时，艾米把他们接到了自己的家里。

尽管身患疾病，需要依赖艾米，但父母依然不尊重她，艾米越是努力讨好他们，得到的埋怨就越多。大多数时候，艾米把这些埋怨埋在心底，但她变得越来越暴躁易怒。她的丈夫和孩子也承受着压力。有一天，艾米终于鼓起勇气，用坚定果敢的沟通方式给了父母反馈，"当您在家里批评我时，我非常不开心，还很生气。我觉得我在尽一切努力照顾您，我知道这种情况对我们所有人来说都很难，希望您在我家里能尊重我。"

艾米的父母被她的话震惊到了，他们并没有意识到自己的行为给艾米带来了如此大的困扰，他们也深感羞愧，下决心要尽自己所能改变自己，并请求艾米原谅。艾米很高兴地接受了，三人共同商量如何愉快地相处。

提示

当然，仅仅一句坚定果敢的话不会像艾米的例子那样立即改变大多数人的长期习惯。但是，您坚持用这种方式与他人沟通，可以为未来的改变打开一扇门。关键是坚持！

## 避免愤怒突然升级

上一节阐述了进行坚定果敢沟通的一些初步想法。尽管尽了最大努力，有时候还是不能阻止情绪和愤怒升级。为了防止这种情况发生，有几件事是不应该做的。

警告

显然，如果要使用坚定果敢的沟通方式，有些事是要避免发生的，比如某些手势和行为。无论如何，不要做下面的事：

» 别人说话的时候翻白眼。

» 大声叹息。

» 指指点点。

» 轮到您发言时，指责别人。

» 使用批判性语言（愚蠢、白痴、疯狂、无知或可笑等词）。

» 与 A 交谈时反复打断他，或又与旁边的 B 交谈。

» 说有针对性的话（例如，"你真是个傻瓜！"）。

考虑一下暂停对话的价值。例如，不要害怕对另一个人说："我认为我们已经尽了最大努力去解决这个问题，现在应该暂停，稍后再继续讨论。您觉得呢？"有些问题需要更长的时间才能解决，就像有些目的地更远一样。

只有当您真的稍后再继续讨论时，这个策略才有效。否则，所有的建设性努力都是徒劳的！

## 没有人知道全部的真相

当别人批评您，或只是不同意您的观点时，您会自动认为您是对的、他们错了吗？这几乎是大多数人的默认选项，尤其是那些有愤怒问题的人。退一步考虑，那些和您的意见不合的人，可能有一两点意见是正确的。我知道，这很难做到。

您不必完全赞同那些不同于自己的观点，没有人能掌握所有真理！想想生活中出现过几次这样的情况：您对某件事感到相当肯定，但后来发现，您并没有得到全部正确的信息，所以最终得出的结论是错误的。如果您说"我从来没有遇到过这样的情况"，那是您思考得不够！每个人都有犯错的时候。

以下三个部分提出的策略基于另一种不同假设：大多数人的观点和想法往往包含一些真相和一些错误想法。有时候，您可能本身没有错，但没有掌握所有信息。如果您意识到真相和信息之间的差距，可能会对矛盾的对象产生共情。

## 化解分歧和批评

缓和情绪、让心情平静下来的有效方法是化解分歧与批评，而不是养成不假思索地反击的习惯。无论您有多确信他们是不正确、不合理或不公平的，通过化解，都会积极地从别人所说的话中找到更多真相。

您可能觉得化解非常困难。如果是这样的话，看看本书的第 7 章，该章介绍了如何将自我放到架子上，避免争吵。把自我摆在架子上，有助于抑制防御和攻击的自然冲动。

警告

看看下面的凯德（Cade）的例子。一开始，他以一贯的、自反的、愤怒的风格回应批评。后来，凯德用一种化解的方法重新反思了对话。

凯德今年 27 岁，在一家汽车修理厂工作。他和好朋友杰克（Jake）为了挣到更多的佣金，会竞争客户。一般情况下，他们会想办法避免严重冲突。有一个周末，凯德与妻子大吵一架，周一上班，他和杰克陷入了一场不断升级的冲突。

杰克：凯德，我不愿意你抢走我的顾客。你知道，按规矩这次轮到我了。

凯德：我根本没那么做，是你错了。你今天为什么这么混蛋？

杰克：嘿，我只是说我们这是有规矩的。如果你不遵守，我当然会不高兴。

凯德：不，你就是想超过我。你再这样做我就告诉主管了。

杰克：什么？你可真傻！你应该清楚，如果告诉主管，他会冲我们俩发火，你个笨蛋！

凯德：离我远点，杰克。我可不想听你喋喋不休地抱怨。

你不是我的朋友了！

嗯，不是那么好的结果，是吗？谁是对的，凯德还是杰克？真的那么容易判断吗？考虑到他们二人说话的方式，可能不容易下定论。当凯德使用无害化处理时，以下是相同的开始，但结果不同：

> 杰克：凯德，我不愿意你抢走我的顾客。你知道，按规矩这次轮到我了。
>
> 凯德：兄弟，按道理这回是该轮到你了，但这是我的一位老客户。
>
> 杰克：我不管，反正这次是轮到我了。
>
> 凯德：按老规矩是该你了（化解矛盾），但我们一般不都是让对方留住老客户吗？
>
> 杰克：也不总是，你还记得我的老客户卡尔（Carl）吗？你接待了卡尔，我同意了，因为当时我手头上有一件挣得更多的活。
>
> 凯德：确实是，我差点忘记了这件事。虽说如此，最近我们不都没有让吗？我们都想留住老客户，不是吗？
>
> 杰克：嗯，也许是这样吧。但如果我们在去找客户之前讨论一下这个问题，应该会更好。
>
> 凯德：是的，是的。很高兴我们谈过了。

可以看出凯德和杰克的观点都有对的一面。谁也不知道到底发生了什么。因为凯德把"自我"放在架子上，在杰克的担忧中寻找一丝真相，他们解决了冲突，没有怨恨。

为了有效地使用化解方法，一些话语可供您使用。请阅读下面的列表，想象如果自己在过去发生过的冲突中使用了这些语句，结果会有什么不同。然后，现在，当有人与您意见不合时，试着把他们拉到您这边，而不是用轻率的攻击来回应：

» "你说得有道理。"
» "有时候你说的可能是真的。"
» "我知道你为什么会这么想。"
» "也许是我搞砸了。"
» "你所说的至少一点我是同意的。"

提示

化解和缓冲（在下一节中讲解）可以被看作是实用性哲学，而不仅仅是技术方法。记住，任何人都很难掌握关于所讨论问题的全面信息，做到百分之百正确。

牢记

化解并不意味着完全同意他人的观点，也不意味着必须撤退和投降。请注意，在前面的故事中，凯德最终还是得到了他的老客户，但他也同意应该在接待客户之前和杰克商量一下。

## 给抱怨设置缓冲

为了避免愤怒，除了了解别人抱怨中的细微（或更多）真相，还应该看到您的观点也有缺陷。缓冲包括对自己的观点质疑！嗯，也不完全如此，但这一策略确实要求您意识到自己的论点可能包含不准确之处，指出自己的错误（人人都会犯错）。

缓冲有助于增加其他人真正了解您的想法的机会。这是因为明智地使用缓冲可以避免对方采取防御性、愤怒的反应。

也许您会说，"我就是对的，我没有错。"事实上，您确实可能是对的。但问问自己想要什么？目标是什么？是想证明自己是对的还是被倾听？

提示

很少有人对任何事情都能百分百正确。承认这一事实有助于对方能听到您的真实想法。

让我们一起看看桑迪（Sandy）和她妹妹利亚（Leah）发生矛盾时是怎么做的。第一次，她没有使用缓冲的策略。

桑迪："利亚，每次你带孩子来我家，你都放任他们洗劫我的零食柜，吃掉我所有的零食。管好你的孩子，好吗？"

利亚："哪有你说的那么夸张。只是有时他们刚游泳回来，很饿，吃了点你的零食罢了。你这是怎么了？"

桑迪："他们是见什么吃什么！上周，你们走了以后，我的零食柜都空了。"

利亚："不可能。我记得还剩了爆米花和几块格兰诺拉麦片，这是我能记住的，肯定还有很多我没记住。"

桑迪："真不是那样，你记错了。你的孩子就是不受控制的小怪兽！"

这不是一个好结果。两姐妹最终不欢而散，心怀怨恨。更糟糕的是，孩子们也受到这场激烈冲突的影响——这也不是一件好事。

同样的问题，如果加了缓冲，再加一点点化解（参见前一节），结果会有所不同。

桑迪："可能我有点太在意了（缓冲），但我注意到，当你的孩子来这里时，他们把所有能吃的都吃了。"

利亚："嗯，他们有时游泳后就来了，而且很饿。有什么问题吗？"

桑迪："嗯，游泳后确实容易饿（化解），但我不知道他们什么时候来，也不知道他们能吃多少东西，所以不知道该准备多少东西。"

利亚："好吧，我给他们带一两盒格兰诺拉麦片来怎么样？这样行吗？"

桑迪："当然，那真是太好了。谢谢啦。"

请注意，只要桑迪承认她"可能"在这个问题上有点小题大做，并承认利亚的"游泳使孩子们吃得多"这一观点，就会带来一种平静的气氛，并为有效解决问题打开了大门。

以下是一些缓冲语句，当需要与某人就您所关心的问题进行沟通，可以考虑改变您的表达方式：

» "我可能错了……"
» "也许我有点太在意……"
» "也许我看错了……"

承认可能没有掌握自己观点的全部真相，并不意味着必须屈从或放弃您的观点。如果觉得自己"本质上"是对的，就应该坚持自己的观点，但也要表达出愿意考虑另一种观点的意思。

## 避免发泄情绪

您是否曾经打电话给朋友说"我只是想发泄一下"？在好的情况下，发泄是释放储存的情绪。但是在最坏的情况下，这就像字典中对发泄的定义之一：“火山爆发般排放。”愤怒、鄙视、轻蔑和不屑都可以是火山爆发的释放物。

**牢记**

但释放所有被压抑的熔岩、烟尘和火山灰难道没有帮助吗？发泄不是一件好事吗？与大多数人的想法相反，发泄愤怒是行不通的。

发泄并不能达到预期的情绪缓解，也不能解决最初引发您愤怒的现实生活中的问题。不幸的是，发泄的作用恰恰相反：它让愤怒的人更加愤怒，让好斗的人更加好斗。

**提示**

如果您长期感到愤怒，最好的办法是和心理咨询师谈谈，找到产生这种情绪的根源，并寻求解决问题的方法。如果您正在一个人生闷气，最好是数到十，或者静静地思考是什么让您如此生气，而不是向朋友发泄。

## 弗洛伊德到底在想什么？

西格蒙德·弗洛伊德相信人类情感的“液压”理论。在他看来，情绪（包括愤怒）是日常生活中自然产生的副产品，会随着时间的推移而积累，就像茶壶里的蒸汽（或火山中的熔岩）一样。随着情绪的形成，会造成身体紧张，最终寻求自己的释放方式。弗洛伊德认为，只要人们能够自由、公开地表达自己的感受，就能保持健康。如果不能以某种可接受的、具有适应性的方式表达情绪，那么健康就会受到身体内日益增加的压力的不利影响。

弗洛伊德帮助患者释放残余愤怒的方法是宣泄，也就是“戏剧性地释放深层次的愤怒”。一些专家认为，弗洛伊德说得有道理——只是大多数人（包括很多愤怒管理专家）误解了他的宣泄概念。弗洛伊德的宣泄治疗是在治疗师的引导下，精心组织的愤怒再体验。他从未让自己的患者用网球拍拍打床垫，敲打充气人偶，撕毁电话簿，尽情尖叫，或去打架，这些都是过去的愤怒管理疗法。过去 40 年的研究结果表明，以往流行的宣泄观点不起作用，也不再推荐这种方法。幸运的是，今天的大多数治疗师都了解这一点。

## 有效表达愤怒

如果不能准确地表达愤怒（通过语言清楚地表达自己的感受），您更有可能通过某种形式的身体攻击来表现。当一个人把拳头砸到墙上，或者更糟糕的是，砸到另一个人的脸上时，除了明显地表达出"他疯了"这一事实之外，还有什么？

那一拳对他有什么好处？当然没有。那一拳能改善他与被打的人的关系吗？当然不能。当这个打了人（或撞了墙）的愤怒的人被拖走之后，会平静下来吗？当然不会。所以，通过身体暴力表达愤怒是没有好处的。

那么，是不是大声喊叫发泄愤怒，比撞墙或打人要好呢？如果这是您当时唯一的选择，好吧，喊叫比肢体冲撞好一点。但话又说回来，言语暴力也真的不会给您带来任何好处。无论说什么，在一个人狠狠地训斥了某人之后，没有人会感觉更好。而那些大喊大叫的人当然也没有解脱。

还有什么招数可以使？交谈，或使用语言以建设性的方式来表达情绪（在我们这里特指愤怒的情绪）。例子如下：

艾迪（Eddie）刚刚学会如何表达愤怒。从他还是个孩子的时候起，他就一直对自己的愤怒严加控制——一旦开始生气，他就会退缩，直到再也无法控制住所有的愤怒，然后，不出意外，他爆发了火山般的愤怒。就在最近，这种愤怒导致艾迪对妻子进行了身体攻击，这让妻子感到恐惧，并对他们的婚姻前景产生了严重的怀疑，这是可以理解的。艾迪和他的治疗师之间的对话说明了艾迪需要愤怒管理的原因。

治疗师：你说上周你发脾气了，能跟我具体说说吗？

艾迪：是的，就在我们离开家去拜访朋友之前，我对我妻子发火了。然后，我们去了朋友家，在那里的所有时间里我的所作所为都让人厌烦。

治疗师：那么从离开家到到达朋友家这段时间，你做了些什么？

艾迪：什么都没做。我没有对我妻子说什么。她想跟我说话，但我不理她。然后她也不说话了，我们都保持沉默，直到到达朋友家。

治疗师：开车到你朋友家要多久？

艾迪：一个多小时。

治疗师：你开车一个多小时都没跟妻子说一句话？

艾迪：对。

治疗师：那你在做什么呢？

艾迪：我一直在想我有多生气，还有关于我妻子的各种让人生气的事情。

治疗师：那是让你更生气还是消气了呢？

艾迪：哎，肯定让我更生气了。当我们到达朋友家时，我真的很愤怒，快要爆炸了。在朋友家，我一直都没有放松，我知道这毁了我们所有人的夜晚。

治疗师：如果在那一小时的车程中你和妻子说说你的感受，你觉得会怎么样？

艾迪：也许会好一点吧，但我不知道怎么做——我不知道该说什么。所以我只是保持沉默，怒气一点点堆积。我一直都是这样，不知道为什么。

提示

**下一次当您生气到想砸东西（或某人）时，请试试以下步骤：**

### 1. 用一个标签来衡量愤怒程度。

例如，您是有点恼火、烦恼、生气、愤怒还是暴怒？用"我觉得……"句型来开始表述，不要说"我认为……"。因为在这里，我们的目的是表达此时的感觉，而不是说您认为对方有多讨厌。

### 2. 找出引发愤怒的事情。

例如，"每次我回家，她都在和她妈妈打电话。我们从来没有时间独处。"接下来您可以这样，说："我觉得很……（插入您在步骤 1 中想出的单词）因为……"

### 3. 问问自己需要怎样才能恢复到非愤怒状态。

例如，"如果她能早点给母亲打电话，这样当我回家时，我们就能过二人世界了。"

当您能够在头脑中完成这三个步骤时，看看您是否真的能和生气对象进行对话。

警告

殴打配偶或任何人都会构成犯罪。您需要意识到，打人不仅会让您失去一段关系，也会丧失自由。如果在您身上发生过家庭暴力或人际暴力事件，应该立即寻求帮助。不能以为您有能力"克服它"。

## 转身离开，您仍然有发言权

愤怒是一种应对危险的手段。因此，在面对危险时，人和动物会变得愤怒，起来反抗或逃跑。神经系统中都有一种古老的"要么战斗，要么逃跑"的反应。不幸的是，这些选择并不能有效解决情绪反应背后的问题。

提示

您可以立即以敌对、咄咄逼人的方式表达愤怒，或者也可以一声不吭地走开（或跺脚！）。或者选择一种折中的反应：暂时离开，直到冷静下来，然后再回来，用语言表达您的感受。

尝试以下练习：

1. 想想最近您觉得自己受到了不公平或不公正待遇的情况，当时，您没有说出真实的感受。

2. 尽可能详细地写下当时的情况，或用录音设备记录下来。

3. 回顾一下您所写或口述的内容。

4. 写下（或口述）您对这种情况的感受——不是您的想法或做了什么，而是您的感受（情绪）。

　　您可能会有好几种情绪，例如，"我很生气，很受伤。"

5. 记录您产生这种感受之前发生的事情。

　　例如，"她对我的体重发表了刻薄的评论。"

6. 说说您想对生气对象说什么。

　　一定要以"我"开始进行陈述，从一种感觉开始，然后描述引发情绪的情况。避免使用煽动性语言（脏话）。

7. 现在，问问自己，感觉如何——好些了？松了一口气？

8. 用积极的自我陈述来巩固您在这里所做的一切："对我来说这已经很好了！没人能做得更好！"

将此作为每周的例行锻炼，直到您能更好地表达日常感受。

## 记录：一个很好的开始方式

坚定果敢并不总是要求您大声表达心中所想。有时您在解决难题或化解矛盾方面真的做不了什么，很多事情仍然无法控制。当您无法找到一种简单的方式与愤怒沟通时，可以考虑记录下问题所在、您的感受和可能的解决方案。也许根本没有什么解决方案，但写下您的沮丧可能是最好的办法。

提示

如果一个问题无法解决，或者您还没有准备好直接解决它，那么就把记录作为第一步。

## 不要说粗俗下流的语言

粗俗下流的语言具有煽动性，会火上浇油，煽动情绪，增加言语羞辱或身体冲撞的可能性。这样的语言只能导致伤害，并不能教育人。还会让被指责的对象为自己辩护——要么退出（听不清你在说什么），要么以同样粗俗下流的语言回击。想象有两个人在互相咒骂，引用威廉·莎士比亚（William Shakespeare）的话就是，"喧哗和躁动，毫无意义"。

提示

以"我……"开始，而不是"你……"，让自己远离充满愤怒的脏话。可以说"我很生气"，而不是"你个该死的白痴！"最好扩大您的情绪词汇，找找与愤怒同义的其他词，例如：

恼火、恼怒、不快、厌恶、反感。并在这些词前面加上"一点""有点"或"稍微"等短语来软化它们。

提示

设身处地为他人着想，问问自己，如果有人叫您一个讨厌的绰号，您会有什么感觉。如果他生您的气，您想让他说什么？

## 不要偏离主题

当您开始愤怒地大喊大叫时，可能会忘记最初引起愤怒的事件、问题或环境。愤怒一触即发，从一个怨念跳到另一个怨念。从一开始的"我让你帮我买点东西，但是你却忘了"，突然变成了"你从不帮我干活，不听我说什么，你根本不在乎我。我不知道当初为什么嫁给你！"

很多来找我帮忙进行愤怒管理的人会给我讲他们的愤怒有多么可怕的后果，但当被问及是什么引发了愤怒时，他们说："这可难倒我了。我就记得前一分钟我们还聊得好好的，下一分钟我就大喊大叫，用拳头砸墙。"

牢记

愤怒越强烈，这种情绪本身就越可能分散您对当前问题的注意力。愤怒使精力不集中，以至于在冷静下来之后，很可能不会记得说过的话或做过的事。控制愤怒的一种方法是专注于让您感到愤怒的事情。在这方面多注意，事情就不太可能失控。

## 轮流表达

建设性的愤怒表达方式应该是相互的：您表达您的感受，也让别人说说他们的看法。如果您想失去听众，最好方法是继续咆哮。记住，大胆地说出您的感受，但要简短，别喋喋不休。

神经学的研究告诉我们，人类一次只能消化（和记忆）一定量的信息。这就是为什么电话号码就那么几位数。太多的信息会让人不知所措。

愤怒地说五分钟话，就像要求对方记住一个 50 位数的数字。这很难做到（至少大多数人做不到）！难怪孩子们永远不记得父母生气时告诉他们的话。别以为他们只是没认真听，其中还有父母的原因。

我们建议您将表达感受的发言控制在一分钟之内，或者最好一次少说点话。然后深吸一口气，让对方做出反应。这也会防止您情感加速。如果您感到不安或生气对象有防御性反应，让她来说，不要打断，然后再继续表达您的感受，一分钟，最多一分钟，再呼吸一次。

## 保持声音低沉，语速缓慢

说话声音越大，人们越听不到您要说的内容。您要表达的信息在过热的对话氛围中蒸发了。生气时说了什么并不是唯一的问题，问题在于您说话的语气。如果能在谈话中保持礼貌的语气，您会发现倾听对方的陈述变得更容易，也更容易将您的信息传达给对方。适度的愤怒可能是一种有效的沟通方式，但如果您想被倾听，就得注意以下两个方面：

» **音量：** 话语的力量和丰满度。越生气，声音就越响。谁都可以判断一个人是稍微有点不高兴还是怒不可遏。

» **语速：** 就是一个人说话的速度。一般愤怒升级，语速加快。仿佛有一种压力，让愤怒的话迫不及待地要从嘴里喷涌出来。在这种情况下，停顿有助于强调和突出您想说的内容，所以不要害怕停下来。

提示

让我们来多注意生气时的说话方式。如果觉得自己声音太大、说话太快和／或听起来很刺耳，请相应地调整一下，努力调整在愤怒状态下的说话方式。

## 文明并不总是意味着做"老好人"

行为文明只能说明您是一个好公民：一个在社会规则之内行为活动的人。文明是以相互尊重的方式对待他人，不粗鲁、不麻木、不轻率，或故意对抗他人。

另一方面，文明并不意味着您总是友善、宽容，可以接受任何虐待。它不需要您被动，不需要逆来顺受，也不需要成为老好人。文明的人也不是从不经历或表达过合理程度的愤怒。

文明的人也会感到愤怒，但他们会建设性地表达出来。他们对自己愤怒的情绪做出文明的回应，而不是以某种无脑的、莽撞的方式行事。他们会以对方可以接受的方式说出自己生气的原因。

### 当您觉得不舒服，不要再说"我很好"

您可能自以为找到了一个避免为自己的愤怒承担责任的方法——总是说"我很好！"即使在与事实相去甚远的情况下也是如此。这就是政客们所谓的无回应式回应。这是一种礼貌的表达方式，"我不会告诉你我的感受。也许是因为我不相信你会接受我的感受；也许你会因为我生气而生气；或者我自己也不相信我的感受——我真的应该生气吗？"

提示

下次有人问您对某件事的感觉时，选择一个适合的情绪标签——例如，快乐、悲伤、愤怒或高兴。诚实地对待您的行为，可以降低您的紧张情绪，防止您不悦或生气。

## 女性与自信

当今世界，尽管女性在政治、经济和社会地位方面取得了长足的进步，但旧世界的一些残余仍然存在，对男女之间可接受的行为存在不同的标准。即使在今天，那些表现出愤怒迹象并自信地表达自己的女性很可能因为这样做而被贴上具有攻击性的标签。但是对同样行事的男性却没有那么多说法。许多女性对这种双重标准很敏感，对要不要完全诚实地对待自己的感受犹豫不决，除非她们的感受是积极的或非攻击性的。在悲伤、恐惧和抑郁等情绪方面，情况正好相反。公开承认这种情绪的男性往往会被自己和他人视为软弱、娘娘腔。

### 工作场所的批评

基兰·斯奈德（Kieran Snyder）曾报道过她为《财富》杂志进行的一项研究。她查看了各类企业的 248 份员工评价后发现，对男性和女性的评价存在显著差异。具体而言，与男性相比，女性的性格特征更常被评论为情绪化、专横、好斗、粗暴和咄咄逼人。对男性的评价一般包含了关于他们工作表现的具体建议，并为他们做出改变提供了明确的指导。

有趣的是，在 105 篇男性评价中，只有 3 篇包含了攻击性一词。其中两人还是建议增加攻击性。在工作中，女性似乎比男性收到更多的批评和负面反馈，难怪女人比男人更担心受到批评！

提示

　　如果自信意味着在生气或愤怒时承认自己的感受，意味着不放纵他人的不良行为，或者意味着直接解决歧视问题，那么即使被贴上咄咄逼人的标签，也要自信。要骄傲、清晰、热情、自信、有魅力，昂起头，直视对手的眼睛，把问题留给对手。

第 9 章 | **理智地管理愤怒**
Mindfully Managing Anger

**本章亮点**

» 拥抱愤怒

» 审视愤怒

» 活在当下

» 深呼吸

我回家路上的最后一个右转弯是 45 度角，这个角度经常会导致一些交通问题，发生追尾或刮蹭，路基也受到破坏。几年前，我在那个路口等着左转时，就曾被一个注意力不集中的司机追尾。

我们社区有一个投诉意见箱，可以想象，那里面对这个路口的愤怒和意见多如潮涌，往往几周后会平静下来。市长、市议员和公共工程部都收到了投诉，但 20 年后仍然无果。

因此，我们这些生活在周边的人有两个选择：对当地政府的不作为感到愤怒，每天都生活在沮丧和怒火中。或者接受生活中的各种不便，从总体上来说，这是一件很小的事情。这实际上关乎个人选择：接受或愤怒。尝试接受是正念练习的很大一部分。

本章我们来聊聊如何以清醒的意识和接纳的态度来看待世界，以管理困难的情绪。首先，看看将愤怒作为一种正常的情绪反应如何帮助我们减轻愤怒的困扰。以非评判的方式体验情绪，可以更有自我认同。接下来，看看活在当下的生活态度是如何让您的人生旅途少些愤怒，多些幸福感。一些技巧会让您的生活更平静。

## 接受愤怒

愤怒是对挫折的自然反应，在现代生活中有很多人或事会让您感到沮丧，比如：

» 被追尾。

» 放纵宠物狗在草坪或人行道上拉屎的人。

» 腐败的政客。

» 污染环境的人。

» 骗子。

» 电话推销员。

» 乱丢垃圾的人。

» 粗鲁的人。

愤怒在某些情况下确实可以改变我们的境遇（我在第 2 章中介绍了一些例子）。但在大多数情况下，愤怒并不能阻止粗鲁的人变得粗鲁，不能使追尾的事情没有发生，不能让腐败的政客破产，也不会让电话推销员不再给您打电话。

牢记

然而，只要是人就会感到愤怒。这句话是真的，越是试图否认这一事实，就越会感到愤怒。所以，承认愤怒吧。不要因为愤怒而苛责自己。拥抱愤怒，愤怒就会减少。

## 意识到您的愤怒

意识到愤怒，有助于在它失控并吞噬您之前抓住它。当愤怒情绪爆发时很容易识别。您可能会做出口头或肢体的反应。例如，如果有人在开车时突然插到您的车前，您很可能会猛打方向盘，对他竖起中指，或者飙脏话。如果愤怒情绪在内心翻滚，但被压制的时候就很难察觉。当您感觉到某件事不公平、不公正或不诚实时，就会发生这种情况。

花点时间了解您的身体是如何感到愤怒的。当您愤怒时，记下脑海中的想法。注意您表达愤怒的方式。第 2 部分中有一些技巧可以帮助您培养这种意识。但现在，只需要您观察愤怒，不带任何判断。带着愤怒坐一会儿。

## 打破自发的愤怒反应

意识到愤怒是正念练习的第一步。下一步是回应，而不是立刻做出反应。大多数经历过愤怒困扰的人在感到愤怒后，都会本能地做出反应。如果您对有人袭击您的女儿感到愤怒，本能地跑过去救她，那没关系。然而，在对不太危险的情况做出即时反应时，愤怒反射通常不会起到好作用。例如，如果在杂货店不小心选择了最慢的结账队伍，愤怒不会让您缩短排队时间，反而可能延长。

我们要做的是与愤怒和解，超越最初自发的感觉，关注现在正在发生的事情。问自己以下问题：

» 对正在发生的事情来说，愤怒是适当的反应吗？

» 愤怒会帮助我做出正确的决定吗？

» 愤怒会让我得到我想要的吗？

» 还有其他方法来满足我的需求吗？

慢慢来。感受您的感受，不要被愤怒冲昏头脑。愤怒会过去的，放手吧。

## 让愤怒随风而逝

当您自己成了愤怒的对象，也想想此时的感受。停下来，想想身体的哪部分对愤怒作出了反应。您也生气了吗？还是害怕？

停下来，去思考，而不是对愤怒做出直接简单的反应。想一下，如果有人真的像愤怒的公牛一般朝您冲过来，而您只是退到一边，结果会怎样？如果您没有回应对方的愤怒，他的怒火可能很快就烟消云散。正所谓一个巴掌拍不响。

攻击不必用反击来回应。您也不需要被动，只是在场就行。问自己以下问题：

» 现在发生了什么？

» 我该如何保护自己？

» 生气会帮助我做出更好的决定吗？

» 局势升级会给我带来伤害吗？

» 还有其他方法可以满足我的需求吗？

牢记

不要因别人的愤怒而受伤害。在某些情况下，最好的选择是靠边站或走开。另一些情况下，您需要做出有力的回应，设置适当的边界。

提示

当愤怒指向您时，您可以做出选择。阅读第 8 章，了解如何坚定果敢地带着同情心去沟通。此外，有关道德问题和愤怒的讨论，请参见第 11 章。

## 聪明的头脑

在心理学中，关于大脑如何思考和做出决定的概念涉及两个大脑通路。第一通路是原始通路，根据安全、生存和需求做出快速的本能的反应。另一条通路更为周到，需要更长时间才能做出回应。该路线利用过去的经验，思考未来可能的后果，并考虑广泛的影响。愤怒一般起源于第一个比较原始的通路。

怎样解释这种思维方式呢？想象一下大象和驯象师。训练有素的大象一般会按照驯象师的要求行动。但当大象突然受到惊吓，或生气的时候，它会采取一切必要措施来保证自己的安全。它可能会冲撞、突然立起来或逃跑。驯象师对大象的控制是有限的。一个聪明的驯象师会去观察大象，了解发生了什么，并帮助大象冷静下来。

　　把愤怒想象成头脑中的大象，而不是聪明的驯象师。聪明的头脑会去观察是什么导致您生气，并找出解决办法。没有人会怪大象害怕，也不会因为生气而责怪您。关键是如何运用技能找到最佳解决方案。

# 活在当下

　　此时的您在生气吗？如果您正在读这本书，可能没什么可生气的。看看周围，上上下下，左左右右。您坐在哪里？您舒服吗？您的脚在地上，身体在座椅上？注意一下手和胳膊的位置。

　　您听到什么声音吗？能听到窗外经过的汽车、暖气或空调发出的噪声吗？有狗在叫吗？有洗牌的声音吗？有人在说话？还是很安静？

　　是否有什么味道或其他明显的感觉？温度是凉、是热还是刚刚好？

　　深呼吸几次，感受当下。不要做判断下结论，仅仅专注于正在发生的事情。

　　大多数让人愤怒的事情，真正的愤怒，都是已经发生的事。这已经是过去时了。将来可能会让您生气的事还没有发生。关注当下，您更有可能保持平静。

## 练习冥想

　　冥想需要练习和耐心。不要期望能立即体验冥想的好处。

冥想能给愤怒的心灵带来平静。通过专注于当下，您改变了看待世界的方式。变得更少评判，更接受现实。同时，您不会放弃正义的愤怒，只是变得不那么被动，更有效率。

**牢记**

　　冥想并不能让过去发生的事情不发生，但可以带走过去的愤怒留在您身体和思想中的印记。沉湎于过去的愤怒中，只会破坏现在。（见第 16 章和第 17 章关于放手和宽恕。）

　　专注于当下并不妨碍我们展望未来。通过合理健身、理财、照顾家人和朋友来规划自己的未来。然而，生活充满了不确定性。我们要做的就是尽最大努力，并接受无法控制未来的事实。

## 专注冥想

　　冥想的核心是在一段时间内集中注意力。各种形式的冥想已经存在了数千年。近几十年来，科学家们一直在研究冥想的作用原理，以及它是否可以用来改善健康，提升幸福感。数百项研究结果支持冥想在以下领域的益处：

» **压力：**人们发现定期冥想可以减轻练习者的压力，冥想似乎可以提高练习者应对压力的能力。

» **焦虑：**减轻压力也可能缓解焦虑，这是有一定道理的。对焦虑的人学习冥想的研究表明，他们的焦虑程度有所下降。

» **抑郁：**患有抑郁症的人进行冥想对预防复发特别有帮助。

» **生理健康：**冥想对身体健康有诸多益处，如降低血压、减少炎症反应和改善消化。

» **慢性疼痛：**多项研究支持定期冥想练习可以改善慢性疼痛。

» **记忆、思考和睡眠：**冥想能帮助人们入睡，并在睡眠中断后能很快重新入睡。冥想可以提高注意力，减少反复琢磨令人不安的想法。此外，近期一些研究还发现冥想与记忆和应对痴呆症有一定关系。

那么冥想对愤怒有什么帮助呢？我们可以来进行逻辑推理，许多人会愤怒，其内在原因是压力太大。因此，减轻压力可能会缓解愤怒。此外，患有抑郁症或焦虑症，有睡眠问题、慢性疼痛或健康状况不佳的人往往更容易暴躁。

一些研究发现，冥想可以降低身体对愤怒的即时反应。例如，让人们回忆令他们很愤怒的事情，同时测量心率、呼吸频率和血压。随着怒气的到来，这些指标都增加了。但是，在练习了冥想后，相同的回忆并没有带来升高血压、加快心率或呼吸频率。

出于以上种种，我们认为定期的冥想练习是有益的。无论是愤怒还是其他挫折造成的压力，冥想往往会使人们对压力的回应变慢。

其他研究还发现，通过练习冥想，参与者的情绪反应会减弱。总的来说，越来越多的研究支持用冥想来帮助人们管理困难情绪，包括愤怒。

## 用冥想对付痴呆症相关的愤怒

痴呆症是一种导致记忆、思维、注意力、沟通、推理、情绪调节和决策能力失调的疾病。超过 500 万美国人饱受痴呆症的折磨。阿尔茨海默病是痴呆症最常见的形式。不幸的是，很大一部分痴呆症患者变得易怒，偶尔还会有身体攻击性。这种攻击性往往很难控制，特别是一些治疗痴呆症的药物会产生危险甚至致命的副作用。

科学家们进行了一项处理攻击性的独特方法的试点研究。让三名有中度阿尔茨海默病的患者学习一种名为"脚底"（Soles of the Feet，SoF）的冥想技术。首先，让患者以舒适的方式站立或坐着，自然呼吸，什么也不做。然后，让他们回忆一件令他们感到愤怒的事件。鼓励他们持续关注这一事件，感受自己的愤怒。随后，将注意力转移到脚底。当专注于他们的脚时，要求他们注意所有的感觉，包括脚底的质地、温度和压力。当患者平静时，可以微笑着离开，因为他们控制住了自己的愤怒。

在四周内定期进行这种冥想。四周过后，所有患者以及照顾他们的人都说，随着时间的推移，患者的愤怒和攻击性显著降低。这次试验的研究对象太少，因此还需要用更大的样本量和随机对照组验证这个结果。但这种干预措施易于实施，成本低廉，值得一试。

## 冥想指南

我第一次学习冥想时，盘腿坐在枕头上，感觉不舒服。但是老师告诉我，虽然感到不适，仍要保持那个姿势。老师还要求我发出低沉的声音，去感受自我意识。我的声音没有共鸣，听起来呼呼作响。总的来说，这是一次不愉快的经历。

许多年后，随着训练的增加，我开始坐在舒适的椅子上冥想，双脚稳稳地放在地上。以下是冥想的一般指南。可能与大多数人想象的不同，冥想没有绝对的规则。

» **空间：** 大多数人喜欢在安静的环境中冥想。确保手机关机。不要对不时出现的噪声做出反应。警车鸣笛飞驰而过，狗吠声，孩子们叽叽喳喳的打闹声，没关系，别去在意，回到您的冥想中。许多人甚至可以在地铁站台或公园等公共场所冥想。但是我建议您先在安静的地方练习。随着经验的积累，可以更容易地在任何地方冥想。

» **不适：** 如果想挠挠鼻子，那就挠吧。或者您也可以选择专注于瘙痒的感觉，看看它是否消失了。如果您背部不适，可以适当地变换姿势。一些冥想者对坐姿有要求，但并不是必须遵守这些规定才能从中受益。按自己的情况进行选择。

» **想法：** 冥想时，随机的想法会不可避免地进入您的脑海，这很正常。有时愤怒或不安的想法会控制您的注意力。不要评判这些想法。只需将注意力放回冥想。思想会来来去去。

» **判断：** 所有冥想都是当下意识的行为。冥想没有好坏之分。有时冥想是平静的，有时您的头脑中充满了混乱。你的冥想经验会随着时间而改变。任何冥想的质量都没有评估或报告卡。

提示

如果您决定冥想，找一个合适的时间，尽可能每天都练习。听起来似乎是项繁重的任务，但只需占用您五到十分钟。大多数人都能挤出这些时间。慢慢您会发现，您花在冥想上的时间会让您在其他的时间里更有效率地工作，压力更小，收获更大。

## 冥想的类型

冥想可以有多种形式。冥想的一个共同点是集中注意力。

您专注的点取决于冥想类型。

提示

您可以多尝试几种不同的冥想方式，寻找最适合的。有些人需要更精密的安排来集中注意力。现在很容易就能找到好用的免费或廉价的应用程序。网上也可以找到冥想的说明。

下面是常见的冥想形式：

» **呼吸冥想：** 这种冥想专注于呼吸。坐在一个安静的地方，闭上眼睛，您要做的只是吸气和呼气。在冥想过程中，可以计数呼吸次数，或将注意力集中在空气进出的感觉。这过程中可能会有其他想法掺杂进来，记住，轻轻地把注意力带回您的呼吸。

» **身体扫描冥想：** 这种冥想对缓解慢性疼痛特别有帮助，还帮助初学者集中注意力。身体扫描冥想是将注意力和意识在身体各部位缓慢地转移——从脚趾到头部或从头部到脚趾。

» **仁爱冥想：** 这种冥想形式专注于向自己和他人温柔地传递善意的想法，对有愤怒问题的人特别有用，因为它包括向他人表达爱以及自我照顾。研究表明，仁爱冥想能增加同理心、同情心和社会联系。

» **专注于声音的冥想：** 这种冥想包括倾听不同的声音。海浪、森林、雨声、音调或钟声，可以帮助集中注意力。

» **步行冥想：** 这种冥想专注于每一步。将注意力集中在放在地面上的脚跟，然后滚动到脚趾，抬起脚，重复，这就是行走冥想的本质。在任何地方都可以练习步行冥想，但不要忘记练习的同时关注您的目的地！

» **诵念冥想：** 诵念是简单的声音和短语，在整个冥想过程中都会重复。有些诵念带有精神含义。想从中受益，不需要坚持任何特定的精神或宗教信仰。还有一些没有任何精神或宗教含义。

诵念可以是单纯的声音，也可以是实际的单词和短语。这里有几个常见的诵念："omm""nnnn""aaah""敞开心扉""Hare Krishna""我是""我的心很平静""我不怕"。您可以很容易地发展出自己的诵念内容。

» **运动冥想：**两种最常见的运动冥想是瑜伽和太极。需要在老师的引领下练习。在娱乐中心、工作室、健身房或通过成人教育可以轻松找到这方面的课程。您也可以从视频中学习。如果可以，最好能跟随老师现场教学，有助于培养正确的运动冥想。

您可以利用免费的资源练习冥想，或花点小钱。您可以自学，也可以通过一些辅导来学习。许多研究已经证明了冥想对情绪和身体健康的益处。试试看。

警告

有一些冥想项目可能发展为邪教。他们倾向于过度预测生活变化，鼓励长时间的训练，并要求练习者不断往里砸钱。这些项目一般都会要求您购买专属会员资格，有专门的导师。买家要当心啊。

## 特定于愤怒的冥想

以下冥想可能对那些有愤怒问题的人特别有帮助。它是呼吸冥想和诵念冥想的结合。您可以根据自己的问题来调整练习内容。从表 9-1 中选择适合您的词语或句子，或者自己想一些。

做个计划，每天花五到十分钟进行冥想：

1. 找一个安静的地方，舒服地坐着。
2. 深呼吸几次。
3. 闭上眼睛。

4. 现在吸气时想积极的词，呼气时想消极的词。诵念的内容可以
　是"我吸进……"和"我呼出……"。

表 9-1　**诵念呼吸冥想**

| 我吸进 | 我呼出 |
| --- | --- |
| 接受 | 意见 |
| 沉静 | 紧张 |
| 从容 | 烦恼 |
| 平和 | 躁动 |
| 爱 | 憎恨 |
| 镇定 | 冲突 |
| 放松 | 冷漠 |
| 冷静 | 压力 |
| 和睦 | 气愤 |
| 希望 | 失望 |

第 10 章 | **练习不带愤怒地回应**
Practicing Non-Angry Responses

**本章亮点**

» 反思愤怒

» 延迟愤怒

» 挑战愤怒

在面对愤怒时，很多人会说"我控制不了了！"下面我们就来学习如何收回对愤怒的控制权。与其被愤怒操控，失去冷静，不如换一张全新的驾照，重新坐上驾驶座。

夺权之路的第一站是探索为什么会难以释怀。看看难以释怀的代价，以及如何延迟或摆脱思维反刍。然后就是练习控制自己。我们的目标是能够接受生活中的愤怒，掌控主动权，继续前进。

## 定义思维反刍

思维反刍，或者说是难以释怀，就像牛反刍食物一样，把吞下去的食物重新送回胃中消化。

当您重新思考、重新衡量、重新体验和重新描述某件引发愤怒的事情时，您就是在思维反刍，这往往会使情绪加剧。一开始可能只是有点不高兴，但越想您就越生气。如果不能停止思考，也就不能放下愤怒。本质上，您被卡住了！

思维反刍会导致更多的思考，您的思维集中在一件事上，越想越多。您使劲地想、抱怨、发牢骚、唉声叹气、哭哭啼啼。下面的例子就是一个思维反刍的过程及其可能的结果。

克雷格（Craig）是位私人教练。他来自一个非常富裕的家庭。尽管他的父亲对克雷格的职业选择感到失望，但他希望儿子看起来像个成功人士，所以出资让克雷格开了自己的健身中心，非常高端大气上档次。克雷格信心满满，他觉得自己应该在健身行业中领先，因为他是一位天赋异禀的教练。

克雷格将他的健身中心命名为"美国健身协会"，占地面积很大，有 16 名教练、物理治疗师、按摩治疗师和营养顾问，而且都是镇上水平最高的。但在盛大开幕后的几个月内，麻烦就开始了。克雷格自恋、目中无人的处事风格冒犯了许多经验丰富的员工，他们一个个离开了健身中心。慢慢地，克雷格发现他很难招到工作人员。好不容易招到人，过不了多久，这些人就会另谋他处。

每天，克雷格都会花几个小时的时间想自己的问题。他向现任员工抱怨那些已经离开的人，"在这里工作的最后三个人曾答应我至少工作两年，但他们都走了。我还花钱让他们去进修。我为他们做了那么多，他们太忘恩负义了。他们一直在撒谎、欺骗、利用我的慷慨。"

克雷格沉湎于思维反刍，花了太多时间抱怨前任员工，现任的员工感到相当不舒服。他们都觉得总有一天克雷格会背叛他们。于是现任员工也开始考虑其他选择。克雷格完全沉浸在别人对他的不公平行为上，从不把自己的趾高气扬和以自我为中心当作问题。

**提示**　沉湎于思维反刍不会解决问题，相反，会使问题变得更糟，使您的关注点远离可能的解决方案。

如果思维反刍并不能解决问题，为什么会有那么多人愿意做这件事呢？人们进行思维反刍是因为他们相信这么做有好处。坦率地说，偶尔反思一下激怒或冤枉您的人或事会让您感觉舒服些。您可能会想一想不喜欢的人，想上一段时间会得到思想的放松和满足。但是，这种满足感转瞬即逝，很快就会被负面情绪所取代。

如果陷入愤怒——思维反刍的循环中，问自己以下几个问题：

　　» 思维反刍是否真的带来了可靠的解决方案？

　　» 思维反刍能帮我解决问题吗？

　　» 思维反刍能让我避免未来的麻烦吗？

　　» 当我思维反刍时，感觉是好还是坏？

　　如果和大多数人一样，当您诚实地分析以上问题的答案时，会意识到思维反刍根本无济于事。这种痴迷的思维方式并不能解决任何问题，反而会让您感觉比开始前更糟。

　　人们发现，进行思维反刍的人与不这样做的人相比，问题并没有减少，反而更多。从未有证据能证明思维反刍能防止将要发生的伤害或灾难。诚然，唠叨一下会让人觉得有帮助，但

## 愤怒、对抗和思维反刍

　　思维反刍有多种形式。有些人对自己的前男友、前女友或前妻、前夫念念不忘；有些人则对未来的担忧冥思苦想；还有一些人反复思考不公正、不公平的过往。这叫作愤怒思维反刍。

　　一项研究调查了 200 名参加心理学课程的大学生，要求大学生们完成一系列问卷调查。这项研究的目的是观察那些在生气时倾向于思维反刍的人是否会进行更多的身体攻击、言语攻击和对抗，以及愤怒发作的频率是否会增加。

　　研究人员发现，愤怒思维反刍者有更多的对抗、身体攻击和言语攻击行为。令人惊讶的是，是否进行思维反刍对发怒的频率影响不大，但思维反刍者的愤怒以更强烈的方式表现出来。

事实并非如此。

思维反刍和唠叨让您付出的代价超过了得到的益处。下面是思维反刍的成本：

» 增加不良情绪。

» 思维无法集中。

» 加剧愤怒。

» 升高血压。

» 导致暴饮暴食、吸毒或酗酒。

» 缺乏锻炼的动力。

» 妨碍完成积极的事情。

## 练习延迟思维反刍

许多爱思维反刍的人会抱怨每天把大量时间集中在那些激怒他们的事情上。延迟思维反刍是一个好办法，可以给您非常有限的时间去进行思维反刍，有助于控制您的强迫症，而不是让这些想法控制您的生活。延迟思维反刍可以有几个基本步骤：

1. 记下任何令您恼火、不安或愤怒的东西。

2. 留出一天中非常具体的时间（不要在睡前 3 小时内）来思考您的问题清单。

3. 给自己 15 分钟时间思考，然后停下来做一些分散注意力的事情。

4. 如果只用了 5 分钟您就觉得已经完成了，请再次检查清单，直到 15 分钟用完为止。

5. 即使您不想在选定的时间进行思维反刍，也强迫自己这样做！

**6. 每天重复此过程，至少坚持一周。**

提示

　　在延迟思维反刍期间，人们偶尔会发现一部分问题的解决方案或答案。如果碰巧想出了一些有成效的东西，那就太好了。记下它并采取行动——以合理、冷静的方式。但是，解决方案不太可能经常出现。

　　下面是莱拉（Layla）和她前夫的例子。最终，莱拉明白了思维反刍的代价，并使用延迟思维反刍来让自己得到更好的归宿。

　　　　莱拉和前夫的离婚官司打得相当痛苦。虽然事情已经过去很久了，一想到前任她就大发雷霆。为了打官司，她花光了大部分积蓄，为了支付儿童监护权的律师费，她失去了房子，并宣告破产。她的脑海中不断回想前夫在法庭上撒的谎，提出的虚假指控，以及他操控孩子们反对她。

　　　　法庭最后判决联合监护（双方各占 50%）。法庭斗争结束了。她的生活开始有规律，努力在不与前夫发生可怕争吵的情况下交换孩子。然而，她发现自己的时间都花在了反思自己的经济损失、她受到的一切不公平待遇，以及她想做但又无法做到的报复上。

　　　　当她前夫开始约会时，莱拉疯狂的思维反刍就加剧了。她无法把前夫从脑海中踢出去。一天，她 7 岁的儿子问她为什么一直这么暴躁。孩子的提问给莱拉敲响了警钟。她决定寻求治疗，因为她一直在想。治疗师建议她使用延迟思维反刍的方法。莱拉对这个建议持开放态度，因为她也希望自己的生活专注于现在重要的事情，而不是停留在过去。

莱拉惊奇地发现，延迟思维反刍对她来说很有用。抱怨虽然可以让她暂时放下，但之后的时间里，她还是会反复琢磨这些生气的事。经过几天练习，她发现苦思冥想是徒劳的，也很少愿意在指定的时间去苦思冥想。这时，治疗师告诉她，她已经不需要延迟思维反刍了。

**提示**　苦思冥想消耗了您大量宝贵的时间，耗尽了很多情感资源。虽然短期内有时感觉很好，但长期来看，思维反刍会带来伤害。想想您延迟思维反刍节省下来时间，更有效地使用这些时间吧。

## 摆脱苦思冥想

人类最大的优势之一是思考能力。但是，很多时候，他们把自己的想法看得太严重了，这也引来了很多麻烦。人们认为，因为一个想法在他们的脑海中闪过，所以这个想法必须实现。例如现在，今天是一个美好的日子，22 摄氏度，风和日丽，但我不得不被困在办公室里写作。这已经让我非常痛苦了，怎么能愚蠢到再签另一本书的合同？我是什么，受虐狂吗？

哇！如果我让自己陷入这些想法，可能会停下手头的写作，走开，到自然中去（这并不是说我没有这些想法——我有——但我也知道我的情绪和想法可能会在几分钟内改变）。事实上，我现在的想法正在改变，因为此刻的写作让我感到有趣！所以也许现在放下工作出去走走并不是度过美好一天的好方法。在其他时间，我可以随时休息。谁能这样自由安排工作？我不是很幸运吗？

您看，思想就是思想。他们来来去去，可以延伸到各个方向。看着思想从一个地方转移到另一个地方甚至是一种乐趣。

　　本节我们来探讨一些处理愤怒或令人不安的想法的技巧，所有这些都有助于您摆脱或远离自己的想法。要了解更多重新审视思想的方法，请阅读第 6 章。

## 看云

　　可以像对待思考这件事一样对待天空中的云。怎么做？这样，您看着云，可以让自己变得焦躁不安，也可以冷静地看着它们飘来飘去。路易丝（Louise）是这么做的：

> 　　路易丝从办公室窗户向外望去，可以清楚地看到地平线。她看到几朵云聚在一起，她的思绪被云卷走了。"哦，我的天哪，云聚成一团了，可我今天没有带伞。我可真傻！真不敢相信我会一直都犯同样的错误。那些云马上会变成倾盆大雨。看，那些云已经有一丝灰色，它们肯定会越变越黑。去年我们这发生了龙卷风，也许这次又是那样。或者是雷电。六年前，一场雷电把附近另一个城市的一家人全电死了。哎，我从来没有好好准备，真恨我自己！"

　　可以看出路易丝让自己的思想占据了上风。这些想法是真的吗？好吧，这些想法是真实存在的，在路易丝的脑海中翻腾，但它们对可能发生的事情意义不大。

　　现在看看克劳德（Claude）是如何看待这些云的：

> 　　克劳德坐在办公桌前，若有所思地看着窗外。他心想："哦，天哪，这些云太有趣了。你永远无法知道它们会做什

么。也许它们会飘过去。或者它们会聚集成风暴。即使是风暴也没啥。"

同样的云，不同的思考方式。路易丝看到云，想到的是可能发生的灾难，怨恨自己没有提前准备。而克劳德只是退后一步，观察云层，意识到如果必要的话，他可以随时应对。

**提示**

下次当您的脑子里充满愤懑、恼怒或消极的想法时，试着把它们当作云。观察这些想法，但避免主动参与，只是观察。给云一些时间，它们很可能会慢慢飘走。

思想就是思想，它们不要求您与他们互动，也不要求您做任何事，除了注意他们。

**警告**

远离思想，拒绝与思想"接触"，与"压制"思想截然不同。当人们压制自己的想法时，会根本不去思考令人困扰的问题。然而，这种方法是不行的，往往会让事情变得更糟。当您尽力不去想某件事的时候，进入您脑海的就是"不去想它，不去想它……"。

## 放下绳索

您有没有和一个不会妥协的人发生过争吵？你们反反复复就一件事情争吵，却找不到解决办法。下面是一对夫妇的例子：

他：你为什么不按时支付信用卡账单？

她：这是我的事？家里的事你从来没管过！

他：胡说，家里的事我都在做。

她：都是你做的？胡说八道，家里的事都是我做的。

他：你疯了。你在家什么都不干！

　　　　她：你说我什么都不干？那是你。

　　　　他：我为这个家做了那么多，这就是你给我的评价？你还指着鼻子骂我！

　　　　她：我没指着鼻子骂你，我说你一无是处，废品都比你有用。

　　　　他：滚，你们全家都一无是处。

　　　　她：你居然骂我的家人。你们家的人又好到哪去吗？！他们都是垃圾。

　　看到了吧，这两口子来来回回，找不到解决方案。这个例子看起来似乎有些夸张，但人们陷入这类争论的次数比您想象的要多得多。

　　那么如何摆脱这种争吵呢？想象您站在大峡谷的一边，手里拉着一根粗绳子，绳子的一头在峡谷的另一边。朋友向您提出了拔河挑战，您欣然接受。但是您看到朋友把绳子绑在一辆大拖车上。您站在那里，拖车开始慢慢启动。手里的绳子在拉伸，您摇摇晃晃地一点点靠近深渊。该怎么做？怎样才能赢得这场比赛？毕竟，您这边没有拖车。

　　只有一个解决办法：把绳子放下！这就是我经常对那些陷入无意义、无法获胜的冲突的人做出的建议。看看前面的"他"和"她"是如何放下绳子的。首先，看看"他"是如何放下绳子的。

　　　　他：你为什么不按时支付信用卡账单？

　　　　她：这是我的事？家里的事你从来没管过！

　　　　他：好吧，这也不是什么大事，我从网上付了就行了

（看到没，他就是这样丢掉绳子的）。

她：好的，那太好了。谢谢啦，下次我来。

正如您所看到的，当他放下绳子的一端时，她也能松开。没有任何规定说您必须"赢得"每一场战斗，即使您是对的。

## 放下可能发生的事情

愤怒的人往往认为这个世界充满了威胁：对他们的自尊、公平感和安全感的威胁。他们认为别人不可信、不诚实。因此，他们变得高度警惕，并时时刻刻都在寻找危险、威胁和风险。

只有一个问题：尽管坏事绝对存在，也确实会发生，但没人能轻易预测它们会发生在什么地方、什么时候。看看图

骚乱　烦扰　**误火车**　丢失护照　被耽搁　**被盗**
遭遇危险　受到批评　**生气**　被冒犯　被贬低　被哄骗
**受到言语侮辱**　哀怨　被抱怨　争吵　**粗鲁无礼**　欺诈
狂吠的狗　路面坑洼　买到假货　**被骗钱**　挪用公款
**被激怒**　道德败坏　阴险　诋毁　虚构　蒙骗　造谣
不称职　**被厉声呵斥**　谎言　**陷入骗局**　被敲诈
被美国运输安全管理局扣留　被强迫　口是心非　伤风败俗
被蔑视　恶化　拦路抢劫　**交通拥堵**　偏见　谎言
作弊　**辱骂**　不公平　恐吓　意见不一　争论　恐怖袭击
**仗势欺人**　冒名顶替　**无礼，轻蔑**　**不真实**

图 10-1　日常生活中可能存在的危险

10-1，里面包含所有人在日常生活中可能面临的危险。

　　毫无疑问，以上种种危险，即使不是全部，也会有很多发生在您身上，而且可能是多次发生。谁没有被欺骗、被耽搁、被厉声呵斥、被侮辱和批评？假设您知道图 10-1 中的三个危险将在接下来的两周内发生在您身上，但不知道是哪一种，在哪里发生，或者它们怎样发生。如果您一直处于过度恐惧的状态，会让自己痛苦，变得易怒敏感。所以，我们要学会接受不可避免的事情。当坏事发生时及时做出反应，而不是在之前就焦虑。

## 直面困难

　　仅仅理解从愤怒、被激怒和思维反刍中解脱出来的技巧还远远不够，您还需要在亲身经历时能实际应用，这就要求您在面对困难时练习后退和摆脱。

　　要直面困难，需要练习愤怒管理技巧，以应对现实发生的、引起愤怒的事件。随着时间的推移，直面困难会增加您的信心，慢慢地平息怒气。

　　与其他技巧一样，反复练习可以提高应用能力。以下部分将给您介绍三种方法，希望您无论遇到什么情况都保持冷静。

提示
　　本章主要解释了如何从愤怒中解脱出来。您可以在困难时使用以下章节中叙述的方法。当然，也可以练习重新思考（第6 章）、坚定果敢（第 8 章）和冥想（第 9 章）。

### 想象愤怒的情景

　　一个开始练习面对愤怒的好方法就是想象一种让您感到愤怒的情景。在想象中练习，就不会有在人群中气炸的风险，也不会造成不必要的麻烦。

您可以先在纸上写下一个场景，包括大量细节，使场景尽可能逼真。以合乎逻辑、循序渐进的顺序体验场景。在这样做的时候，想象一下您的非愤怒反应：也许您能看到自己解脱出来，以平静和自信的方式回应。

下面到了讲故事时间了，安迪（Andy）有愤怒管理方面的问题。为了解决这个问题，他想象了妻子布列塔尼（Brittany）抱怨他不做家务的场景。

我坐在沙发上看球赛。布列塔尼从厨房打电话给我，问一个她常问的问题，比如倒垃圾了没有，门把手修了没有，后院的狗屎捡了没有。可是我只想看我的比赛，所以我跟她说："我一会儿再做！"

我已经感觉到她的怒火在上升。过去，这种事情往往会引发一场愈演愈烈的争斗。但今天不同了，我要把事情降低一个档次。我需要退后一步，从思维反刍愤怒想法中解脱出来。下面是我要做的：

1. 做几次深呼吸。

2. 我可以录下这场比赛，干完活回来再看，因为让这件事失控是不值得的。我可以在不到半小时的时间内完成她让我干的活，这样就可以避免一场大战。一旦发生争吵，我就什么比赛都看不了了。

3. 我对自己说："我的婚姻比一场足球赛更有价值，她跟我说过很多次这样的话，这都是小事，举手之劳。"

4. 我要制定一份待办事项清单，每天完成一两项任务。这样布列塔尼就不会因为这些家务事生气了。

安迪克制住了自己，从愤怒中退了出来。他恢复了对自己行为的掌控能力，他发现有很多办法可以帮他来渡过难关。这种情况在过去必然会引发一场爆炸性的争论。他在自己的想象中运行了十几次这个场景，三周后，这样的事真的发生了。安迪顺利通过了测验。

提示

尽可能多地写出或口述像安迪这样的场景。想象一下各种过去会让您陷入愤怒陷阱的情况，在脑海中反复练习脱离愤怒，使用非愤怒的回应。

## 看看新闻

大多数人对某些新闻和 / 或脱口秀节目都是爱恨交织，无论他们的政治信仰如何。如果您有愤怒的问题，这些节目可以作为很好的直面愤怒的机会。试着听一个您最讨厌的节目，同时练习摆脱和远离愤怒。想象一下，这些词仅仅是浮在您的头上，不要对听到的内容做出回复或愤怒的反应。对自己说："文字只是文字；思想只是思想。"

当您掌握了摆脱愤怒后，再仔细听听。感觉到愤怒开始上升了吗？得了吧，他们怎么敢说这种恶毒的废话？他们怎么会这么愚蠢？您的愤怒点在哪里？现在，不要再听新闻了。做几次深呼吸，摆脱愤怒，换个心情，再重复一次。

警告

一些人觉得这个练习太难了。如果您连续三次尝试却无法摆脱愤怒，那就停止使用这个技巧吧！如果您正在接受治疗，和治疗师聊聊这个问题。

## 和他人一起练习：激发灵感

另一种重要的直面愤怒技巧是利用言语挑衅。言语挑衅包

括其他人的冒犯和 / 或愤怒的言论。您可以一次又一次地倾听这些挑衅性的语言，同时练习放松和冷静。

可以通过阅读书面文字、听录音，或者让一位非常信任的朋友、治疗师或教练用您的方式绘声绘色地说出来。更好的办法是，试着从写下开始，然后听录音，最后用真人来结束。

警告

只有当您觉得自己已经准备好了，并且真正感到安全的时候，才可以和其他人一起练习。首先掌握对书面陈述和录音的回应也是不错的选择。

每个人都有不同的愤怒点。下面的列表简单地罗列了一些挑衅性的陈述，有些可能大多数人不会接触到。您也可以随意写下自己的清单。

» 你就是弄不明白，是吗？

» 除了自己，你想过其他人吗？

» 你一文不值。

» 你是怎么弄到小学毕业证的？

» 你在哪里学的开车？

» 走路要看好！

» 你没看到我很忙吗？

» 你做的事对得起工资吗？

» 你的房子看起来像猪圈。

» 你是我认识的最邋遢的人。

» 你对你的头发做了什么？你是被电了吗？

» 我觉得像你这样的人很无礼。

» 你有资格吗？

» 你一无是处。

» 我没时间管你。

» 你让我觉得恶心。

» 从我这滚出去。

» 你们什么时候给我腾地方？

» 我没工夫跟你耗着。

» 我是第一个，没看到吗？你瞎了吗？

» 你到底怎么了？

» 你烦人透顶。

» 如果不能保持安静，就别带孩子去餐厅！

» 你聋了吗？没听我的要求吗？

» 我不能忍受和你同处一室。

» 你连最基本的工作都没做好。

» 这篇论文是我读过的最糟糕的，你傻吗？

请不要被前面的这些冒犯性言论冒犯！它们是用来引起愤怒和侮辱的。选择其中的一些进行直面愤怒练习，或者用自己的清单。

牢记

遇到侮辱或贬低性的语言并不一定要做出反应。如果您能保持冷静，会显得非常坚强。深呼吸，然后走开。在那种情况下谁是傻瓜呢？

发怒有时感觉很好，因为它能在很短的时间内得到您想要的东西。例如，当您对员工发火时，她可能会马上做您想让她做的事情。但从长远来看，您是在积蓄怨恨和敌意，愤怒总是让您的付出大于回报。

# 第 4 部分

# 管理愤怒热点

**在这一部分中，您将：**

☑ 抛开政治，找到共同的价值观

☑ 检查工作场所的愤怒情绪

☑ 为愤怒的孩子提供希望和帮助

☑ 看看愤怒是如何伤害人际关系的

☑ 看看不知名的愤怒

第 11 章 | **道德上的怒火**
When You Are Morally Outraged

**本章亮点**

» 政治化

» 找到共同点

» 权衡不平等

» 透视肤色、性别和种族差异

当今世界的分歧似乎比以往任何时候都多。但当您回顾历史时，会吃惊地发现，天哪，仅仅 20 世纪就发生了几场世界范围的战争，还有频繁的小规模战争，伴随着人员的伤亡、暴力和仇恨。再往前的古代也没有那么平静。有很多事情要争，从家庭暴力到部落暴力，再到对邻国的暴力，地球一直是一个非常愤怒的地方。

是什么让当今世界看起来到处都是愤怒？人们对疾病大流行、政治、内乱、警察暴行、经济不平等、移民和气候感到愤怒。也许是因为不间断的即时新闻。白天黑夜，电话里都是通知。而且新闻并没有报道有多少人能够在没有仇恨的情况下相处，或者有多少人过着安全、相对幸福的生活。新闻报道了死亡、疾病、破坏、分裂、欺骗和绝望。最后，每一个政治团体都声称反对派在发布假新闻，真相的本质受到了质疑。

本章我们将就这个时代的一些热门话题进行细致的探究。不同的政治观点可以撕裂一生的友谊，导致家庭的分裂，在工作场所和社交聚会上造成难以忍受的紧张气氛。气候变化、不平等、疫情、种族、枪支和性别等问题导致了争论、抗议和暴力。

本章的目的不是对这些问题表明特定的立场，而是如何加强不同观点的人之间的沟通交流。通过强调人类共同的价值观、家庭观和邻里观，世界或许能够从当前的愤怒状态中找到一些解脱。

警告

如果您是个暴脾气，本章的这些主题对您来说可能会特别困难。然而，无论在工作中还是在家庭聚会上，都很难避免对时事的争议。有些人可能会发现，在混乱中保持安静更容易些。没关系，接下来的策略可能仍然对您有帮助，在面对挑战时，更容易理解，更加应对自如。

## 应对不公正

人们以愤怒回应感知到的不公正。这种愤怒通常被认为是基于道德。道德愤怒被定义为对违反道德标准或价值观并伤害他人的机构、团体或个人的挫败感和正当愤怒。

在一些情况下，道德愤怒有助于纠正错误，可能会激励人们并将他们聚集在一起，相互帮助，采取行动，做出改变。大多数人都明辨是非。他们认为人们应该善待彼此，杀人、偷窃、欺骗、撒谎和伤害他人都是错误的。道德包括勇敢、公平、爱、尊重和乐于助人。

然而，道德并不总是那么简单。"不伤害"在不同的环境和不同的人群中有不同的含义。因此，道德愤怒也滋生了蔑视、冲突，加剧了愤怒。例如以下情况：

> 安德烈娅（Andrea）是两个孩子的母亲。她在一家制造厂干一份薪酬很低的工作，但最近失业了。她们所在的芝加哥社区犯罪猖獗，每天晚上，都会听到枪声。安德烈娅对自己和孩子的生命安全感到恐惧。由于暴力威胁，她只有在排队等候食物和完成必要的差事时离开家。她梦想着能离开这个地区，改善她的就业机会，并为她的孩子谋得一个安全的生活场所。得克萨斯州埃尔帕索的阿姨邀请她们搬来和她一起住，直到她能在更安全的城市找到一份工作，对此安德烈娅非常感激。

安德烈娅想要给孩子们一个更好的环境，很幸运，她的家人愿意帮助她。大多数人都认为父母努力保护孩子的安全是一种道德价值观，在大家庭内尽可能互相帮助。现在，让我们更改示例中的一个细节。再读一遍。

> 安德烈娅是两个孩子的母亲。她在一家制造厂干一份薪酬很低的工作，但最近失业了。她所在的危地马拉城（Ciudad de Guatamala）犯罪猖獗。每天晚上她都会听到枪声，担心自己和孩子的生命安全。由于暴力威胁，她只有在排队等候食物和完成必要的差事时离开家。她梦想着能离开这个地区，改善她的就业机会，并为她的孩子提供一个安全的生活场所。得克萨斯州埃尔帕索的阿姨邀请她们搬来和她一起住，直到她能在更安全的城市找到一份工作，对此安德烈娅非常感激。

同样的情况，对吧？仍然是一位母亲，在家人的帮助下照顾她的孩子。相当多的人会将这两种情况视为等同：母亲和家庭都在寻找更好的生活。

其他人则认为第一种情况是合理的：安德烈娅想离开芝加哥一个糟糕的街区。但如果安德烈娅从危地马拉搬到美国，那就错了。有些人认为，非法移民到美国在道德上是错误的。这就是道德愤怒的问题。

那些认为非法移民威胁美国的人是有道理的。如果美国向地球上每一个想要更好生活的人开放边境，这个国家可能会不堪重负。没有简单的解决办法。但是，那些只想帮助母亲和她的孩子摆脱可怕处境的人，同样有着强烈而正当的道德理由。

因此，道德愤怒的问题在于，很少有过于严格的道德标准足以解决世界问题的复杂性。请记住这一点。大多数好人都有类似的道德观，他们信奉不能伤害他人。然而，世界是复杂的，人们从不同的道德角度看待事物，很难实现平衡。

提示

　　关于移民的讨论很容易演变成争论。试着看看这些不同立场背后的道德观、价值观。很难说哪种"道德"立场是正确的。如果能这样理解，或许可以减少愤怒，也许可以进行富有成效的讨论，而不是大喊大叫。

## 两极分化的政治

　　在美国，政治分歧从未像现在这样尖锐。从医疗保健到枪支管制再到儿童保育，一切都带上了政治色彩。而且，各政党也很少像现在这般尖刻 。皮尤研究中心（Pew Research Center）的一项大型研究支持了这一观点。美国一项广泛的全国性民意调查询问了民主党人和共和党人对对方成员的看法。许多发现都令人震惊。

» 两党一致认为，两党之间的分歧越来越大（85% 的共和党人和 78% 的民主党人）。他们也担心党派之争的加剧。

» 过去，大多数民主党人和共和党人都会说，他们同意当前存在的问题，但解决问题的方法却不一致。今天，77% 的共和党人和 72% 的民主党人宣称，他们在一系列基本事实的认知上并不一致。

» 两党成员对另一方的执政能力缺乏信心。超过 80% 的民主党人和共和党人认为，对方在执政方面几乎拿不出什么好主意。

» 共和党人认为民主党人不爱国（63%）、不道德（55%）、心胸狭窄（64%）和懒惰（46%）。

» 民主党人认为共和党人思想狭隘（75%）、不道德（47%）、不聪明（38%）。

» 民主党人和共和党人都认为，反对党成员在非政治方面也有不同的价值观。共和党人认为 61% 的民主党人不认同他们的目标或价值观。54% 的民主党人认为共和党人不认同他们的基本价值观。

　　研究人员发现，密切关注并积极参与本党政治的人往往对另一方的看法比那些参与较少的人更极端。然而，即使那些自称为独立人士但倾向于某个政党的人，也表达了与那些声称强烈支持任一政党的人相似的观点。

　　皮尤研究中心还询问了参与者觉得对方成员热心还是冷漠，根据热心、中性和冷漠打分。民主党人（79%）觉得共和党人有些冷漠，共和党人（83%）也觉得民主党人有些冷漠。天啊！

## 网上约会与政治

　　如今，在美国约三分之一的恋爱关系是从网上开始的。自 20 世纪 90 年代中期开始，这一数字每年都在增长。耶鲁大学和斯坦福大学的一些研究人员对政治是否会影响社交网络关系的选择感兴趣。他们制定了两种方案来研究这个问题。

　　在第一项研究中，研究人员将政治特征随机化，然后呈现给参与者。不出所料，参与者更感兴趣的是与自己政治观点一致的人约会。

　　第二项研究的范围更大，使用了一个全国性在线约会网站的真实数据。这项研究考察了三个变量。首先，它追踪了政治身份，如党派关系或个人用来描述其意识形态的总体标签（例如，自由主义、保守主义、社会主义、权威主义、共产主义）。然后，研究人员研究了参与者认同的个人问题，如支持生命权、选择权或移民立场。最后，他们检查了约会资料显示的参与程度和兴趣。

他们发现，使用在线约会应用程序寻找恋爱关系的人，会选择拥有相同政治身份、政治立场和政治参与程度的约会对象。由于夫妻有着相似的政治意识形态，就不太可能有思想或观点的多样性。毫不奇怪，这种选择会导致人口的分裂和两极分化。

有这么多不同意见，我们该何去何从？我们彼此不喜欢，无法在现实中达成一致，而且价值观似乎非常不同。然而，放弃并屈服于目前的不和谐和不信任是很危险的。接下来的两个部分将讨论一些技巧，可能会为平息分裂和缓和愤怒指明道路。

## 寻找共同点

尽管存在政治分歧，但世界各地的人民都有基本需求。这些需求包括食物、住所、空气、水以及在安全环境中生活。此外，大多数人都希望有安全感、被关心、被喜欢、被尊重、有目标、与他人有交往。当与不具有相似政治观点的人对话时，重要的是找到沟通的方式，与共同的需求和愿望联系起来。

为什么要这么麻烦？有些人认为，最明智的做法是不参与冲突。让每个阵营相信自己想要的，远离彼此，停止交谈。好吧，我们有共同的问题要解决，如果没有合作和妥协，有些事是无法完成的。如果对立党派之间没有更好地沟通，社会就会出现停滞。不同的观点也为寻找复杂问题的解决方案提供了想法。

### · 就争论的问题达成一致意见

毫不奇怪，当美国人被问及日常问题而不提及某个特定政党时，大多数人都会有相同的看法。目前的几项大型研究发现，普通共和党人和民主党人在许多政策立场上或多或少有着相同的看法。以下就是一些：

» 修复道路和桥梁。每个人都同意，我们的高速公路、城市道路、交通系统、机场和桥梁需要更新和修复。

» 改善接受高等教育的机会，增加失业人员的就业培训。公众都认为高等教育太贵了。

» 脱贫。大多数人认为无家可归是一个日益严重的问题，应该为饥饿的人提供食物。

» 做一些有助于减少成瘾和犯罪的事情。

» 维护社会安全。对于非常富有的人来说，包括减少福利和增加税收。

提示

因此，如果您正试图与另一个政党的人进行对话，找一些你们都能达成一致的小问题来谈谈。从一个政策或一座破旧的桥梁开始。请记住，从本质上讲，你们俩至少会有一些共同观点。

### · 有效沟通

有效沟通的第一条规则是倾听多于交谈，太多的发言就变成了个人演讲。如果一个人陈述一种立场，另一个人陈述另一种立场，很少或没有互动，这就不是对话。对话需要倾听。那么，如何倾听呢？

» **提问**。不要从"你怎么能相信这个世界？"开始，这听起来很像是说"你怎么会如此愚蠢地相信？"而是问："告诉我一点你的立场。"

» **保持好奇心**。询问更多细节并表现出真诚的兴趣，就像科学家试图发现真相那样。

» **专心致志**。不要因为与您意见不合而忽视您听到的内容。同样，您能学到的越多，理解能力就越强。专注于正在跟您交谈的人。

» **保持眼神交流，不要四处张望或看手机**。

» **非言语交流要保持一致**。注意您的姿势和面部表情，避免负面的肢体语言。

» **延迟表达异议**。很可能，与您交谈的人已经知道您的观点。在这里表达异议毫无意义。记住，您的目的是沟通，而不是争论。

» **当您不明白时，多问一些问题**。可以坦诚地承认自己不理解某件事情，并请求解答。

» **重复对方所说的话，以确保您的理解是正确的**。例如，"我理解的是你认为移民正在争夺美国人的工作机会，你担心自己的孩子找不到工作，对吗？"

» **尽可能站在他人的立场上**。当您倾听时，多考虑对方的生活经历，想想他的背景、教育、家庭和财务状况。有时候，了解一个人的经历可以帮助您理解他的政治立场。

» **记住你们的共同价值观**。也许你们都热爱自然或动物。你们都关心家庭，担心子孙的未来。你们都尊重自由。这比在某些问题上达成一致更重要。

提示

不要试图改变某人的想法。您不是审判法官，您要做的是努力找到共同点，或者至少学会如何进行有礼貌的对话。一心只想着赢，往往结果却输了。

沟通技巧需要反复练习才能掌握。以上技巧，建议您先在政见相同的人身上练习，慢慢转向政见不同的人。您会发现这些技巧有助于改善您与朋友和同事的关系，以及发展更亲密的关系。最终，您甚至可以影响和改变别人的观点。

警告

与简单的、内省的、基于愤怒的互动相比，复杂的、不带愤怒的沟通需要付出更大的努力。但这样做的收获值得您付出。

## 远离冲突

很多时候，远离冲突是最好的选择。比如下面三种突出情况：

» 当表达愤怒的成本高于收益时。

» 当没有获胜的机会时。

» 当您或其他人可能失去控制时。

### ·计算成本和收益

在某些情况下，查看成本与收益的平衡会告诉您何时该放弃。例如，如果您花时间和客服小姐姐在电话里争论一个小问题（比如您的话费多收了一块五），结果可能会让您很失望。即使您要求跟她的主管直接对话，也仅仅是得到对公司政策的另一种解释。您可能会花几个小时打无用的电话，几乎得不到任何好处。浪费时间、失望和愤怒的代价往往无法平衡您在电话中表达自己痛苦的感觉所获得的收益。即使赢了这场辩论，您的时间就只值一块五吗？

如果是另一种情况，通过几个小时的电话沟通，您可以对有缺陷的产品退款退货，那这值得一试。关键是要保持冷静、坚定和专注（在等待的时候还可以做点其他事）。

> 安东（Anton）和他的伙伴计划 2020 年秋天前往越南旅游。当新冠疫情来袭时，他们仍然希望到秋天，疾病能得到控制。然而，那年夏天，邮轮公司通知他们，所有邮轮都取消了。安东拨打了邮轮公司的客服电话，要求退款。这通电话打了一个多小时。一位客服表示，他们已经不堪重负，但预计几周后安东就会收到退款支票。三个星期过去了，安东没有收到任何钱款。在接下来的一个月里，安东打了几十次电话。由于疫情造成的混乱，客服人员在家工作，工作量大，沟通不畅。安东非但没有生气，反而彬彬有礼，但他坚持不懈。他要求将每次通话都记录下来。在打电话等待期间，他也可以做点其他工作。安东能够从那些在困难时期尽力做到最好的可怜员工的角度出发，一次也没有发脾气，最终得到退款。

对安东来说，显然，持续打电话的好处非常值得他努力。更重要的是，他能够理解那些工作人员的压力，他们不是给安东带来麻烦的人，他们也被疫情弄得焦头烂额。这样的认知帮助安东以富有成效的方式管理自己的挫败感。

## · 放下是唯一的选择

有些情况是没有希望的，您说什么或做什么都不会改变结果。例如，当某人被诊断出患有致命疾病时，愤怒可能是许多情绪中的一种，但很少会（或永远不会）改变诊断结果。还有一些时候，您只需要接受不会成功的事实，比如和一个几十年来一直持有顽固观点的亲戚争吵。在那种情况下，走开往往是最好的选择。

警告

即使获胜的可能性很小，也有一些事情值得为之奋斗。也许有一种不公会让您奋起抗议，尽管您觉得变革永远不会到来。然而，几十年后，这些抗议活动可能会有回报。因此，与其逃避所有看似毫无胜算的战斗，不如根据自己的道德价值观以及成本和收益进行选择。

## · 当激烈冲突可能爆发时

如果您在战场上，或者要保护自己或爱人不受攻击，那就去呐喊、尖叫、咒骂，并且拼命战斗。然而，如果您在餐桌上或办公室里，同样的行为不太可能带来好的结局，可能会失控。当这种情况发生时，最好还是走开。

第 10 章 "放下绳子" 一节描述了一种非常有价值的技巧，值得再次提及。在一场您不可能获胜的比赛中（想想和地球上最强的人进行拔河比赛），赢得比赛的唯一方法就是放下绳子。

牢记

走开并不是失败。在结果不可控的情况下，这可能是一个明智的选择。激烈的冲突通常以两败俱伤告终。

# 看待不公平

对从 3 岁到成年前的儿童进行的研究表明，大多数人认为资源应该平均分配。研究中，工作人员要求受试者将东西分给大家，结果发现受试者几乎总是选择平分。在世界各地的多个人群中进行过类似试验，结果基本相同。可见，人们高度重视平等。平等意味着每个人都应该受到同等待遇。

除了人类共同的平等价值观外，还有对公平的渴望。在概念上，公平和平等之间有着微妙的区别。公平意味着给人们同样的机会，不偏不倚，遵守规则。公平并不一定意味着平等。

这两种价值观经常冲突。例如，一个工作不努力的人与一个工作非常努力的人获得同等报酬是公平的吗？另一方面，对于一个在同一岗位上和别人一样努力工作的人来说，获得较少（不平等）的薪酬是否公平？

考虑到道德是一个错综复杂的主题，以下章节将探讨一些涉及公平和平等的难题。

## 为钱疯狂

在世界很多地区，收入不平等从未像现在这么极端，富人越来越富，穷人越来越穷，中产阶级不断萎缩。这让人很气愤。它兼顾了公平和平等的概念。中产阶级比富人缴纳更多的税似乎是不公平的，而一些最大的公司则完全避税。

努力工作、出人头地的美国梦已经成为许多人的噩梦。人们全职甚至加班加点地工作，仍然无法过上体面的生活。排长队领取救济食品和无家可归者营地的悲惨景象让许多人感到愤怒。新闻报道称，父母花数十万美元为他们的特权子女购买好大学的学位，更是火上浇油。

公立学校似乎不再是最大的均衡器。即使是大学学历也不能保证中产阶级的生活。工人阶级和中产阶级的工资仍然停滞不前，而股东和资产前 1% 的人继续收获惊人的财富。

警告

如果您对收入不平等感到愤怒，那就有效地利用您的愤怒，积极参与地方和国家政治。投票给那些支持基本薪资、基本医疗保健、公平住房和改善教育机会的人。

### 医疗卫生差距

在新冠大流行期间的美国，穷人和少数族裔遭受了更大的损失。黑人、西班牙裔、印第安人和亚裔患者的住院率和死亡率高于白人患者。少数族裔多是基层工人，住在拥挤的房子里，获得医疗保健的机会更少。此外，他们更有可能患一些基础疾病，从而增加患上严重疾病或死于新冠肺炎的风险。

毫无疑问，医疗保健救治机会有限的人对自己的处境感到愤怒。医疗保健的不平等会带来致命的后果。对不公平的社会状况感到愤怒的人可以通过参与政治、抗议和慈善活动来有效地改善这一状况。

## 害怕"其他人"

长期愤怒的人通常认为"其他人"是他们愤怒的原因。"其他人"是指在某些方面与他们不同的人。这些差异包括：

» **人种：** 20 世纪末对基因的研究推翻了不同人种之间基因结构存在差异的假设。因此，"种族"是一个文化定义的词，主要基于外表、文化和发展经历来区分人类。例如，美国副总统卡马拉·哈里斯（Kamala Harris）的父母来自印度和牙买加。根据她的成长环境和其他因素，她选择了黑人身份。

» **性别**：性别是一个人出生时具有的生殖器官、性染色体、激素和第二性征的物理集合，但随着时间的推移，这些特征会随着医疗护理而改变。性别认同是个人看待自己的方式。有些人的性别认同与他们最初的、由生物学决定的性别不同。事实上，一些人基于行为和 / 或生物变化来改变性别认同，这些变化表达了他们认为自己最接近的身份。

» **种族**：种族包括文化、民族和 / 或宗教。人们可以用多种方式来介绍自己，并且自我认同。例如，来自墨西哥的移民可以主要认同墨西哥裔、西班牙裔、拉丁裔或美国人。有时，种族观点也可能被强加给来自外部的人。例如，有些人可能会认为合法移民永远不会是完全的美国人。

» **宗教**：宗教可以被定义为特定的信仰，一般会涉及对至高无上的存在的崇拜，帮助人们回答有关生死意义的重要问题。宗教可以为如何生活提供指导。宗教可以自我定义，并且可以随时间而改变。

身份赋予人们意义，帮助人们获得团体、支持和友谊。然而，人们往往也会因其身份而受到评判，被其身份所区分，甚至因其身份被杀害。以下是一些因身份而受到伤害的例子：

» 大屠杀期间的犹太人。

» 被警察伤害的黑人。

» 在仇恨犯罪中被杀害的跨性别或非性别人士。

» 土耳其亚美尼亚种族灭绝。

» 美国原住民被谋杀、流离失所和受到歧视。


对未知的恐惧是一种自然的、逐渐进化的情感反应，旨在提高生存能力。在史前时代，人们觉得未知的人或部落具有潜在的危险。这是因为陌生人会抢夺他们的食物、住所或其他资源。应对危险的一种方法就是攻击。愤怒激发了一种积极、强烈的反应。在史前时代，这种反应能挽救生命，但对今天的我们来说并没有那么好。

因此，今天对外貌、宗教、国籍、生活方式或政治归属的差异的愤怒在进化上并不一定是有益的。事实上，这些愤怒的反应现在经常会造成伤害（战争、斗殴、骚乱和歧视）。这些不信任感和愤怒感可能有着深厚的生物学根源。基于对"其他人"的恐惧，人们倾向于迅速拒绝那些被视为与自己不同的人。

世界上的许多苦难是由身份不同造成的。然而，人类的相似之处大于差异。解决这种问题的答案不在于抛弃有价值的身份的概念，而在于平等和公平，以平等和公平的价值观对待所有人，诚然，这不是一件容易的事。

第 12 章 | **处理工作中的愤怒**
Dealing with Anger at Work

**本章亮点**

» 愤怒会渗入工作场所

» 反生产行为会带来什么样的后果

» 寻找更好的工作方式

» 在工作中变得更加积极

　　本章重点介绍了愤怒管理在工作中所起的作用。除了家里，工作场所是人们逗留时间最长的地方。在开始阅读本章内容之前，考虑以下问题：

» 您在工作时会不会上网摸鱼？

» 您是否曾经没请示领导就迟到？

» 您曾经取笑过同事的个人生活吗？

» 您有没有对工作以外的人抱怨老板有多么差劲？

» 您在工作中给同事造成过麻烦吗？

　　如果这些问题中的任何一个回答是肯定的——而且，不用担心，这些情况很常见，您一定遇到过——那么您就是有职业心理学家所谓的反生产行为（counterproductive work behavior, CWB）。CWB 是指员工对组织或其成员造成伤害的任何行为，涵盖内容从工作场所的闲言碎语到身体暴力行为。

　　CWB 每年在工业领域造成的损失巨大，仅员工直接盗窃就会损失 150 多亿美元。此外还有效率低下、错误、旷工、财产损失、报复、人际冲突、破坏、诉讼和员工流动。CWB 每年的损失高达 1000 亿美元。是什么导致了 CWB？您一定猜到了：最大的原因是愤怒！

　　本章我们将讲述 CWB 在工作场所的表现，以及哪些类型的性格最容易发生 CWB。本章还会告诉您如何在工作中保持竞争力而不会产生反作用，以及如何在与同事打交道时保持礼貌——做一个基本上不生气的员工。

信息

　　一些研究发现，在谈判过程中，愤怒有时会成为有用的工具。人们在激烈地表达愤怒时表现力提升，尤其是当他们掌握权力并且他们的论点很有力时。尽管目前来看，当权者赢得谈判的概率很高，但可能会为此付出长期的代价，如士气降低、怨恨和 CWB 增加。

## 识别反生产行为

提示

认识到自己和他人的 CWB 可能很困难。部分原因是，有些 CWB 看起来比较正常，比如上班迟到或休息时间过长。此外，大多数 CWB 本质上是被动的、非暴力的。下面是一些典型的例子：

» 未能及时报告问题，导致问题持续恶化。

» 忽略工作中的某人。

» 向同事隐瞒所需信息。

» 待在家里谎称生病了。

» 假装很努力地工作，忙得不可开交。

» 拒绝帮助同事。

» 故意迟到。

» 当工作需要快速完成时故意拖延。

» 拒绝接受任务。

» 早退。

» 故意不回复电子邮件或电话。

» 故意不遵守指示。

CWB 造成的破坏性或伤害性行为比较少见，例如：

» 故意损坏设备。

> » 偷雇主的东西。

> » 侮辱同事的工作表现。

> » 与同事争吵。

> » 对同事做出不敬的手势。

> » 暴力威胁其他员工。

> » 在工作中殴打或推搡他人。

> » 故意浪费供应品 / 材料。

> » 故意不正确地工作。

> » 散布关于他人的有害言论。

> » 网络欺凌同事。

> » 在工作中搞恶作剧。

> » 对客户粗鲁或无礼。

提示　　　　看看这些 CWB 清单，记下您最近 —— 比如说，最近三周——有过的行为。您是否会比较规律地出现 CWB？每周一到两次？选择其中一种行为，告诉自己，"我不会再这样表达我的愤怒了。"然后使用本章稍后讲到的一些愤怒管理技巧来做出改变。

新冠的全球大流行改变了人们的工作地点。对于那些居家办公的人来说，会越来越多地产生孤立感，缺乏与其他员工的凝聚力。那些在制造业、仓库、餐馆或商店工作的人会保持社交距离、戴口罩，其他正常活动也会受到限制。

另一方面，有些人喜欢在家工作。与会议桌相比，视频会议上发生冲突的可能性更小。然而，有些人可能会觉得 Zoom 会议很烦人。也许一些新的 CWB 将包括按下静音按钮、假装网络连接不良、玩网络游戏、查看电子邮件或假装被卡出了会议室。

居家办公时，令人沮丧、愤怒的通勤问题就消失了。然而，这些好处并不是平等享有的。一线工作者、医务人员和其他人仍然需要通勤，加上限制带来的其他麻烦。

要知道隔离、居家办公和保持社交距离的长期影响还为时过早。但是这些新的压力源很可能会增加工人的不满，以及 CWB。

## 回避与攻击

CWB 是员工处理工作压力的方法之一。CWB 背后的动机大多是报复，这也情有可原，因为 CWB 的首要原因是愤怒。

工作中有人让您生气时，CWB 是您平复的方式。每次您让别人生气的时候，都会给对方一个实施 CWB 的理由，循环往复。

牢记

大多数 CWB 是同事、主管和员工之间人际冲突的结果。冲突越多，CWB 就越多。冲突解决，CWB 就消失了。

员工的 CWB 多采用两种方式之一：回避或攻击。回避是以各种方式逃避工作，比如迟到或忽视。攻击是通过欺负下属或侮辱客户来攻击使您愤怒的根源。这也是我们常说的对愤怒的反应——逃跑或战斗——在工作中的体现。

## 个人与组织

不同的员工在施行 CWB 方面也有所不同。大约 50% 的人倾向于报复：侮辱同事，对他人说三道四，或者给那个人找麻烦。另外的 50% 会把愤怒发泄在组织上：降低生产力、偷窃、毁坏财产或请病假。无论如何，CWB 扰乱了工作氛围，并超越了道德底线。

信息

好斗的员工对与其共事的人进行报复的可能性要高出三倍，

而回避型员工则更可能通过从事针对其工作地点的 CWB 来发泄自己的愤怒。

提示

下面的哪种情况会发生在您身上？我们可以做一些自我检查，照照镜子，问问自己为什么："当我感到沮丧或愤怒时，为什么我总是攻击我的团队成员？"或"为什么我总是逃避愤怒及其背后的问题？"回避通常是因为恐惧。您害怕什么呢？害怕失去工作？害怕控制不了自己的脾气？还是害怕其他什么？攻击意味着您在对付敌人。同事真的是敌人吗？这是工作还是战争？是因为您好斗的个性，所以一切都不可避免地成为战争吗？

## 知道谁容易发生 CWB

并非每个人都容易产生 CWB。显然，如果您在工作中经常生气，出现 CWB 的概率就比较高。据业内人士估计，超过 50% 的员工有过小偷小摸、破坏或欺凌他人的行为。CWB 显然是一个重大问题！

### 不满的员工

可能发生 CWB 的员工往往会表现出以下一种或多种变相愤怒的迹象：

» 对自己的工作不感兴趣。

» 在工作中往往不讨人喜欢。

» 表现出明显的痛苦迹象。

» 对自己的职业发展没有信心。

» 与其他团队成员保持距离。

» 非常不信任上级。

» 在完成任务时，经常显得心烦意乱。

» 对组织中的高层不尊重。

» 对工作任务不再抱有幻想。

» 用言语表达了对工资和晋升问题的失望。

» 对工作日发生的一切感到非常不满、厌恶和沮丧。

牢记

**大多数人不会到处跟人说他们很生气，他们会用更微妙、更政治化的语言表达愤怒，但这仍然是愤怒。**

现年 58 岁的亚伦（Aaron）是一名城市规划师，他对工作经常会感到不满意，但他并不觉得这样有什么不妥。22 年来，他一直从事一份非常喜欢的工作，这份工作也对他的努力做出了回报。后来，亚伦需要提前退休。一直以来，亚伦都想把家搬到一个更温暖的地方，让自己慢慢从工作中脱离出来，享受退休生活。

起初，他的计划效果不错。他们一家搬到了南方，亚伦找了一份薪水与以前相当的工作。但两年后，该公司意外地重组，并解雇了大量员工，其中包括亚伦。尽管亚伦努力找工作，但他在那个地方找到的唯一一份适合他的工作报酬却很低，远低于他认为的自己的价值。不得已他接受了这份工作，并经常加班，希望老板能看到他的努力，给他加薪。但是，事实证明，这是不可能的，因为考虑到了工作年限以及加薪能带给公司的好处，公司政策不允许这样。

他不同意公司的政策，但考虑到他的年龄，又不能辞职，也不想再次举家搬迁。亚伦被卡在这了！他所能做的就是抱怨一切，无论多么微不足道的小事。可以想象，他的抱怨并没有得到老板的认可，老板给他的回复是：要么停止抱怨，要么离开。

**提示**

亚伦正处于人生的十字路口。他需要立即寻求帮助，而不是之后长达五年的心理治疗。因此，他的医生建议他制定一个行动计划，并采取以下措施来控制自己的愤怒（在生活中，您也可以这样做）：

» **接受现实。**亚伦感到不满，在很大程度上是因为他不承认自己正在和一个不可撼动的对象做斗争：公司政策。他抱怨的目的是试图让老板放宽政策，为自己的事破例。

» **停止将情况个体化。**亚伦觉得很生气，因为他相信政策是针对他的。心理医生问他："所有其他员工都必须遵守这项政策吗？"他的回答毫无疑问是肯定的。所以医生提醒他："这根本不是针对您的，这只是他们做生意的方式。"他同意这个说法。

» **写下感受。**为了缓解亚伦的愤怒情绪，心理医生建议他每天花 20 分钟写下自己的愤怒情绪。

» **停止多余的努力。**停止无偿加班，他这样做的唯一理由是，让老板看到他的努力，给自己加薪。老板并没有剥削他，是他在强迫自己，这是不健康的。

» **积极地思考。**造成亚伦愤怒的原因是所有这些情况一直在他的脑海中反复出现，心理学上称为思维反刍。因为他很难分散自己的注意力，所以心理医生建议他找到一些其他的东西——积极的东西，一些他可以控制的东西——来思考，或者，更好的是，脱离或延迟思维反刍。

» **从所做的事情中找到一些好处。**亚伦需要认真考虑他目前的工作，想想积极的方面。换言之，"工作中有什么是你不会抱怨的？抛开薪水不谈，这份工作对你有什么好处？"亚伦需要对自己的就业状况有一个更平衡的看法，以缓解一些愤怒的情绪。

» **锻炼身体。**经常锻炼不仅能驱除身体中的毒素，还能驱除情绪上的毒素，如愤怒。每周三天在健身房锻炼 45 分钟，对您的性格会产生奇迹。

» **学会原谅。**亚伦背负着昨天的愤怒，对他和他的雇主来说都成了负担。减轻这种负担的唯一方法是宽恕（见第 17 章）。亚伦需要原谅自己的提前退休把他带入了这场混乱，他需要原谅老板的加薪政策，虽然他认为这个政策不合理。

　　由于按照以上建议去做，亚伦得到了"解脱"，不是从财务现状中解脱，而是摆脱了随之而来的负面情绪——愤怒。他仍然要精打细算地花钱，但不再是一个牢骚满腹的人。

## 以自我为中心的员工

　　毫不奇怪，有一定资历、以自我为中心的员工更容易发怒。第 7 章中我们讨论了膨胀的自我意识对愤怒的作用。在这里，我们看看这个问题对工作的影响。

信息

　　南佛罗里达大学的丽莎·佩妮（Lisa Penny）博士研究了自我中心（自恋的心理学专业术语）、愤怒和 CWB 之间的关系。事实证明，越自恋（以自我为中心），在工作中就越容易被激怒，随之而来的是，越有可能发生 CWB。诚然没有人喜欢在工作中受到限制，比如被他人打断，培训不足，缺乏圆满完成工作所需的资源，以自我为中心的员工会认为这些事都是针对他的（你为什么要这样对我？），并愤怒地做出反应。

**提示**

怎么判断自己是不是这一类人？以下是一些线索：

» **全神贯注于自己正在做的事情，不知道（也不关心）同事在做什么，不会团队合作。**

» **有明确的权利意识。**例如，您可能会说，"你欠我一份尊重"和"我有权加薪或升职。"

» **每当发生某种冲突或意见分歧时，不能设身处地为他人着想，**只是不断重申自己想要什么，自己如何看待事情，以及为什么自己的解决方案是正确的。

» **倾向于夸大其词，在与他人合作或完成项目时，总觉得自己很特别。**您希望同事都听您的，因为您有能力、聪明和有魅力。

» **倾向于在工作中利用他人——也就是说，总让别人跟着您的日程走，不管他们愿不愿意。**而且，雪上加霜的是，如果同事不接受，您还会生气！

» **总是自指。**无论主题是什么，您的常用句式都是"我"怎么怎么样。

**提示**

如果您厌倦了以自我为中心，该怎么办？怎么做才能改变？以下是一些策略：

» 如果您发现自己像一个以自我为中心的员工一样思考问题（"为什么这些人阻碍了我？"），可以通过这样的想法来抵消这种想法："这些人和我一样有重要的事情要做。我们一起做这些事情，如果我帮助他们，他们也会帮助我。"

» 不要命令同事做您想做的事，这会带来一种权利压迫感。请求他们帮您做事。您会惊讶于同事们有多乐于助人！

» 多花时间从他人的角度看待问题。与周围的人更加协调，了解他们的想法和感受。

» 记住，生活是双向的。您对同事付出的理解和同情越多，得到的回报就越多。不错的生意，是吧？

» 就像妈妈教您的那样，在工作中的每一次交流中都要说"请"和"谢谢"。这是文明劳动的黏合剂。

## 提高谈判技巧

工作中的大部分事情都涉及某种谈判。谈判无非是两个或多个员工之间旨在解决利益冲突的努力。许多公司似乎认为，员工的想法应该一致，当情况并非如此时，他们往往会感到惊讶（有时甚至是愤怒）。

谈判总是要涉及情感，因为谈判者是人。只有在谈判双方态度都比较消极的状态下才会出现问题。如果谈判双方都很积极（兴奋、乐观），结果更倾向于合作和和解，得到一个双赢的解决方案，双方都能得到自己想要的东西。如果谈判双方中的一方或双方都处于消极情绪状态（愤怒、悲观），争论更加激烈，双方都不愿意让步。如果没有人让步，谈判就会陷入僵局，没有人会成为赢家！

提示

谈判者会对对手的情绪做出反应。想得到积极的结果，最佳方法是从微笑开始。信不信由您，一个微笑为接下来的一切奠定了基调。如果从恼怒表情开始，会有一场艰难的争吵等着您。

从双方最可能达成一致的方面开始谈判（如果您正在生气，

## 在疫情期间工作

疫情期间，由于实施管控政策，带来了很多争论、威胁，甚至暴力事件。据美国疾病预防控制中心（CDC）报告，暴力事件最常发生在商店、餐馆或其他零售企业。店员可能因为要求顾客戴口罩而遭到袭击。CDC 提出以下建议，以减少和预防暴力行为：

- 为顾客提供路边取货、快递送货和延长购物时间等选项。
- 张贴带有政策和规定的醒目标志。
- 指派多名员工鼓励执行疫情防控措施。
- 做好受到威胁时撤离或隔离的预案。
- 对员工进行威胁识别、降级和其他非暴力应对培训。
- 建立合格的安保系统，并且确保员工知道如何使用。

自从新冠疫情大流行以来，一直工作在前线的护士们经常受到言语和身体虐待。事实上，新冠大流行以前这种现象也存在。疫情前的调查显示，12 个月内，有 50% 的护士受到了言语虐待，约 20% 的护士受到了身体攻击。患者和他们的亲人承受着难以置信的压力，特别是在疫情期间。但是，医护人员是我们的生命线。必须做更多的工作来保护他们。

很难做到这一点，但值得付出努力），这样做会在处理意见分歧之前树立积极的基调。提醒自己，即使对方是对手，他们也不是敌人。如果在进行某种类型的谈判时必须生气，试着建设性地表达愤怒。保持声音平静，放慢语速，自信地表达自己（在第 8 章中谈到了这一点）。

## 营造积极的工作环境

工作中的愤怒并不局限于某个特定员工、某次特定交流、某种特殊情况，或某个特殊的问题，例如工作负荷过重。个人情绪受到整个工作环境的影响。这种工作背景（或工作氛围）在不同的工作环境中差异很大。

走进任何一种工作环境，工厂、写字楼、公司董事会会议室，对工作中的人观察大约五分钟后，您就能很容易分辨出工作氛围是敌对的（人们互相掐住喉咙）、悲伤的（失去的机会太多、人员流动太大）、紧张的（充满不确定性）还是亲切的（"我们喜欢这里！"）。

信息

密歇根大学的芭芭拉·弗雷德里克森（Barbara Fredrickson）博士和巴西巴西利亚天主教大学的玛西亚尔·洛达萨（Marcial Losada）博士提出了一个关于职场情绪如何影响员工生产力的有趣的理论。他们并不关注某种特定的情绪（如愤怒），而是关注某种情绪的积极和消极性质，更重要的是，关注两者之间的关系，他们称之为积极率。到目前为止，他们发现：

» 为了让员工在工作中更有干劲儿，积极情绪在整体情绪表达中必须占三分之一以上。

» 如果达不到三分之一的比例，员工就会比较消极，觉得他们的工作很空虚，无法令人满意。

» 另一方面，过于积极也可能是一个问题。在工作中存在一点点消极情绪，有助于避免工作变得僵化、停滞、乏味和过于例行公事（这反过来会导致员工的易怒）。

» 消极态度必须适当（即员工不能互相表示轻蔑或带着怒气做事），这样才有好处。

» 积极情绪的表达必须是真诚的，而不是被迫的。换句话说，您肯定不愿意总是提醒员工："从现在起，你们每个人的脸上都要一直挂着笑容！"

提示

表 12-1 列出了在工作场所可能观察到的一些情绪。读此表格时，请执行以下操作：

1. 圈出您觉得最准确的十种情绪，可以描述过去一周您的工作氛围。从哪栏圈出来并不重要，总共要圈出十种。
2. 统计积极情绪。
3. 统计负面情绪。
4. 用积极情绪的量除以消极情绪的量来计算积极率。

例如，如果您在"积极情绪"一列中圈出了三个词，在"消极情绪"一列中圈出了七个词，进行以下简单计算：3 除以 7 等于 0.43。

您的积极率是高于还是低于 2.9？如果这个数值小于或等于 2.9，那么您以及和您一起工作的同事，在工作中更容易生气。如果这一数值大于等于 3.0（但低于 11.0，这是一个过于积极的数字），那么您的工作环境很健康。

提示

如果您是一个老板，可以这样做，让工作环境更积极：

表 12-1 **工作中的积极和消极情绪**

| 积极情绪 | 消极情绪 |
| --- | --- |
| 惊喜 | 害怕 |
| 好笑 | 不安 |
| 赞赏 | 警惕 |
| 振奋 | 易怒 |
| 包容 | 焦虑 |
| 好奇 | 惭愧 |
| 高兴 | 痛苦 |
| 热情 | 厌倦 |
| 兴奋 | 抑郁 |
| 慷慨 | 沮丧 |
| 感激 | 内疚 |
| 幸福 | 恼怒 |
| 充满希望 | 恐慌 |
| 愉悦 | 后悔 |
| 善良 | 怨恨 |
| 友爱 | 悲伤 |
| 乐观 | 怆然 |
| 满意 | 不悦 |
| 激动 | 担忧 |

» 不单纯根据绩效来表彰"本月最佳员工"，还要加进员工与顾客、客户和同事之间的积极关系。

» 为在工作中表现出积极态度提供小奖品，可以是一家人参观主题公园的门票，餐厅的礼券或当地脱口秀俱乐部的门票。

» 用简报表扬员工的表现。

» 不设定周五便装日，可以搞一个"轻松星期五"，每个人都会在工作中表现得很积极。

提示

**如果您是一名员工，可以这样做，让工作环境更积极：**

» 在每一个工作日开始时都向同事们问好："祝你度过美好的一天！"

» 在工作场所的对话中加入一些幽默，用笑声告诉同事您没有恶意。

» 当您做了冒犯同事的事情时，一定要道歉。这样不仅您会感觉更好，还会缓解对方的紧张情绪，让她很难怀恨在心。

» 在工作中交个朋友。调查显示，如果在工作中有一个朋友，特别是如果他是您最好的朋友，会大大增加您工作中的幸福感。

## 让文明成为准则

在工作中，友善很重要。以礼貌的方式对待同事——公平、尊重、礼貌、愉快——会提高您自己受到礼貌对待的概率。相反也是如此：对他人粗鲁，带有敌意，他们会反过来以同样的方式对待您，或是避开。

愤怒往往是不文明行为的副产品。不文明往往会导致某种形式的反工作行为。

信息

工作场所的不文明问题有多严重呢？非常严重！大约90%

的职场人士认为，工作中缺乏礼貌是一个严重的问题，尽管这并没有上升到工作场所（身体）暴力的程度。不文明也是离职的一个主要原因，大约一半受到不文明待遇的员工会考虑另谋他就，八分之一的员工付诸实践。

提示

如果您是老板，想制定职场文明行为准则，可以考虑以下建议：

» 从上到下明确表示，不文明行为是不会被容忍的（无论过去是不是允许这种行为，以后都不能允许），即使业绩很好，也不能例外。
» 将礼仪培训作为招聘和入职培训的一个组成部分。
» 用书面形式规定文明和不文明行为，以及后者的后果。请所有员工提供意见。
» 让文明考核成为人力资源计划的重要组成部分。
» 定期调查员工在工作场所的文明状况。
» 建立识别和制裁不文明行为的同行审查制度。
» 强调建设性批评、建设性愤怒表达和建设性竞争。

提示

如果您是一名员工，并且想在工作中保持文明，您应该：

» 在工作中，将"善待他人，就像你希望他们善待你一样"作为个人口头禅。
» 对同事进行批评时要有建设性，告诉他们如何做才能做得更好。
» 如果您认为工作场所太不文明，那就采取一些积极的措施，不要等其他人去改变。
» 向所有同事明确表示，您希望在任何时候都能得到公正的对待，并且不要害怕在需要时提供纠正性反馈。

» 提醒自己和同事，文明不是谁的责任或谁是对的，这关乎相互
尊重。

» 允许同事私下解决问题或批评，以挽回面子。这不那么吓人，
也不要让对方尴尬。

» 保持乐观，对同事的努力要寄予厚望。允许同事对您抱有怀疑，
直到您提供有利的证据。

» 如果您必须批评同事，请保持礼貌。如果不能当着他们的面说，
那就不要说了，切忌背后议论他人。

## 直言不讳不是口无遮拦

愤怒时人会口无遮拦——如果不是用实际的语言，也会用
行动来表达。反生产行为的目的就是表达自己的情绪。

直言不讳，也就是说出心里话，比口无遮拦要好。心理学
家称其为坚定果敢。坚定果敢的员工愿意面对面、一对一地沟
通，肯定自己的需求（"我希望得到更礼貌的对待"），确认自己
的情绪（"是的，我很生气，我认为我有理由这样做"），承认这
种情况的积极性和消极性（"我喜欢在这里工作，但……"），并
且假设结果是积极的，所有这些都没有丝毫的攻击性。

坚定果敢更多的是表现在行动上，而不是态度。如果您很
少站出来维护自己，最终会被同事视为软弱的人，得不到尊重，
不认真对待。您不会听到有人在工作中说："我真的很佩服她，
她真是胆小如鼠！"

提示

那么，到底该如何坚定果敢地表达呢？可以试试以下方法
（更多信息请阅读第 8 章）：

» **掌握主动权，始终以"我"这个词开头。** 例如："我需要和你谈谈。""我需要就今天上午的会议给你一些个人意见。""可能我没有说清楚，所以让我解释一下。"

» **以积极的表述开场。** 例如："我想你知道我有多喜欢在这里工作，同时……""我想说你过去对我一直都很公平，而且……"

» **停止拉扯，直奔主题。** 具体说明是什么在困扰您，让您生气。不要只说"我生气了！"告诉对方确切的原因。

» **与他人共情。** 例如："我不确定你是否意识到你早些时候说的话对我的影响。""我想你不是故意想让我生气，但这似乎有点……""我可能听错了，因为感觉你说得有点粗鲁。"

» **不要说脏话。** 没有人喜欢说脏话，即使是说脏话的那个人。此外，当骂声四起，我们很难记得最初想解决的问题是什么。

» **坚持不懈。** 不要指望你的一个坚定果敢的行为就能改变世界。首先改变说话的方式，世界就会跟着慢慢变好。

第13章 | **理解和帮助易怒的
儿童和青少年**
Understanding and Helping
Angry Children and Teens

**本章亮点**

» 了解愤怒如何开始

» 弄清愤怒何时会造成伤害

» 父母和愤怒

» 与孩子交谈

» 培养孩子适应愤怒管理

您有没有经历过被一个 3 岁的孩子大发脾气毁了美好的一餐？或者在商店里目睹了父母和孩子吵架，一个比一个嗓门大？或者一个小孩在飞机上踢您的座位靠背，而他的父母疯狂地小声叫他停下来？

从杂货店里尖叫的幼儿到拒绝按照大人要求做的闷闷不乐的青少年，孩子们都会生气。没有一个孩子在生活中不表达愤怒。愤怒的孩子会让周围的人非常懊恼。孩子们也会和成年人一样，把愤怒作为一种沟通方式。

在儿童和青少年中，愤怒是一种非常自然的情绪。与成人时期一样，童年时期也有很多事情会让人沮丧。本章将探讨童年时期愤怒的根源，识别何种情况愤怒尚属正常，又在什么时候会使问题更严重。本章的大部分内容为家人和需要照顾关心他人的人提供了处理愤怒的蓝图，并帮助孩子们发现更具适应性的应对挫折的方法。

本章的最后一节阐述了当愤怒失控需要专业辅导时，如何向心理治疗师寻求帮助。

## 愤怒的起源

和成年人一样，孩子们的身体也会感到愤怒。压力激素激增、呼吸加快、面部潮红、需要采取行动。婴儿和蹒跚学步的孩子愤怒地大叫。大一点的孩子可能会用口头或肢体语言表达。

### 成长中的挑战

在婴儿和很小的孩子中，最常见的愤怒原因就是没有立即得到他们想要的东西。愤怒的常见原因包括：

» 我想要玩具。

» 我想要奶瓶。

» 我想要妈妈。

　　随着孩子的成长，他们仍然会在得不到想要的东西时生气，也会在被限制时生气（想想一个坐在汽车座椅上努力想站起来的孩子）。幼儿总是想要探索周围的环境。他们抵制午休，晚上也不想睡觉。他们抓起勺子，想自己吃东西。当他们不能按自己的方式行事时，就会尖叫。

　　学龄前阶段的一个成长挑战是学习如何分享。学龄前儿童需要分享玩具。此外，他们必须学会分配主要看护人的注意力。这两项任务都会导致沮丧和愤怒。这不仅会让孩子沮丧，也会让看护人沮丧。如果您曾经照顾过一个蹒跚学步的孩子，想想当您打电话或关注某件事或其他人时，被这孩子打断的时候会有什么感受。

　　进入学校，孩子们还必须学会等待轮到他们执行可能不太有趣的任务，以及处理与同龄人和成年人的关系。所有这些成长步骤都需要延迟满足和调节情绪的能力。童年是学习这些技能的最佳时期，父母、教师和其他看护者有责任发展和培养孩子的情绪调节能力。

　　人类的很多特征是会遗传的。儿童掌握情绪调节的能力部分取决于他们的基因，同时也会受到孩子所处环境的影响。基因和学习都会影响孩子学习表达、攻击和自我控制。

## 天性

　　人类通过战斗或逃跑来应对危险。对抗威胁的能力帮助我们的祖先生存下来。为什么每个人都有生气的能力，有一些有趣的生物学原因。例如，好斗的穴居人能活得更久，生育的孩子也更多，正所谓适者生存。

与其他性格特征一样，攻击性约有 50% 是由基因决定的。这一发现已通过对分开生活的同卵双胞胎和异卵双胞胎的研究得到证实。具有攻击性的基因倾向并不一定导致具有攻击性人格。有这种倾向的人在成长过程中，他们的自我控制能力也可能战胜攻击性。

性情是攻击性基因表达的一种方式。婴儿在生命早期就表现出他们的性情。经过大量研究，已经确定了三种类型的婴儿性情：

» **随和：**随和的宝宝往往吃得好，睡眠有规律，只有在饥饿、疲惫或不舒服时才会哭，而且很容易被安抚。他们很容易适应新的环境和人。

» **难相处：**当您有一个性情难相处的宝宝时，要为很多个不眠之夜做好准备。这种婴儿很难安抚，饮食和睡眠也没有规律。这种婴儿不容易适应变化，可能会表现出易怒的早期迹象。

» **慢热型：**慢热型的宝宝比较害羞、内向。这种婴儿看起来很安静，一旦熟悉了某种情况，就会感到舒适。他们不能迅速适应变化，特别是看护者的变化。

并非所有婴儿都能很容易被归类。他们每一天都在变化。但是，对于大多数婴儿来说，可以归入以上三种类型。那么性情与愤怒有什么关系呢？

尽管需要进行更多的长期研究，但目前的一些研究表明，难相处的婴儿在调节情绪方面存在更多问题。因此他们对小压力源的反应比随和的宝宝更强烈。其中一种不受控制的情绪当然就是愤怒。

## 学习

如果攻击性有 50% 是由生物基因决定的，那么剩下的就由环境因素决定了。想象一下，一个难相处的婴儿和一个暴脾气的看护者在一起会是什么样子。当婴儿哭闹时，看护者会生气。这两人在一起不太合适，对宝宝来说是不幸的。

换一种情况，如果一个难相处的宝宝由一个脾气温和的人来看护，以冷静和同情的态度回应孩子的哭闹。随着时间的推移，婴儿可能会变得不那么难相处，并最终学会充分的情绪调节，从而基本上消除了攻击性基因的影响。

自然灾害，情感、身体虐待，事故等造成的创伤也会导致儿童易怒。

### 法官，我生来就是这样

仅仅因为某人天生具有攻击倾向，并不能为他们的行为进行辩解，虽然遗传学可以解释为什么有些人天生就爱发脾气。有研究表明，一种特殊的基因似乎与攻击有关：单胺（monoamine，或简写为 MAOA）。男性似乎要么具有高功能型的这种基因，要么具有低功能型。低功能型男性更容易发生暴力行为，尤其是在童年受到过创伤的人。

　　研究人员对不暴力的大学生进行了研究，以确定这种倾向在实验情境中是否明显。他们确定了一组 MAOA 高功能型男生和一组 MAOA 低功能型男生。对每个受试者进行了侮辱，并扫描他们的大脑。具有低功能型 MAOA 基因的人在大脑中与情绪调节相关的区域比那些具有高功能 MAOA 基因的人更活跃。当然，为了确认这一点，还需要更多的研究。然而，这一发现确实表明，挑衅具有低功能型 MAOA 基因的人更具挑战性。请注意，超过三分之一的男性拥有这种低功能型基因，这可能解释了为什么大多数暴力行为是由男性引起的。但是绝大多数具有这些低功能基因的男性从没有暴力行为。

## 让孩子知道愤怒何时不健康

　　愤怒不是一种坏情绪。和所有情绪一样，它是对需要关注的情况的反应。不应该告诉孩子生气是不好的，或者他们生气就是坏孩子。孩子们需要学习如何以可接受的方式表达自己的愤怒，还需要学习如何包容挫折和管理困难情绪。

　　当愤怒对家庭、朋友和学校的生活造成妨碍时，它就会成为一个问题。当愤怒被掩盖或伴随着抑郁时，也是一个令人担忧的问题。孩子们的愤怒往往是其他事情不对劲的标志。频繁的愤怒应该受到看护者的注意。

### 家庭不和

　　每个家庭都不时会有意见分歧，这很正常。当家庭成员争夺控制权时，愤怒往往就会发生。愤怒很少能对家庭状况起到建设性改善。当愤怒是生活在一个家庭中的人们对多种挑战的最常见反应时，它就成了一个问题。以下是家庭常见的权力斗争导致愤怒的几个典型例子：

» **日常事务：**一个家庭常常会因为家务事争吵。父母让孩子完成某项任务，盘子没洗，或者没洗干净。这些都可能导致愤怒。

» **睡觉时间：**父母和孩子对睡觉时间有分歧，双方都会生气。

» **荧幕时间：**什么时候看电视以及看多久电视都会引起父母和孩子之间的战斗。其他战斗还涉及浏览社交媒体以及打游戏。

» **食物战争：**父母觉得有责任确保孩子吃得合理。孩子们喜欢冰淇淋和薯条，而不是西兰花和大豆，这也会导致冲突。

» **拖拉：**当孩子不回应父母的要求时，就会产生冲突。他们需要很长时间才能穿好衣服，为上学做好准备，或者迟迟不放下手机。

» **家庭作业：**在许多家庭里，让孩子完成家庭作业也会导致冲突。

上面列出的大多数冲突反映了父母试图控制孩子的行为。当孩子没有达到父母的期望时，愤怒就会升级。当父母愤怒时，孩子就有样学样。愤怒循环开始了。有关处理家庭冲突的策略，请阅读"管理愤怒从父母开始"一节。

## 与朋友发生冲突

冲突教会孩子们如何相处。分歧、争论和争斗是童年常见的事情。小孩子经常对谁可以玩某个玩具产生分歧。在学龄前儿童中，在某件他们高度重视的物品前推搡的事情并不罕见。大一点的孩子为谁能决定做什么而争吵："我想玩积木。""不，我们玩购物游戏吧。"

随着孩子们开始上小学，发生冲突的机会更多。这些冲突可能围绕着成为群体的一部分或被排除在群体之外，背叛和竞争成为主题。

警告

孩子之间的愤怒和冲突是正常的，除非造成身体伤害或持久的情绪困扰。学龄儿童一般很少与他人发生肢体冲突，因为大多数人都有通过口头谈判解决问题的能力。如果孩子经常发生肢体冲突，应查查是否有诸如发育迟缓、虐待、欺凌或情绪障碍等问题。更多相关信息，请阅读下一节"了解何时为愤怒的孩子获取帮助"。

## 学校里的对立

很少有孩子在学校里不出现点小问题的。孩子们天性活泼，老师们要加以管教，偶尔学生和老师会发生冲突。但也有一些孩子经常挑衅、暴怒、好斗。他们无视老师的指示，拒绝完成任务，并且不尊重他人。

这些行为无疑应该引起家长、老师或其他监护人的警觉。其实，表现出这种行为的孩子正尖叫着寻求关注。儿童可能存在学习、情绪或注意力问题。他们可能正在经历虐待、忽视或严重欺凌。绝对不要忽视学校里的长期违抗行为。

## 抑郁和愤怒

和成年人一样，当孩子情绪低落时，很难集中注意力。悲伤使他们对外界无动于衷。易怒也是抑郁症的常见症状。毫不奇怪，抑郁症可能会对学业表现产生负面影响。

患有抑郁症的儿童或青少年很难集中注意力，经常会在完

## 儿童期愤怒的诊断

第 5 版《精神障碍诊断与统计手册》（DSM-5）由美国精神病学协会出版。它将各种成人和儿童精神障碍分类，在世界各地广泛使用。儿童的几种诊断类型中，愤怒多作为症状之一。

• 对立违抗障碍（oppositional defiant disorder，ODD）包括愤怒、易激惹情绪、频繁的争吵、拒绝遵从大人的要求并有报复行为。

• 品行障碍（conduct disorder，CD）涉及更深层的愤怒和攻击。有品行障碍的孩子对人和动物都很残忍并具有攻击性。他们毁坏财产，撒谎和偷窃，并违反规则或法律。

• 破坏性情绪失调障碍（disruptive mood dysregulation disorder，DMDD）是与儿童发育水平不一致的频繁的、严重的脾气爆发。例如，不让一个两岁的孩子吃糖果，他可能会在商店里发脾气。然而，一个 11 岁的孩子应该更清楚这件事该怎么处理。除了脾气暴躁外，患有 DMDD 的孩子往往都易激惹，也容易暴怒。

除上述障碍外，患有注意力缺陷 / 多动障碍（attention deficit/ hyperactivity disorder，ADHD）的儿童还经常容易冲动、愤怒。然而，生气并不是 ADHD 诊断标准的一部分。相当多的多动症儿童会冲动，但不是特别愤怒。

成作业上与父母发生争吵，或因为未完成日常任务与老师发生
冲突。他们的易激惹很容易转化为愤怒。抑郁的孩子通常会对
过去发生的事情、当前的事件以及他们的未来感到愤怒。

## 管理愤怒从父母开始

牢记

家庭成员——无论父母还是孩子——都要以身作则。如果
孩子们看到父母在愤怒中咆哮、咒骂和互相殴打，他们会想办
法自己处理愤怒。同样，如果父母允许孩子在每次得不到满足
时发脾气，并且没有设定限制，那么孩子就会认为发脾气是有
效的，这不是一个好的策略。

父母是为家庭环境定下基调的人，他们需要承担主要责任，
确保以文明和建设性的方式表达愤怒。（您可以让孩子负责打扫
房间，但不能让他们为家里的愤怒情绪负责。）

家庭环境是一个学习实验室，一个课堂，在这里教授所有
重要的生活和生存课程。其中最重要的是如何在家庭成员之间
的冲突中生存，甚至从中受益。冲突是所有家庭中固有的，家
也是孩子们学习如何处理与朋友、学校和社会冲突的地方。

简单地说，家庭成员有不同的兴趣、性格、脾气、价值观、
需求、喜好和焦虑。如果家庭要相对和谐地运作，就必须协商
解决这些分歧。健康家庭和不健康家庭的主要区别在于他们如
何解决这些冲突，而不是是否有冲突。

提示

那么，作为父母，如何为家庭定下健康的基调呢？以下是
一些处理家庭冲突引发愤怒的建议：

» **接受冲突和愤怒。**不要不赞成或忽视家庭成员之间的冲突，也

不要试图分散人们对问题的注意力。

» **轻松地谈论愤怒。** 不要让愤怒成为禁忌话题——每个人都知道愤怒的存在，但没人谈论。

» **区分不同程度的愤怒和冲突。** 帮助家人区分恼火、"只是单纯地有点生气"和愤怒。前两个还可以接受，第三个就需要特别注意了。

» **保持冷静。** 您失去冷静并不能帮助孩子们保持冷静！您是成年人，所以即使觉得自己不能很好地保持冷静，我敢打赌您也比孩子强。

» **将愤怒和冲突视为学习的机会。** 退后一步，互相看看，了解对方的一些情况，分享真实的自我，会使彼此关系更亲密。

» **不要惩罚，我们的目的是解决问题。** 不要因为生气而互相指责，可以问对方两个简单的问题：

　　　• 你为什么生气？

　　　• 你想做什么？

　　第一个问题是关于愤怒的原因，第二个问题是为了寻找解决方案。如果对方知道问题所在，但没有解决方案，那么帮她找到一个解决方案——一个不以仇恨和报复的方式发泄愤怒的方案。

» **寻求双赢的解决方案。** 没有人喜欢输，生气的人当然也不想输，输只能让这个人越来越生气！您的目的是找到解决家庭愤怒的方法，让每个人都觉得他们从交流中得到了积极的东西。此时，非侵略性方法最有效。尝试一种不具有竞争性（"我赢了，你输了！"）或对抗性的方法，在这种方法中，家庭中的某人不会试图支配其他人。

**牢记**

愤怒是一个信号，表明有什么地方出了问题需要解决。您需要这些信号，如果没有注意到它们，愤怒只会加剧。

## 帮助孩子控制愤怒

孩子们总是在学习如何处理情绪，无论是积极的还是消极的，而且主要是从他们周围的成年人那里学习。父母、老师、邻居、朋友和亲戚都会影响孩子对事件的反应。教会孩子适当地管理愤怒和挫折感尤为重要。生活肯定会时不时令人沮丧，孩子们如何处理这些挫折，可能会改善或损害他们的幸福感。

### 与孩子交谈

相当多的孩子和他们的父母把大部分时间都花在手机上。即使是很小的蹒跚学步的孩子，在和父母一起购物时，也会尖叫着要电子产品。经常可以看到一家人在餐馆吃饭，却各自看着各自的手机，在吃饭时发信息或浏览小视频。作为一名心理学家，我很担心这些屏幕时间会对人与人之间的联系产生什么样的影响，尤其是父母和孩子之间。

本节从一个非常显而易见但极其重要的陈述开始：请与孩子们交谈。向他们展示谈话的艺术。您需要抽出时间听他们漫谈学校、朋友、衣服、老师、麻烦以及他们想谈论的任何事情。关闭车内的电子设备。这是一个与家人交谈的好时机；睡前几分钟和孩子聊聊；吃饭的时候放下电子产品；散散步，聊聊天。您可以提出问题，但不要强求。留出沉默的空间，并保持专注。

**警告**

如果不能和孩子谈论他们的日常生活，你们之间的距离会越来越远。距离会阻碍你们谈论更复杂、更严重的问题，如果这些问题不解决，就会产生怨恨、敌意和愤怒。

## 发现一致性

如果孩子们知道发生了什么事，结果会怎样，以及他们所处的环境中需要遵守的规则，他们会做得更好。童年时期，孩子们必须适应很多变化。

» 家：不同成年人可以有不同的规则，有些孩子可能有多个家（当父母分开时），每个人都有不同的期望。

» 学校：教师的规定也会与家长的期望有所不同。孩子们每天都会接触多名老师，在每个教室里的期望都会有所不同。

» 课外活动：孩子们有运动和训练、日托和俱乐部，所有这些都有不同的规则。

» 宗教活动：进入教堂、庙宇或清真寺的儿童会接触不同的习俗。

» 亲戚的家：阿姨、叔叔和祖父母可能有不同的价值观和准则。

因此，如果孩子的主要照顾者能够就一套简单的规则达成一致意见，这套规则可在大多数环境中应用，对孩子来说是有好处的。这些规则可能相当广泛，适用范围很广。例如：

» 尊重他人及其财产。

» 对他人礼貌友好。

» 安全行事。

» 确保财产和人身安全。

» 有责任感（学校、家庭琐事等）。

尊重可以包括在餐桌上不放屁，不顶嘴，做父母或老师要求的事。礼貌包括不打人，友好也就是不取笑兄弟姐妹。安全行事包括乘车时系上安全带、骑自行车戴上头盔以及未经许可不得外出。当孩子们去捡东西、打扫卫生、刷牙、梳头或洗澡时，要照顾自己的财产和人身安全。有责任感可以体现在坚持完成学校的功课（当然也包括家庭作业），帮助父母做家务，运用良好的判断力，并且值得信赖。尊重他人、安全行事和确保财产及人身安全的一般概念是不变的，但具体规则应该随着孩子的年龄增长而调整。

牢记

童年是学习的时代。孩子们会犯错，他们通过观察父母或看护人对他们犯错时的反应来判断大人们是不是真的看重那些规则。故意违反规则或无意的错误都是孩子学习的机会。

提示

生活并不总是一致的（或公平的）。许多孩子生活在不止一种情况下。有时老师、教练或其他照顾者有不同的规则和期望。但成长的一部分就是学会适应生活和现实。孩子们可以学会适应不同的规则，但您要尽可能保持前后一致，不要摇摆。

## 保持镇定

任何愤怒管理计划都包括学会保持镇定。在与家人合作时，治疗师往往会强调情绪中立。情绪中立也就是要保持冷静。当您给孩子们指路时，要保持一种不动声色的、冷静的态度。以下是一些方法：

» **说话之前，确保孩子的注意力在您这。** 如果孩子全神贯注于其他事情，先让他停下来，直视您，并给出简短的、一步到位的提示。

» **确保理解。**让孩子们复述您的提示。

» **制定完成任务的时间限制。**现在，五分钟后，今天——任何合适的时限都可以。

» **感谢孩子们的倾听，并在他们完成任务后给予积极的反馈。**

牢记

　　孩子们会观察周围的人，从身边的人那里学习。如果您想让孩子有愤怒的问题，只需向他们展示您有多易怒。反过来，如果您想让他们学会自我控制，就要成为孩子自我控制的榜样。

## 设定限制

　　如果孩子们遵守规则，听父母和老师的话，有礼貌，并且做事像个小大人，那真是太好了！其实不然，抚养孩子的乐趣之一是观察孩子在不同发展阶段的变化。初来乍到的孩子们并不知道这个世界的规则。

　　对孩子设定限制是养育子女的必要部分。很多人都很难理解的一个原则是：言出必行。下面举个例子：

　　　　五岁的丹尼尔（Daniel）和家人们一起看他的姐姐练习游泳。虽然妈妈玛丽亚（Maria）给他带了玩具，但过了一会儿，他就玩腻了。大家都坐在看台上看游泳，丹尼尔却把玩具往看台上扔。

　　　　丹尼尔的玩具差点砸了看台上的人，大家都在看玛丽亚的反应。"丹尼尔，别用玩具砸人，不然我就把它们拿走了。"

　　　　丹尼尔拿着他的玩具到离母亲老远的地方去玩。玛丽亚重新开始刷手机。大约半分钟后，丹尼尔又开始往看台上扔玩具。玛丽亚听到有人说："嘿，孩子，住手！"

"丹尼尔"，玛丽亚喊道，"我是认真的。马上过来在我身边玩，不然我就把那些玩具拿走"。

这个故事可以继续讲下去，现在您知道玛丽亚接下来可能会做什么了。她会给可怜的丹尼尔第三次机会，甚至第四次，第五次……然后最有可能的是，她会爆炸，丹尼尔最终会噘嘴或流泪。玛丽亚教了丹尼尔什么？他可以做错事，至少有两三次不听母亲的话也没事。对孩子来说这可不是很好的一课。

对于很小的孩子，给一次机会或警告是可以的。这就是他们学习的方式。但一旦孩子知道了规则，就再也没有机会了。否则，他们会认为大人的真实意思是："做错事没关系，至少在我真的生气之前。"

## 制定奖惩制度，然后严格执行

行为矫正是一种育儿方法，包括增加积极行为和减少消极行为。行为矫正多用于训练动物、老师教育学生以及家长教育孩子。在大多数情况下，这是改变行为问题以及传授积极行为的最简单、最友善的方法。

### · 奖励好的行为

行为矫正最重要的原则叫作正强化（positive reinforcement）。简单来说就是当孩子做了好事时，给予奖励。在培训开始时，应在孩子做了我们期望的行为之后立即给予奖励。正强化的作用是增加行为被重复的可能性。

奖励不一定要很大才能奏效。事实上，简单的赞美往往效果很好。下面是几个典型的奖励孩子的方式：

» 击掌。

» "干得好！"

» "干得漂亮！"

» 拥抱。

» 贴纸。

» 一小笔零花钱。

» 晚睡或其他特殊特权。

随着孩子好行为的增加，不需要每次都给予奖励。事实上，研究表明，一个意外的奖励比对所有积极的行为都给予奖励效果更好。

提示

赞美是一个奖励的好方法。如果想让孩子坚持做一些事，要经常表扬他们。以下是一些例子：

» "谢谢你不用我提醒就把盘子拿到水槽里。"

» "哇，你自己完成了作业，太棒了！"

» "真高兴看到你和妹妹相处得很好。"

## · 捕捉近乎良好的行为

塑造法（shaping）是一种科学的改变行为的方法。塑造法包括当行为朝着期望的方向发展，但不是完全达到期望时，给予积极的强化。下面是一个对有攻击性行为的孩子使用塑造法的例子：

塞巴斯蒂安（Sebastian）是一个一年级学生，他会对其他孩子进行身体攻击。在上学的第一周，他就在操场上打了几架。老师在课间仔细地观察了他。她发现，当其他孩子不注意塞巴斯蒂安的时候，他会感到沮丧。在他又要推一个同学之前，老师走近他说："塞巴斯蒂安，如果今天你能保持冷静，不要推人，就是表现得很好。"

在随后的课间休息中，老师继续观察塞巴斯蒂安的行为，并在他能控制住自己的情绪时给予表扬。她还教塞巴斯蒂安与人沟通的方法，让其他孩子和他一起玩。因为老师花时间去捕捉塞巴斯蒂安的好，孩子的行为很快就改善了。

提示

塑造法包括让孩子朝着您想要的方向做一些事情，给予表扬或其他奖励。塑造法应该循序渐进，最终获得理想的结果。

惩罚坏行为：

有三种方法可以对不期望的行为做出反应，这些方法都与行为修正的原则一致。根据具体情况，这三种都可以是父母和看护者的法宝。

» **忽略行为。** 如果孩子试图通过不良行为引起注意，忽略他。如果让步，就是在奖励孩子的行为。例如，如果孩子在家里发脾气，那是一个可以使用忽略的好时机。但是，如果孩子在人来人往的商店或餐馆里发脾气，家长的忽略往往会招来其他顾客的不满。

» **暂停。** 这个方法已经被家长和老师使用了几十年，也被滥用了。要想有效，必须让孩子远离自己想做的事情。让一个行为不端的孩子到自己的房间里冷静一段时间，他却在那里玩电子游戏，这显然不是一个有效的方法。暂停几乎可以在任何地方进行。在暂停期间可以监护幼儿，但不要互动，只是看着。对于小学早期的学龄前儿童来说，暂停是最有效的。

» **行为成本。**这可能是对小学高年级到青春期儿童最有效的措施。就像交通罚单一样，行为成本可以包括在指定的时间段内拿走对孩子来说有价值的东西。比如："如果你晚回家，周末就拿不到车钥匙。"

提示

以上这些改变行为的简单方法——奖励好行为、塑造法以及让坏行为付出一定代价——都是行之有效的，即使是最具挑战性的行为也会随着时间的推移得到改善。关键是要坚持，不要屈服于孩子的抗议。

## 远离安抚

当生活看起来不公平时，大多数人会生气，孩子也是如此。如果您相信生活是公平的，很可能会因为生活中的不公平而感到沮丧和愤怒。

当孩子们抱怨生活的不公平时，如果对他们说事情总会解决的，公平最终会战胜不公，这样很容易使孩子释怀。很多时候，事情的确如此。但如果让孩子们认为糟糕的事情不会发生或不应该发生，一旦发生了这样的事，孩子就会生气。孩子们需要面对现实。

## 处理孩子使性子

几乎所有的孩子都会时不时使性子。有趣的是，孩子们很少在没有观众的情况下使性子！这是因为他们使性子都是有目的的：得到想要的东西。每当父母发脾气时，传达给孩子的信息就是"如果你想要什么，就使性子，让我痛苦，然后我会屈服于你的欲望。"

显然，屈服于使性子从来不是一个好主意。相反，成年人要保持冷静（也就是说，情绪中立），把孩子的注意力转移到其他地方。因此，如果是在商店或餐馆，您需要做好准备，迅速带孩子出门，即使这会给您带来不便。

提示

在孩子小时候采取前后一致的行动，可以避免孩子养成可怕的习惯。同样的策略也适用于年龄较大的孩子，只需要付出相当多的耐心和时间。

## 积极的儿童愤怒管理

无论孩子是生来就有难以相处的脾性，还是经历过创伤，或者只是一直爱发脾气，如果孩子有愤怒问题，有一些方法可以帮助他们。不应该让有愤怒问题的孩子成长为有愤怒问题的成年人。积极的愤怒管理是帮助儿童和青少年接受和表达他们情绪的策略，让他们能够被倾听。

牢记

一个章节的篇幅无法涵盖所有帮助孩子解决愤怒问题的方法。本书中关于成人愤怒管理的许多方法也可以经过一些调整后，用来帮助孩子更有效地管理他们的愤怒情绪。

### 接受负面情绪

所有的情绪都应被接受，甚至是愤怒，这是给儿童和青少年的一个特别重要的信息。一旦这种感觉被接受，帮助孩子做以下事情：

» 了解表达愤怒的良好后果。

» 学会在不伤害某人或某物的情况下表达愤怒。

» 了解在什么情况下需要表达愤怒。

» 了解表达愤怒的负面后果。

» 了解处理问题的其他方法。

帮助孩子们明白他们不应该被愤怒所控制。愤怒是一种来来去去的短暂情绪。有时，愤怒会导致他们做出伤害他人的行为，或使他们陷入困境。因此，学习适当表达愤怒的技巧，有助于他们更好地度过艰难的处境。

提示

还要让孩子们明白，感觉和行为是不同的。例如，当弟弟弄坏了你的玩具，生气是完全可以的，但用坏了的玩具砸弟弟是不可以的。

## 保持积极的状态

无聊会导致孩子们争吵，最终引发愤怒。忙碌的孩子是快乐的。每个孩子都应该经常进行体育活动，可以将一周的大部分时间都进行锻炼。体育活动是平息沮丧情绪的一个重要工具。

由于社区和学校环境的不断变化，孩子们的定期锻炼成了一项难以完成的任务。对于大多数家庭来说，放学后就让孩子们出去玩，直到路灯亮起才回家的日子早已一去不复返。此外，关注预算的学校削减了许多课外体育项目。孩子的看护者真应该确保孩子们进行足够的体育活动。

提示

慢跑或远足可以成为家庭活动，而且是免费的。如果房子里住着愤怒，定期锻炼也可以减少整个家庭的紧张情绪。

## 教会孩子容忍挫折

愤怒的孩子很难处理挫折。即使是小小的挫折也会导致愤怒，有时还会引发攻击。容易受挫的孩子往往会责怪他人，为自己的行为找借口。提高挫折容忍度对儿童一生都有好处。

父母和看护者应尽可能通过培养耐心来帮助孩子提高处理挫折的能力。以下是一些想法：

» 我今天很沮丧，因为我做这个项目时被打断了，但我想过一会我有足够的时间完成。

» 有时候排长队等待会让人很烦。但在这种时候，我喜欢看着别人，想象他们的生活应该是什么样子，并以此自娱自乐。

» 当我开车在路上被加塞时，当然会生气，但会很快冷静下来，可能加塞的车是要送某人去医院，或者有其他重要的原因赶时间。

» 当我无法按照指示把一些东西组装在一起时，我感到不安，想放弃。但我想，如果慢慢来，最终可能会成功。如果最后失败了，我可以寻求帮助。

当您真正感到沮丧时，试着和孩子们谈谈，并讲讲原因。然后告诉孩子您是如何让自己平静下来的。说话要慢，要具体。说完您的情况后，问问孩子是否有过类似的感觉以及发生了什么。

除了做表率，还要让孩子在艰难的任务中摸爬滚打。不要立即提供帮助。给予最少的必要帮助，不要期望完美。孩子们需要学会努力才会有好结果。

最后，还有一条"奶奶法则"：你先做这个，然后你可以做那个。换句话说，先吃晚饭，然后可以吃甜点。或者先打扫房间，然后可以玩游戏。这条规则告诉孩子们，只要完成了不太理想的任务，会得到想要的东西。换句话说，从长远来看，容忍一点挫折往往是有回报的。

## 授人以渔

首先，帮助孩子发现引发他们愤怒的原因。一定要在一个安全私密的环境中进行。以非评判的方式帮助他们找出共同的主题：

» 和谁生气？朋友、家人、老师？

» 发生了什么？有人对你大喊大叫？有人打你？

» 什么时候发生这样的事？每天都会发生？一周一次？早上还是晚上？

» 让他生气的事发生在哪里？在家里？在学校？在操场上？在公共场所？在车里？

» 为什么会这样？如果我告诉你该怎么做，还会发生这种情况吗？是一场与兄弟姐妹或朋友的争吵？是因为有些事情不公平吗？是因为做这件事太难了吗？

接下来就是解决问题了。和孩子一起努力，看看有没有可以减少愤怒的解决方案。明确告诉孩子如何合理表达愤怒，哪些可以做，哪些不可以做。无论在家里还是在教室，都应该始终如一地执行。例如，你可以提高声音，但不能侮辱或骂人；你不能扔东西；你不能毁坏财产；你不能打别人；禁止关门。

给孩子提供更好地表达沮丧和愤怒的选择：

» 数到 20，然后反过来数。

» 慢慢深呼吸，直到平静下来。

» 在小区或房子周围散散步。

» 做 25 个跳跃运动。

» 写下此时的感受。

» 玩会儿游戏。

» 画一张与生气有关的图片。

» 与家长或老师谈谈他们的感受。

» 听听音乐。

» 给朋友发信息聊聊。

» 用语言表达自己的感受。

　　孩子们经常会因为缺乏足够的社交能力而产生愤怒的问题。帮助孩子们学习如何在冷静的状态下进行谈判，教他们如何妥协和换位思考，给他们演示如何在得出结论之前认真审视证据。

## 避开麻烦点

　　在某个特定的时间或地点生气的可能性会增加，不论是成年人还是孩子。当人们生病时，烦躁情绪往往会增加，尽量让生病的孩子远离令人沮丧的情况。新冠疫情暴发后，人们意识到隔离是防止疾病传播的一种方式，隔离有时也会减少愤怒的蔓延。

　　疲惫的孩子容易做出糟糕的决定，也更容易感到沮丧。因此要确保您的孩子有充足的睡眠。您可以问问任一家长，孩子们在熬夜后是什么样的：脾气暴躁！

　　饥饿也会增加发怒的概率。无论是长期饥饿还是错过了某一顿饭，饥饿的孩子往往会情绪急躁。有些孩子在吃太多糖或零食后会变得易怒。如果您正在看护饥饿的孩子，快给他们健康的食物。

过多的刺激也会导致孩子变得过于暴躁。生日聚会、大型家庭聚会和拥挤的地方都是潜在的麻烦点。如果温度很高并且噪声很大，也很危险。

牢记

这些情况并不总能避免。但明智的照顾者能够在愤怒爆发前突袭并防止事态升级。

## 何时该为愤怒的孩子寻求帮助

所有的孩子都会生气。当一个孩子还不会说话，表达愤怒的唯一方式就是哭闹和发脾气。当孩子们学会说话后，能表达更多的情感，发脾气的情况应该会明显减少。到了学龄期，大多数孩子都不再经常发脾气了。

如果孩子继续表现出这些行为，并扰乱了学校的学习或正常的家庭生活，就应考虑进行专业咨询。事实上，破坏性行为和愤怒问题是孩子们看心理医生的最常见原因。

### 评估

对一个有愤怒问题的孩子进行全面评估非常重要。这是因为愤怒可能有很多不同的来源。愤怒可能是未确诊的学习障碍的一种表现，可能来自学校里不为人知的欺凌、虐待或忽视，也可能是尚未确定的身体或精神状况的表现。

全面的评估应该考虑孩子的生长环境，采访孩子的看护者，并从老师那里获得相关信息。孩子还应该看医生，排除生理方面的原因。如果怀疑有学习障碍或其他障碍，也需要正式的心理评估。

警告

　　不要指望把孩子送到心理医生那里就能得到有效治疗。愤怒问题的治疗也需要家人的努力。

### 探索治疗类型

　　破坏性行为是儿童和青少年寻求专业治疗的最常见原因。许多心理障碍都有愤怒的成分。例如，焦虑的孩子在被迫面对增加焦虑的情况时会生气。有注意力或学习问题的孩子在面对有挑战性的学业任务时会生气。

　　经过广泛研究证明，有两种类型的治疗方法对有愤怒问题的儿童行之有效：

» 第一类，**家长管理培训**（parent management training，PMT），教会家长行为矫正的方法，提高家长和孩子的沟通技巧，增加亲子之间的积极互动。

» 第二种方法侧重于儿童，但父母也参与其中。这种方法，即**认知行为疗法**（本书大部分内容的重点），传授特定的解决问题和调节情绪技能，并帮助孩子拓展思维、感觉和行为。

提示

　　如果您带孩子去看心理医生，一定要问他们提供什么形式的治疗，不要害怕询问支持他们治疗的研究证据。

第 14 章 | **平息亲密关系中的怒气**
Subduing Anger in Intimate Relationships

**本章亮点**

» 如何看待爱与愤怒

» 在亲密关系中管理自己的愤怒

» 应对爱人的愤怒

想象自己在一个聚会上。您听到两个声音越来越愤怒。这两个人显然在争论政治。此时您会怎么想？您可能会目瞪口呆，因为人们会愚蠢到在聚会上谈论政治。您感觉怎么样？可能很生气？也许有点不适应这里的气氛？

但如果争论中的一个人是您的配偶或伴侣呢？您爆发了。您觉得非常尴尬，可能会生气，甚至会考虑让您的另一半离开派对。换句话说，当愤怒和爱交织在一起时，愤怒的情绪就会升级。

本章主要讨论亲密关系中的愤怒管理问题。在这里，您会发现如何避免成为愤怒夫妻，如何设定更好的界限，以及如何思考和表达自己，以建立更健康的关系。本章还揭示了在与爱人打交道时，让您处于危险境地的心理陷阱。最后，本章还将告诉您如何避免助长愤怒或因愤怒而受害。

## 爱而愤怒的关系

提到家庭暴力，您会想到什么？大多数人会立刻想到两个人正在进行愤怒、暴力的交流。这两个人可能是两个男人、两个女人、一对夫妻。造成家庭暴力的原因恰恰是他们生活在某种亲密关系中。

这些关系是最难控制愤怒的关系，因为您无法摆脱（至少不容易），而且您对爱人和陌生人的容忍程度不同，换句话说，比起陌生人，您给爱人更多的包容。

例如，如果一个陌生人走过来打您一耳光，您可能会报警。但如果您的女朋友也做了同样的事情，您很可能会放任不管，或者陷入激烈的争论。

## 亲密伴侣暴力

亲密伴侣暴力（intimate partner violence，IPV）包含了现任或前任伴侣实施的各种攻击性行为。IPV 的受害者可以是男性或女性。IPV 行为类型包括：

» **身体暴力**：包括拳打脚踢、掌掴、推搡、向某人投掷物品、刺伤、射击以及任何旨在造成身体伤害的行为。

» **恐吓**：这种形式的虐待与身体虐待和情感虐待之间存在联系和重叠。破坏财物、虐待动物和威胁其他家庭成员等行为都是恐吓的形式。

» **情绪虐待**：包括蔑视、辱骂、威胁、羞辱和指责。心理攻击包括自杀或自残威胁，作为阻止伴侣离开的手段。还包括不合理的、控制性的要求，即与朋友和家人隔离、穿某些衣服或从事不必要的活动。

» **性虐待**：这种类型的 IPV 涉及强迫伴侣进行任何形式的非感官性行为。性虐待的受害者感到内疚、羞耻和恐惧，他们往往会在不存在暴力的情况下"同意"性行为。

» **纠缠**：这类 IPV 包括一系列当事人不希望发生的行为，这些行为可能并不总是坏事，但当这些行为被视为一种模式时，会清楚地传达出一种意图，使当事人对自己的安全造成恐惧。常见的纠缠行为包括反复送卡片或情书、意外出现、发送不需要的信息、送花和礼物，以及未经允许闯入当事人家中。

IPV 会对人们造成什么样影响？根据美国疾病预防控制中心的数据，IPV 的受害者面临各种健康问题的风险，例如：

- » 过量吸烟。

- » 过量饮酒。

- » 药物滥用。

- » 身体健康状况不佳。

- » 不安全的性行为（多个伴侣，不使用安全套）。

- » 陷入恐慌。

- » 饮食失调。

- » 抑郁症。

- » 自杀。

这些都是我们不想看到的。

## 愤怒的伙伴关系

婚姻和忠诚的伙伴关系也许是最亲密的关系。理想情况下，这种关系基于信任、相互尊重、利益互补、共同价值观和持久的爱。然而，许多婚姻和伴侣关系远非理想。一对恋人往往会从幸福开始，最终陷入了愤怒的关系。

牢记

一对夫妻偶尔红红脸吵吵架并不算是"愤怒的关系"。哪对夫妻没有争吵过？在愤怒的伴侣关系中，愤怒既决定了两人关系的情感基调，也决定了夫妻之间互动的主要方式。

信息

法律、道德和情感上对传统婚姻以外的各种关系的接受度飞快增长。因此，承诺关系的术语包括配偶、伴侣和婚姻。配偶和婚姻这两个词通常涵盖法律和 / 或精神实体认可的关系；"伴侣"一词通常指的是一种不太正式但依然忠诚的关系。在本书中，这些术语可以互换使用。

要测试您和另一半是否是愤怒的一对，请问自己以下问题：

> » 您和／或配偶每天至少生气一次吗？

> » 如果给愤怒程度评分，从 1 分（非常轻微）到 10 分（非常强烈），您或伴侣的愤怒程度是不是 7 分或更高？

> » 一旦被激怒，您或配偶的愤怒会持续超过半小时吗？

> » 当您生气时，会和伴侣互相推搡或殴打吗？

> » 您或配偶的愤怒是否让你们感到焦虑或沮丧？

> » 你们在一起后会变得更加愤怒吗？

> » 你们是否会担心对方发脾气？

> » 你们是否经常使用煽动性语言（咒骂）与对方沟通？

> » 你们是否曾鄙视对方？

> » 你们是否开始怀疑对彼此的爱？

> » 你们是否发现自己大部分时间都在用愤怒回应愤怒？

> » 你们觉得婚姻不安全吗？

> » 在发生分歧时，你们总是要说最后一句话吗？

> » 你们是否想过或已经付诸实践去因愤怒而产生的问题而寻求咨询？

有时，即使以上问题中只有一个回答是肯定的，您也应该想到您和伴侣可能陷入了愤怒的关系。如果其中两个或三个以上的答案是"是"，那么问题显而易见。如何改变这种情况？您可以利用本章后面部分以及全书中提供的解决方案。

## 当您对爱人生气时

本书中概述的各种愤怒管理策略都适用于您。亲密关系中愤怒的不同之处在于，您所面对的是亲人、爱人，而不是陌生人或熟人。事实上，您对爱人的愤怒会让您失去更多东西，比工作中的愤怒导致的损失更大。在工作中发怒，可能会被炒鱿鱼，但如果对所爱的人发脾气，您可能会失去生命中最重要的人。

以下几节会让您知道让愤怒继续下去有什么后果，如果您是亲密关系中爱发脾气的一方，下文也会给您一些建议。

## 您可能会成为您害怕和讨厌的人

人们会被亲密关系所改变——有时是好的，有时是坏的。遗憾的是，在一段充满爱但又充满愤怒的关系中，您可能而且经常会表现得像您害怕和讨厌的人一样。可能一开始您并不是一个易怒的人，但随着时间的推移，您会成为一个努力保护自己和公平竞争的人。这种转变不会在一夜之间发生，但确实会发生。举个例子：

> 阿曼达（Amanda）是一位 20 多岁的年轻已婚女性，她发现自己每隔几天就会生一次气。她的丈夫害怕她，她曾不止一次对他发火。阿曼达的家人敦促她寻求心理医生的帮助。最后，她去了。

> 在阿曼达刚开始接受治疗时，心理医生问她父母的情况，"他们是什么样的人？"

> 阿曼达立刻回答道："我妈妈脾气比我还坏。"她说妈妈总是过于挑剔，当阿曼达做事不完美时，妈妈就会非常生气。

> 心理医生说："您的意思是，妈妈对待您，就像您对待您丈夫一样？"

> 阿曼达被心理医生的话惊呆了，这显然是她以前从未想过的。在没有意识到这一点的情况下，阿曼达成为了她最爱

的人，同时也最害怕的人——她的母亲。她把她在一段亲密关系（母女关系）中学到的知识应用到另一段关系（夫妻关系）中。通过观察，心理医生让阿曼达做个选择：重复对亲密伴侣施以暴力，或者做出改变。

## 两个错误永远不会叠加成一个正确

在亲密关系中，一个人爱生气可能是个问题，两个都爱生气必定是个灾难！有些人觉得，用愤怒来回应愤怒，会让他们感觉更好，但他们错了。两个愤怒的人之间的交流是绝对不可能的。

许多男人最终陷入了法律纠纷，因为他们对愤怒的妻子（或前妻）回以愤怒。下面的对话就是关于这的：

客户：我又做错事了。我被捕了，被指控袭击和殴打。真不敢相信！我真愚蠢。

心理医生：为什么会这样？

客户：很奇怪。我和一些朋友正在愉快地吃晚餐，这时和我分居的妻子打来电话，要我马上来接孩子，听起来她很不高兴。

心理医生：您是怎么做的？

客户：尽管朋友们劝我不要离开，但我还是离开了餐厅。我去了商场的停车场，我妻子想在那跟我碰头。

心理医生：商场停车场？为什么去那？

客户：我不知道，但我还是去了。我一到那里，妻子就歇斯底里地对我大喊大叫。我叫她别喊了，但她更激动了。我让孩子们先上车，这时候她冲上来打了我的脸上，我也生气了，把她推开了。然后我上了车，开车离开了。

心理医生：后来发生了什么？

客户：当我回到家，警察在等我。他们接到妻子的投诉，说我刚刚袭击了她。所以他们逮捕了我。

心理医生：那么您从这件事上学到了什么——关于愤怒？

客户：我应该待在餐厅里，和朋友一起吃完晚饭。另外，我应该保持冷静，因为很显然我妻子已经不冷静了。这样就不会有这么多麻烦了。

心理医生：这就对了！

客户对妻子的愤怒感到愤怒。如果身边的人伤害了您，想要报复是很自然的。"你让我不舒服，我就让你难受！"

不幸的是，这种想法将导致以一方或双方被激怒开始，以家庭暴力结束。这种情感互动加速了愤怒的过程，火上浇油。

提示

当有人对您生气时，以同样的方式怼回去是一种反应，而且是一种可预测的、无意识的、冲动的反应，往往会导致负面后果。您肯定更愿意以一种深思熟虑的方式回应爱人的愤怒，而不是冲动地做出反应。

### 适当的底线至关重要

底线是对行为的限制。底线会告诉您是不是越界了，也会告诉您什么时候愤怒超出了界限。暴怒就是愤怒超过了底线，已经无法控制，所有的情感、身体和性的暴力行为都是超过底线的。

提示

下面是一些愤怒越界时您应该做的事：

» 当您的愤怒变得过于强烈时，停止正在做的一切，然后走开。

» 让自己相信身体暴力是不能被接受的。

» 要求别人像您尊重他们一样尊重您。

» 降低音量。如果音量提高，语速加快，您会错过一些必要的信息。

» 如果您太生气了，记得让爱人说最后一句话，这样可以有效地终结你们的愤怒。

» 当您太生气时，不要害怕暂停。

## 当爱人对您生气时

如果您是愤怒的接收者，您能做的最重要的事情就是远离伤害。您要做的不是平息爱人的愤怒，这是对方的工作（前面章节介绍）。

大多数处于爱而愤怒关系的接收者一端的人有四种选择：

» 希望并祈祷愤怒的伴侣会改变。

» 寻求专业帮助，以消除虐待性愤怒造成的一些伤害。

» 尽一切努力进行有效沟通。

» 如果以上都失败了，就彻底终止关系。

警告

尽管以下几节会为您介绍如何应对愤怒的伴侣，但并不是说您应该假设伴侣的愤怒是"可以解决的"或在您的控制之下。了解自己的极限，如果情况没有改善，随时准备离开。您要清楚地认识到，和一个愤怒的人在一起，会付出情感和身体上的代价。

## 消除心理陷阱

如果您处于一段爱而愤怒的关系中，可能会陷入一系列的心理陷阱，这些陷阱与两种同样强烈的情绪有关：爱和愤怒。心中的想法——对爱和愤怒的坚定信念——会让您忘记最重要的事情：一段亲密而安全的关系。

提示

为了应对以下章节中提到的心理陷阱，您需要练习心理学家所说的认知重构（cognitive restructuring）。也就是说，重新思考爱与愤怒之间的关系。首先挑战以下章节中列出的任何一条错误信念。例如，如果理智告诉您，"如果我丈夫足够爱我，他就不会那么生气了"，那么您可以对自己说，"我丈夫肯定有愤怒的问题。他需要帮助。我不可能解决问题，他需要对此负责。无论是什么引起了他的愤怒，都不应该由我来承受。他愤怒的答案就在他内心。爱我不代表一切都会变好。"

### ·陷阱一：相信您可以消除别人的愤怒

一个常见的心理陷阱是：一段恋爱关系会让您爱的人少生气。这太离谱了。您做不到让爱人少生气，重要的是您所爱的人怎么做。例如：

> 几年前，蒂娜（Tina）就陷入了这样的陷阱，她试图用爱和支持来解决爱人间歇性的愤怒症。正如蒂娜所说，"和他在一起就像住在火山顶上，你永远不知道下一次什么时候会喷发。"
>
> 最终，蒂娜的努力换来的只是一次急诊室之旅、一块骨头的骨折、一大堆医疗账单，以及对爱人的限制令。显然，蒂娜的爱人需要控制愤怒。

### ·陷阱二：相信愤怒是短暂的，但爱是永恒的

第二个心理陷阱与这样一种信念有关：愤怒来来去去，但爱是永恒的。这是不可能的。对大部分人来说，愤怒绝不是转瞬即逝的。愤怒是一种慢性病，也是一剂毒药。很多时候，愤怒会在爱消失后持续很久。

### ·陷阱三：相信他人会因为爱您而改变

关于愤怒和爱的另一个神话是，如果愤怒的人足够爱您，他就会改变，这也不是真的。尽管对另一个人的爱可以激励人们努力不生气，但这本身并不能改变他们自己生活中长期存在的复杂情感。

### ·陷阱四：相信您所需要的只是爱

披头士乐队也许会这么说，但您需要的不仅仅是爱。许多人相信，只要两个人相爱，就不需要其他的了。即使在他们被爱人袭击，从急诊室出来后，一些人仍然相信有爱就够了。

警告

除了爱，生活中还有很多事情都很重要。精力、健康、事业、友谊、活动、爱好和邻居都是您的出发点。

### ·陷阱五：相信愤怒是关心的象征

最后一个心理陷阱是，如果爱人生您的气，那意味着她在乎您。父母或配偶有时会对您做出令人发指的行为（包括暴力），同时说："我这样做是为了你好。"

简直是垃圾！愤怒的人只关心自己——他们想要什么，他们期望什么，他们要求什么，他们是怎么想的——而不是您。他们表达愤怒是为了自己的利益：释放压力，缓解紧张，或者抗

议他们认为的不公平待遇。如果他们真的关心您，关心您的福利、您的安全和您的感情，会立即采取必要的行动来克制愤怒。

## 不要助长愤怒

如果您不能解决爱人的愤怒，就不要成为问题的一部分。人际关系是双向的。爱人的愤怒会影响您，而您的行为反过来也会影响对方。您肯定不想做一个愤怒促进者，让对方愤怒到无法挽回的地步。

警告

当有人已经明显处于愤怒状态，指着您说："我警告你，不要再说一句话。"那就听他话，闭上嘴。如果一个失去冷静的人说："别挡我的路！"那就走开，否则您很可能会受伤。对已经生气的人再推上一把是不值得的。

提示

以下是一些可以避免问题增加的方法：

» **不要为别人的愤怒道歉。**这只能帮助他们避免对自己的情绪负责。与其说"对不起，我让你生气了"，不如告诉他，"我可以看出你对某件事很生气。你想谈谈吗？"

» **不要对他人的不良行为保持沉默。**表现出不合理愤怒的人需要别人告诉他该纠正了。当他们的声音太大或行为方式让别人害怕时，他们需要有人告诉他。如果您保持安静，听之任之，对方可能会认为他的行为很好，干得很漂亮。

» **不要将问题最小化。**许多人对强烈愤怒的反应是告诉自己，"好吧，没那么糟，我只是犯了点小错。"

» **过自己的生活。**太多人把爱人的愤怒作为他们生活的中心。当他们试图解决对方的愤怒时，把其他一切都置之度外了。相反，尊重自己的生活。如果您有一起打篮球的朋友，或者可以和朋友们聚在一起谈论最新的畅销书，那么当爱人大发雷霆时，您就会有地方去，有事可做。

» **不要帮助对方挽回面子。**过度愤怒的人需要直接面对自己的问题。不要为别人的愤怒找借口。

» **假装爱人是陌生人。**问问自己是否允许陌生人会像您愤怒的爱人那样对待您。大多数有愤怒伴侣的人永远不会容忍陌生人做出同样的行为。

## 拒绝成为愤怒的受害者

当面对爱人的愤怒时，对方的愤怒显然是主要问题。但愤怒并不是觉得自己是一个无助的受害者的理由。要防止这种情况发生，可以尝试以下操作：

» **寻求帮助。**朋友和家人是很好的资源。但是，当与愤怒的爱人打交道时，这些亲密的人往往无法站在客观的视角看问题。所以，您可以从治疗师、咨询师或心理医生那里获得客观的帮助。

» **对未来抱有希望。**当面对愤怒的爱人时，很容易陷入绝望的陷阱。为了保持希望，试着和一个支持您的朋友待在一起，他（她）会提醒您，您不是一个一无是处的人。

» **做一些事情，什么都可以，只要能让您不会感到无助。**例如，如果您害怕暴力加身，就制定一个逃跑计划。在事态升级之前知道自己可以去哪里。

» **使用您可支配的支持资源来确保自己的安全。**如果需要一个"安全屋"，现在不是害羞的时候。打电话给朋友，请求庇护。如有必要，请报警并寻求保护。您也可以与咨询师在线聊天。

» **要有主见。**找到您的声音，为自己发声。提醒自己，"我有权受到尊重和保护"！您不需要成为别人的语言攻击对象或人肉沙包！对愤怒的爱人说"你再这样我受不了！"和"我再也不能忍受这种行为了。"效果是不一样的。这与能力无关，不会表示您有意志力。

» **对自己诚实一点，承认自己遇到问题了。**如果您否认处于爱而愤怒的关系中，您就卡住了。在解决问题之前，必须承认问题的存在。这本书是关于如何解决与愤怒（您和其他人）相关的问题，但在您面对真相之前，无法取得任何进展。

第15章 | **屏幕和方向盘背后的愤怒**
Rage Behind the Machine

**本章亮点**

» 在愤怒中相互帮助

» 避免特权思想

» 在自己的车道上安全行驶

作为一个在医疗机构工作的人，我经常需要佩戴外科口罩。当患者有传染病或免疫系统受损时，也需要戴口罩。我发现，在医院为患者做心理疏导时，口罩会让人与人的交流变得困难。戴上口罩让患者觉得我很陌生，也不那么有亲和力。此外，戴口罩也让我很难看清患者的面部表情，这也让他们觉得与我更加疏远。但过了一段时间，我就习惯了。这让我有些不愉快，但肯定不至于生气。

我从未想过戴口罩是一个特别有争议的要求。这是在某些情况下最好的医疗方案。在最近的疫情期间，当简单的外科口罩成为关于真相、正义、自由和政党的代言人时，一切都发生了变化。在口罩问题上，要求戴口罩和被要求戴口罩的人都对对方表示不满。这到底是怎么发生的呢？为什么会这样？

在本章，您将看到愤怒和匿名之间的联系。一块无害的布（或纸）是如何成为全球性争论的？又是如何撕裂了家庭和朋友的？社交媒体涉及病毒性内容应该负很大责任。接下来我们还会讨论如何平息信息高速路上的愤怒，也就是我们过去所说的互联网。

此外，在高速公路上也有暴力事件暴发。在车轮背后，愤怒和复仇造成了很多悲剧。大约三分之一的交通事故涉及道路暴怒，往往会使无辜的人受到伤害。本章还将讲述关于驯服路怒症的方法，让您享受平静的驾乘体验。

## 网络愤怒和道路愤怒的共同特性

想象一下如果您把自己完全伪装起来会是怎样的情景。朋友、家人、同事、邻居或同胞都不知道您是谁，也不知道您住在哪里。任何人都不可能发现您的身份。在这种情况下，您有什么想诚实表达的吗？例如，我可能会想问我的邻居，作为一个单身男子，你为什么需要一辆从来不使用的拖车，一辆从来不开的丑陋的绿色大卡车，两辆破旧的汽车和一辆摩托车？您呢？您可能想问：

» **您的孩子**：为什么他们不能把脏杯子放在水槽里？哪怕一次也行啊！
» **您的家人**：当我们需要控制碳水化合物的摄入时，为什么每个生日派对还用薯条、披萨、蛋糕和冰淇淋庆祝？
» **您的老板**：我手头的工作还没忙完，为什么他非要开会？
» **朋友**：为什么他们不能停止一遍又一遍地讲那些无聊的故事？
» **您的同胞**：为什么他们不能停止抱怨自己的国家出了什么问题，而不是积极地采取行动？

　　如果您是完全伪装的，真的，有那么一两天完全诚实地生活不是很有趣吗？这只是天真的想法。这样的您是不会很受欢迎的。

　　那么这与网络和道路愤怒有什么关系呢？坐在舒适的汽车里或躲在屏幕背后会有同样的伪装或匿名的状态，这会让您恣意表达自己的想法，即使不友善。

## 屏幕或方向盘后面的勇士

　　相信自己不会被人看见似乎是一张愤怒许可证。您可以很容易地、在几乎没有风险的情况下咒骂另一辆车上的司机，反正他也听不到您说什么。或者您给博主留下侮辱性的评论，反正他也不知道您是谁的。您可以散布谣言，撒谎，向交通灯变绿后启动速度太慢的司机鸣笛，不用付出任何代价。

对人群进行的有趣研究证明，匿名要对网上和路上的不良行为负有部分责任。几十年来，社会科学家一直在研究人群行为。例如，旁观者效应（bystander effect），当一大群人目睹犯罪或其他危险情况时，与一个人或几个人目睹同一事件时相比，旁观者越多，越不太可能有人站出来干预和帮助。

信息

旁观者效应已在许多研究中得到复制。然而，不同的研究表明，这其中可能有多种因素在起作用。例如，如果某人在应急响应方面受过良好训练（例如消防员或护士），那么即使在人群中，这个人也会觉得有必要提供帮助。同样，面对负面事件，有强烈同情心或同理心的人也更有可能进行干预。

当处于一大群人中，人们会觉得自己是隐形的、去个性化的，并且失去了他们的身份感。换句话说，他们隐匿起来了。自我控制力下降后，人们很容易受到人群心态的影响。这些感觉可能会增加发生危险、出现反社会行为的风险。想想暴徒的行为。

另一方面，研究表明，如果群体的总体意图是良性或亲社会的，群体的隐匿性可以导致适当的行为。无论好坏，成为人群的一部分都会增加群体对个人的影响。

在这两种情况下，无论是在"铁房子"里的方向盘后面，还是在沙发上的屏幕后面，您都会感到相对隐匿。如果您在拥挤的车道上开车，周围是一群超速驾驶的司机，这种激进的气氛可能会让您不自觉地加速、来回变道。如果您在一个聊天群里，到处都是讽刺、侮辱和威胁，那么这种倾向会加剧您的攻击性。

## 来自互联网的压力

网络霸凌是指利用信息和通信技术故意伤害或恐吓他人，包括发布羞辱性图片、威胁、取笑某人的长相、骚扰、散布虚假谣言、冒充某人、网络跟踪或只是说一些刻薄的话。这些活动通常发生在社交媒体、网络游戏、聊天室、留言板或短信息上。

与其他形式的网络愤怒一样，网络霸凌者利用隐匿性给受害者带来痛苦。青少年自杀往往与网络霸凌有关。受害者表现出高强度的压力、抑郁、焦虑、生理紊乱和自杀念头。青少年受害者经常会有学业上的烦恼，睡眠困难，并可能进行激烈的活动来改变自己。网络霸凌者出现药物滥用、违法行为和攻击行为的概率更高。

社交媒体和互联网改变了世界。我们能够与远方的家人和朋友交流，分享我们的生活照片。网络还激发了各种运动，帮助世界各地数百万人接受教育，并带来了许多欢乐。然而，并不是所有的影响都是积极的。

### 病毒情绪和回声室

在线共享和发布信息是一种风靡全球的娱乐活动。是什么让一些内容可以在社交媒体上迅速传播？答案很复杂，取决于许多因素。然而，简单地说，情绪激发了信息病毒般的传播。强烈情绪反应会增加信息被分享的可能性。

高度积极、令人敬畏的信息（想想治愈枪支暴力的灵丹妙药）和高度负面的反应或信息（目睹极端暴力或残忍行为）都会导致分享量大幅增加。情绪越强烈，内容传播得越快。

一项大型研究追踪了数百万条网络信息，并寻找其中嵌入的情绪。研究发现，快乐比悲伤更快地催生了分享，但愤怒是所有情绪中传播最快的。愤怒的网站如此受欢迎也就不足为奇了。

咆哮网站（Rant-sites）是一些专门让人们发泄愤怒的网站，它们的用户往往是匿名的。您可以随心所欲地咆哮。其中一些网站会有一系列主题，如戴口罩、家庭、政治、宗教、人际关系等。另一些网站表示，咆哮对心理健康有好处。

警告

这些网站是基于一个过时的概念——宣泄。他们认为通过宣泄，让愤怒以某种方式释放，人们就会感到平静，这是不真实的。大多数情况下，捶打枕头或在网上发泄可能会有短暂的缓解。然而，从长远来看，反复宣泄的人实际上会经历更多的愤怒。针对咆哮网站的研究发现，与不在咆哮网站上阅读或留言的人相比，经常使用咆哮网站的人往往有更严重的愤怒问题，更有可能对他人进行身体和言语攻击。

回声室从字面上看是声音在其中回响的空间。社交媒体也属于一个空间，在这个空间，观点相似的人可以相互强化自己的想法。信仰和观点得到确认，而不是争论。这样的一群人在一起，往往会增加愤怒和恐惧，传播网络阴谋，引发各种抗议，并进一步与持不同意见的人分裂。

回声室是由追踪搜索、点赞和互联网使用情况的互联网算法组成的。与病毒情绪类似，情绪化的信息会增强回声室的反应。换句话说，愤怒等极端情绪可能会让人群两极分化，从而加剧社会紧张局势。

信息

一项关于网络回声室的有趣研究发现，愤怒的人更有可能在网上与志同道合或意见相左的人进行恶毒的辩论。他们更有可能只接受证实他们先前的信息，而忽略相互矛盾的信息。

## 社交媒体与抑郁症

相关性是指变量之间的关系。例如，随着青少年上网时间的增加，抑郁症发病率也在上升。随着纽约市谋杀率的上升，冰淇淋的销售量也在上升。那么，人们在杀人后会买冰淇淋吗？还是冰淇淋会引起杀气？两个变量相关并不意味着其中一个导致另一个，原因可能是其他事情。例如，气温升高会导致吃更多的冰淇淋和暴力事件的增加。因此，我们还不能确定抑郁症发病率的上升是由于社交媒体的使用。这需要更多的研究，目前正在进行。

20 世纪中叶，医生注意到绝大多数癌症患者都是烟民时，他们开始问责。在问责一开始，烟草生产商就辩称，没有证据表明吸烟会导致癌症。从那时起，科学家进行了大量研究，最终得出结论，吸烟确实会增加癌症风险。现在，这两者间的关系已经建立，人们普遍接受吸烟会导致癌症。

最近，心理学家注意到，他们的抑郁症患者，尤其是青少年，似乎是社交媒体的重度依赖者。事实上，到目前为止，已经进行的很多研究表明儿童和青少年在电子设备上花费的时间越多，就越容易患上抑郁症。这项研究并没有证明社交媒体的使用会导致抑郁症，这是世界上一些碰巧拥有社交媒体公司的最富有的人的论点。只是说说而已。

## 防范网络霸凌

防范网络霸凌、骚扰或网络犯罪的最重要方法是避免在互联网上发布个人信息。请记住，您发的帖子永远存在，一旦发了就无法把它删除。

在您使用的所有网站上使用隐私设置。调整您的设置，只让值得信任的朋友看到内容。不定时地检查您的隐私设置，因为隐私设置可能会被更改。

永远不要在网上公布您的电话号码、地址、账号或社保号码。注意智能手机上的位置共享，因为您可能不想让别人知道您在哪里。始终将密码保密。

如果您不幸成为网络霸凌的受害者，不要回应。回应只会增加互动。阻止霸凌者进入您的手机、电子邮件和社交媒体账户。保留证据，向社交媒体网站举报霸凌者。

警告

如果霸凌行为变得极端，那可能是违法的。出现威胁、淫秽电话、儿童色情、跟踪和剥削等现象，应立即报警。

提示

防止网上愤怒的最好方法是关闭您的电子设备，寻找其他更积极、更亲社会的事情做。做志愿者，读一本书，与朋友一起参观，等等。您可以考虑放弃社交媒体，除了与亲密的家人和朋友分享照片和信息。您应该在互联网上寻找精神食粮，而不是反叛。

## 在路怒症中翻滚

您坐在铁房子里，手握方向盘，音乐响起，很惬意。这时一辆红色大卡车离您越来越近。您故意放慢速度，因为对方跟得太紧让您很恼火。卡车越来越近，然后突然变道到隔壁车道，超过您绝尘而去，留下带着怒气的喇叭声。您感到一阵愤怒，开始加速，试图赶上卡车。但请赶快冷静下来，路怒症的结局并不好。

就在我写这一章的前一周，一名 6 岁的男孩在高速公路上被枪杀，当时他正坐在他的儿童座椅上，那是他上幼儿园的第一天。我猜凶手扣动扳机时并没有看到这个 6 岁孩子的脸。行凶者很可能觉得没人知道他是谁。多么可怕而懦弱的行为！

一些统计数字令人恐惧。在美国，过去的十年里，每年都有大约 30 人在道路暴怒事件中被杀害。道路暴怒导致了约三分之一的车祸，超速驾驶导致了三分之二以上的致命事故。

警告

在与危险驾驶或有攻击性驾驶行为的人交战之前要三思。大约三分之一的道路暴怒事件涉及枪支。您肯定不想因为有人超您的车就被杀死。

## 从另一个司机的视角看问题

当一位老人在路上以低于限速的速度行驶时，您会是那个咆哮着经过的人吗？您挥舞着拳头，尖叫着想让全世界都听到，"根本不应该让这样的老家伙开车！""让开，这个老傻瓜！"

好吧，想一想，如果有一天，很幸运您没有被路怒症杀死，您就会成为那个老家伙。没错，那将是您，佝偻着坐在驾驶位上，白发遮挡了您的眼睛，几乎看不清方向盘。您只是直视前方，不关注旁边，在 55 英里 / 小时的车道内以 35 英里的时速行驶。试着把自己想象成另一个司机。设身处地为他着想。然后问自己，"我希望其他司机怎么对待我？"

提示

当遇到缓慢驾驶的司机时，以下是一些释放愤怒的思考方式：

» "哇，这个年纪还能开车真不错。"

» "当我这么大年纪的时候，希望我还能那么独立，自己能够四处走动。"

> » "也许这就是优雅变老的秘诀：慢慢驾驶。"

> » "我敢打赌，他现在感觉比我轻松多了。"

> » "他看起来并不生气，我应该学着点儿。"

## 驾驶的时候忘掉"我"

开车是为了赶路，对吧？这不是一个人的事？当然，路怒症患者会不同意这种说法。他们总是说："别挡我的路，该死！""你把我堵住了，我会迟到的。""我讨厌你这样的司机。""你不会超过我的——不可能。"

驾驶时要更多地考虑其他人：

> » "我应该靠边让他过去。他肯定比我更着急。"

> » "从她的驾驶方式来看，她今天一定很开心。"

> » "哇，真是个爱生气的家伙。我不能跟他一样。"

> » "以前我就像她那样开车，还好我现在改了。"

> » "他们也有重要的地方要去。"

谦逊驾驶。做一个普通人，不要认为自己是一个有权在高速公路上受到特殊照顾的人。避免刻板印象：女司机、老司机、十几岁的司机、美国佬司机、乡下司机、卡车司机，等等。不要把自己与其他人区分开来。做一个普通人，放松一下。

## 往好的方面看

每个问题都有解决的一线希望。如果在车道上，有人在您前面慢慢开，您会感觉没那么赶时间，这很不错。如果您经常超速行驶，突然发现自己被一个速度较慢的司机挡在后面，没有机会超车，也许他在帮您避免一张超速罚单，这也很好。

　　如果您看到另一个司机在做傻事，那您就会成为一个更聪明的司机，对吧？这很不错。如果您花的时间比计划的要长，那么在路上会有更多的时间放松，享受自己的私人空间，这也很好。您可以在几乎所有情况下使用这种逻辑。

提示

　　下次当您觉得自己处于愤怒的边缘时，问问自己："生气能带来什么好处？"当您找到答案时，就可以放松了。

## 他们不是敌人

　　愤怒是人们应该为真正的敌人保留的一种情绪。敌人是那些有意伤害您的人。"那个傻瓜刚才想打我！"所以您用愤怒来保护自己。

　　作为司机您要明白一件事，其他司机不是敌人。他们甚至不认识您。他们是陌生人。事实是，他们根本没有考虑您，他们在考虑自己。这里没有大阴谋。诚然，他们有时可能令人讨厌。

　　有一种检验方法：您正沿着一段高速公路行驶，周围没有车。忽然您看到前面有一辆卡车停在路边。就在您开到卡车旁边时，司机突然毫无征兆地从您的车前面插进来。您不得不立刻踩下刹车，转向左侧车道。

　　这样做会危及您和他自己，为什么他不等您开过去再发动车子呢？他是故意的吗？他是不是在等待合适的时机在您面前突然出现，希望吓到您，让您崩溃？如果您这么想，肯定会经历路怒。

　　也许他对安全驾驶一无所知，或者他只是被什么事情分散了注意力，犯了一个愚蠢的错误。您能诚实地说您从来没有做过同样的事情吗？可能不止一次或两次呢。如果您这样看待这种情况，就不太可能感到愤怒。

牢记

以何种情绪去应对事件总是由您自己选择的，花点时间想想其他司机，他真的没有针对您。

# 第 5 部分

# 处理过去的愤怒

**在这一部分中，您将：**

☑ 放下过去的愤怒，续写新的故事

☑ 认识到宽恕的价值

☑ 寻找愤怒复发的报警信号

☑ 冷静下来，继续前进

第 16 章 | **让往事随风**
Letting Go of Past Anger

**本章亮点**

» 容忍未解决的愤怒

» 看看创伤后的愤怒

» 重写愤怒

愤怒是一种情绪，情绪都会很短暂。兴奋、恐惧、悲伤、惊讶和愤怒这些情绪来来往往，贯穿您的每一天。但是，对一些人来说，愤怒会持续存在，这种持续会造成伤害，就像下面例子中那样：

> 玛丽莲（Marilyn）是一位 55 岁的已婚女性，现在的她仍然对 15 年前在工作中遭受的虐待感到愤怒。15 年前，玛丽莲在工作中受了伤，因此，她不仅要换工作，还要忍受下背部持续的疼痛。玛丽莲觉得她的雇主毫无同情心，这只会让她更有理由生气。
>
> 经过几年的忍耐，同事开始因为玛丽莲的愤怒情绪而抱怨。最终，她被解雇了。多年来怨恨几乎毁了她的健康，也对她的婚姻造成了影响。她不仅仅是一个永久性工伤的受害者，也是自己持续愤怒的受害者。

本章我们将讨论像玛丽莲这样的人持续愤怒的一些原因。他们带着过去没有化解掉的怒气，不知道如何度过。本章将提供消除愤怒的解决方案。

## 在生活中放下坚持

也许您是那种持续愤怒直到能解决最初导致愤怒问题的人。如果您正在处理一个可以解决的问题，这是一个很好的方法。但是，如果问题根本无法解决，或者至少无法完全解决，该怎么办？持续生气又有什么用呢？

在生活中会遇到很多问题和冲突，尽管您尽了最大的努力，但永远不会有一个令人满意的结果。这些情况您不得不面对——没有解决办法。比如：

» 儿童虐待。

» 在酗酒的家庭中长大。

» 性侵犯。

» 出生缺陷。

» 成为严重犯罪的受害者。

» 失去亲人（死亡、离婚或遗弃）。

» 慢性病。

» 自然灾害（如洪水、飓风或龙卷风）。

» 战争或恐怖主义。

» 毁容。

» 爱人的严重伤害。

» 事故。

» 严重、急性疾病或伤害。

» 残疾。

» 不可挽回的收入损失。

» 家里有瘾君子。

提示

下次您生气时，问问自己这些问题：

» 我的愤怒能纠正这种情况吗？

» 我的愤怒能挽回所做的一切吗？

» 这是覆水难收的情况吗？

如果愤怒不能纠正这种情况，如果它不能撤销所做的事情，如果它无法改写历史，那么是时候放手了。

### 识别创伤后应激障碍中的愤怒

几乎每个经历过或目睹过极端创伤事件的人在事件发生时都会感受到强烈的情绪，如恐惧、紧张、愤怒或焦虑。有证据表明，这些人中有相当一部分会出现一种被称为创伤后应激障碍（post-traumatic stress disorder，PTSD）的情绪问题。许多人可以在事件发生后一年左右的时间内自行改善。同样，随着时间的推移，也有许多人几乎没有或根本没有改善。

创伤后应激障碍是指经历了一次创伤性事件后，出现了一组持久的症状，症状如下：

» **侵入性的想法或图像**，如闪回、噩梦和想起事件时的痛苦。
» **回避令其想起创伤事件的人、地方或事情**，也包括借助毒品或酒精来逃避对事件的思考。
» **令人沮丧的情绪和思想变化**，例如与他人分离的感觉，无法体验快乐，对事物缺乏兴趣，将事件责任归咎于自己或他人，夸大世界上存在的危险，过分沉溺于恐惧、羞耻、内疚和愤怒，以及回忆关于实际事件的细节问题。
» **对世界的反应发生变化**，如易怒、攻击性增加、自我毁灭行为增加、容易受到惊吓和恐惧、过度关注想象中的危险、睡眠问题和难以集中注意力。

警告

不要用前面列出的症状来给自己或他人下诊断。如果您觉得自己可能患有创伤后应激障碍，请寻求专业人士来诊断和治疗。

### 急救人员和 PTSD

警察、护工、护士、消防员和急诊室医护人员反复遭遇高度创伤事件。所有这些人在遭受创伤后都会经历悲伤、焦虑和压力。并非所有急救人员都会患上创伤后应激障碍，但风险确实会增加。有时，他们成功了——在没有发展成临床诊断的创伤后应激障碍的情况下，处理了数百例创伤病例。

但是，对于一个多年来成功治疗创伤的人来说，偶尔会有一个异常令人不安的事件引发全面的创伤后应激障碍，尤其是当该事件对急救人员有特殊意义时。例如一名儿童的死亡、一名同事的重伤或死亡，或目睹一场压倒性的恐怖事件，如波士顿马拉松爆炸案、"9·11"事件，或目睹人们在疫情期间孤独终老。如果急救人员在此类事件发生后出现持续一个月以上的创伤后应激障碍症状，或者症状干扰了他们的生活，则应寻求专业帮助。

创伤后应激障碍在当今世界越来越令人担忧，这个世界充斥着战争和恐怖主义，媒体对各种恐怖事件不断报道更是加重了人们的担忧。患有新冠肺炎并在重症监护室（ICU）接受治疗的人也会出现创伤后应激障碍症状。愤怒经常给创伤后应激障碍患者带来人际交流问题，并使治疗变得更加困难，甚至无效。因此，对于许多伴有愤怒的创伤后应激障碍患者来说，愤怒管理训练是一种非常有效的治疗方法。

提示　如果您患有创伤后应激障碍，一些认知行为疗法可能有效。请找一位在这些方法方面具有专业知识的治疗师来帮助您。

创伤后应激障碍经常伴随的愤怒是来自过去的愤怒，没有明确的解决途径。

## 接受愤怒，而不是压抑

有没有努力不去想一件事？也许您听说过这样一种练习，如果让您在五分钟内不去想一头粉红色的大象，会发生什么。越是抗拒这种想法，它就越顽固：粉红大象，粉红大象，粉红大象！换句话说，压制想法往往会适得其反。

愤怒等情绪也是如此。您越是告诉自己"我没有生气，我没有受伤，这并没困扰我"，生气的时间就越长。过了一段时间，这种感觉会开始恶化。举个例子：

杰森（Jason）成年后的大部分时间都被反复发作的偏头痛困扰，直到他妻子在 60 岁时去世为止。妻子走后不久，杰森的头痛就完全好了。原因是杰森不再需要抗拒表达他对妻子的愤怒，他觉得这个女人"对几乎所有事情都很生气，并把怒气发泄在我身上"。妻子会对杰森破口大骂，五分钟后，她就好了。但杰森却无法马上释怀。坏情绪会持续好几天，有时甚至几个星期，他用沉默和头痛来表达自己的愤怒。"当她冲我大喊大叫，我不能听之任之。持续愤怒就是我在告诉她，'你也逃脱不了惩罚！'"

但是，杰森抓住自己的愤怒不放，到底是谁在伤害他呢？当然是他自己。

现在是不是到了停止反复经历和表达愤怒的时候了？如果答案是肯定的，请按照以下五个步骤做：

**1. 找出愤怒的根源。**

是什么人什么事引起了您的愤怒？这是多久以前的事了？

**2. 承认愤怒情绪。**

大声说："我生气是因为……"然后评价一下您有多生气。用 1 分（轻度）到 10 分（极端）来评定情绪强度。1 到 3 分表明您有点不高兴，4 到 6 分表明您生气了，7 到 10 分表明您处于愤怒状态。

**3. 将愤怒合法化。**

提醒自己：我有权愤怒，就像有权感受快乐或兴奋一样。真的不需要为自己的愤怒辩解。

**4. 如果表达愤怒能有一个好结果，就允许自己表达。**

愤怒总是受到不好的评价，因为人们经常把它与暴力、粗鲁和无礼联系在一起。但您也可以用很多健康、自信、建设性的方式表达愤怒（如果您想要一些例子，请阅读第 8 章）。有时，直接言语表达愤怒无济于事。在这种情况下，本章后面的"用您的方式讲述自己的故事"一节将为您讲解以书面形式表达愤怒的方法。

**5. 列出三种或更多的方式，让生活因放下愤怒而变得更好。**

对一些人来说，放下愤怒可以让他们享受更好的人际关系。对另一些人来说，变得平静会减少焦虑、压力和痛苦。还有一些人发现放下愤怒后自己的工作效率会更高。最后，摒弃愤怒可以为快乐等情绪留出更多空间。

## 友善并不意味着无能

如果您被过去的愤怒所困扰，可能会担心放下愤怒会让您看起来软弱无力。例如，有些人认为善良与软弱相伴。您一定听过这样一句话："好人没好报。"

词典中将好人定义为令人愉快、随和、礼貌、体贴和讨人喜欢的人，并没有说好人是他人不良行为的受害者。做好人绝对不意味着您不为自己辩护，也并没有说好人不配得到别人尊重、安全和公平的对待。

如果把友善与无能联系在一起，就会储存愤怒的情绪，得不到解脱。为了让人觉得自己非常好，即便您真的很生气时，也强忍着说"很好"，就会像下面例子中的马克（Mark）那样。这些星星怒火挥之不去，慢慢累积终成燎原之势。

坦白地说，马克是城里最好的人之一。他 60 多岁，在古老的南方传统中长大，那里的绅士从不在公共场合发脾气。白天，马克是一个善良、讨人喜欢、迷人、随和的男人。无论受到多么恶劣的对待，他都会简单地回答："没关系，别担心。"

但到了晚上，马克会大发雷霆。在安静地睡觉时，他会猛烈地磨牙（他甚至梦到了白天所有冤枉他的人）。有一次，他醒来时竟然发现床单上沾满了血，三颗牙齿被咬碎了。他的看牙费用节节攀升。尽管马克外表平静，举止亲切，但他却是一颗愤怒的定时炸弹。

心理治疗改变了这一切。马克发现，他可以继续表现得很好，而不会让人觉得无能。有一次，他和一位朋友相约几周后一块吃午餐，到了约定的日子朋友却没有按时到达。马克没有像以前一样耐着性子等待 1 小时，反复思考自己有多生气，而是等了 15 分钟就离开回家了。到家后，他打电话给朋友，问是不是发生了什么事。他的朋友解释说他只是忘记了。马克说："好吧，我有点担心你，坦率地说，我还很生气。也许下次您可以把我们的午餐列入日程，好吗？”

结果就是，他晚上不会再磨牙了，这让他的牙医非常懊恼，有一天他说：“我不知道您的生活发生了什么变化，但已经一年多没有牙齿问题了。如果再这样下去，我会破产的！”

牢记

如果您抓住过去的愤怒不放，它就会变成昨天、今天和明天的愤怒。

## 用您的方式讲述自己的故事

怎样释放过去无法解决的愤怒？最有力的方法之一就是写作。在日记中持续地写下困难的情绪可以帮助人们应对困难并继续他们的生活。写日记，在这里指的是关于愤怒和其他不愉快情绪的日记，就是讲一个故事——一个您自己的故事。如何构建这个故事决定了这个练习是否会对您有帮助。后面我会说说写日记的原则。

提示

坚持每天写愤怒日记，至少几周。只要觉得有用，就继续做下去。在余生中可以间断地使用这种方法。

### 做自己的观众

在表达一天的情绪时，您既是演讲者，也是观众。实际上，您正在进行一场只针对您自己的个人独白，不会与任何人分享想法和感受。练习完成，剧情落幕。所以，您在日记中写的东西不需要给别人留下深刻印象，不需要教育别人，也不需要让别人感觉更好。

牢记

您的愤怒日记是您和自己之间的对话，而不是和别人之间的对话。

## 使用第一人称

用第一人称"我"写作可能是写愤怒日记最困难的地方。大多数人都习惯于用他人的行为来定义和解释自己的情感体验，以至于他们会用第三人称来感受。想想您和您认识的其他人是如何谈论愤怒的：

> "我妈妈让我很生气。"
>
> "我老板让我很生气！"
>
> "如果他们不惹我，我就不会这么生气。"

警告

如果您这样思考自己的情绪，并在日记中这样写，收集到的一切都是关于别人的，而不是关于自己的。用第一人称写作会让您对自己的情绪负责：

> "我对我妈妈很生气。"
>
> "我对老板很生气。"
>
> "当他们惹我的时候，我很生气。"

如果用第三人称写下情绪，您会觉得自己更像是一个受害者——一个他人行为的受害者。受害者在写完后会感到更多的愤怒，而不是更少。这与我们进行这项练习的初衷完全相反。

## 不要担心用词不当

写愤怒日记不需要辞藻华丽，尽善尽美。最重要的是把您的真实感受用语言表达出来。写作能让您立即从控制情绪所需的身体紧张中解脱出来，也能让您更了解自己的情感。

语法、拼写和标点符号在这里都无所谓，我的建议是：

» 自发地写。

» 随意地写。

» 连续地写。

» 不带目的地写。

» 用心写，而不是用脑子。

» 用激情写作，而不是用观点写作（观点稍后会出现）。

» 除了自己，不为任何人写作。

» 写得好像这是您在地球上的最后一次发言。

» 只为取乐而写！

» 先写，稍后再读。

## 关注负面因素

储存喜悦和满足感不会让您生病，而储存愤怒和悲伤等情绪会让您病得不轻。因此，愤怒日记的重点必须放在愤怒和其他负面情绪上。您想做的是重新审视和处理那些随着时间的推移会毒害您生活的想法和感受，怀揣负面情绪最终会导致怨恨。愤怒日记的目的是避免这样的事发生。

牢记

您可能会把感受（情绪）与想法和行动混合在一起，这样，如果被问及您的感受，您会回答，"我觉得他很愚蠢！"或"我发觉她忘记了我们的午餐会后，才起身离开。"情绪只是表达您有多高兴、生气、悲伤或愉悦，而不是您为什么会有这种感觉，或者您将如何处理这些感受。

当谈到情感术语时，您可能不太流利。事实上，即使您在语文考试中取得了优异成绩，情感词汇也可能仅限于一些常用的术语，如沮丧、烦恼和紧张。下面是常见的愤怒情绪的词语列表。如果您无法用语言来描述您的感受，可以从这个列表中选择一些。更多关于感情的内容，请阅读第 5 章。

» 烦恼

» 失望

» 反感

» 不高兴

» 不满意

» 愤怒

» 大为光火

» 七窍生烟

» 恼怒

» 愤愤不平

» 盛怒

» 生气

» 疯狂

» 义愤填膺

» 不爽

## 建立因果关系

在进行这个练习时，试着找出导致您产生消极情绪的原因。换句话说，当您写日记的时候，需要问问自己为什么会感到愤怒或悲伤。通过写日记来简单地承认不愉快的情绪可以帮助您改变这些感觉，以及随之而来的身心紧张。

然而，仅仅表达想法和感受并不能洞察和理解为什么愤怒在情感生活中扮演如此重要的角色。如何更好地控制自己的愤怒，取决于如何让这些感觉和想法有意义。

以下是 32 岁的单身父亲卡尔（Carl）写的愤怒日记的节选，他想知道为什么自己一直很生气：

> 我真的很生气，<u>因为</u>跟孩子们说不要在房子里跑，他们却一直不停。
>
> <u>为什么</u>总是等到我发脾气了，周围的人才能<u>明白</u>我的意愿？
>
> 如果再有一个人告诉我<u>没有理由</u>这么难过，我会发疯的。我有很多理由！
>
> 跟孩子们生气并不能<u>得到我真正想要的东西</u>。
>
> <u>我真正想要的</u>是让孩子们照我说的去做，但我不知道如何做到这一点。
>
> 我知道我<u>需要帮助</u>，但不知道该去哪求助。
>
> 也许我可以<u>问</u>孩子的儿科医生，他是否知道些好的育儿方法。

标注下划线的词句帮助卡尔进行一些急需的自我反思，最终会让他得到自我纠正。在这种情况下，卡尔向自己坦白，如果没有外界的帮助支持，他无法应对生活中的挑战。然后，他找到了一个资源（儿科医生）来尝试。

如果卡尔得到了这个信息并采取行动，他的压力就会小得多，也就没有那么多理由一直处于愤怒的边缘。然而，如果他意识不到日记的意义，他的情感生活将保持不变。

## 写到时间到了为止

给自己足够的时间以有意义的方式进行写作练习。15~20分钟就足够了。定个闹钟，直到铃声响起才停笔。

牢记

语法和句子结构并不重要，重要的是要一直写到时间到了。

如果在闹钟响起前没有什么东西可写了（这种现象不太可能在刚开始写作的时候出现！），那就返回去读一读已经写过的东西，看看哪些可以扩展。只要有一点可以扩展，您就会很快回到那些等待机会表达的情绪中。

## 不要让情绪挡道

完成了一天的愤怒日记，您很可能会感到宽慰、满足，而且紧张程度大大降低。这就是练习的目标。但有时，往往是刚开始写日记时，您也可能会经历负面情绪，如悲伤、愤怒、担忧和紧张。

这些感觉可能会相当强烈，甚至此刻会让您觉得难以承受。请记住，这些感觉是自然的。毕竟，您面对的是一整天（可能是更长时间）都隐藏的不舒服情绪，这些情绪往往会随着时间和练习而消退。

如果您在写日记时感到不安，不要让这种感觉阻碍您完成工作。可以一边写作一边掉眼泪，对吧？

警告

如果在写日记后遇到的负面情绪太强烈，无法处理，或者这种情绪持续存在，干扰了日常生活，可以考虑停止写作，与治疗师谈谈。治疗师可以提供安全、系统化和支持性的环境，您可以在其中讨论自己的困难情绪。如果您需要和某人说说话，这没什么。每个人都不时需要一些外部帮助。

## 暂停评判

人类是有判断力的生物。每天都会对这样或那样的事情做出判断：今天该穿什么？早餐该吃什么？该走哪条路去上班？该在哪里吃午饭？哪些情绪可以表达，哪些情绪应该留给自己？

不幸的是，愤怒是人们倾向于严厉评判的情绪之一。您可能认为愤怒是一种"糟糕"的感觉，周围没有人愿意听您愤怒地喊叫。如果别人问您过得怎么样，您可能会觉得应该告诉他们您感觉很好、很开心或很幸福，但如果答案是"愤怒或糟糕"，您就不愿意如实回答了。

您在告诉自己，周围的世界并不真的想听到关于您情感生活的坏消息，他们只想要好消息。如果没有好消息，那么最好的做法就是保持沉默或撒谎："我很好。"

有时候，这可能是最好的办法。也许您是对的，很多人不想听您说糟糕的一天。但是，至少试着找一个值得信赖的朋友倾诉，或者在日记中表达您的感受，都是很有用的。

**提示**

写日记时不要带偏见。开诚布公，跟自己坦诚相待，实话实说！

**牢记**

在写日记的时候，对于周围的世界来说，您是个匿名者，您写的内容只有自己的眼睛能看到。其他人不会看到，所以他们不能评判，您也不应该去评判。这种不带偏见的立场可能比您想象的更难做到。当人们已经习惯于在经历情绪时（或之前）批评自己，这很难让情绪自由流动。没关系。事实上，这也是我们练习目标的一部分：帮助您成为一个情绪不那么压抑的人。

## 是否坚持手写日记

您可能想知道应该如何以及在哪里记录这本日记。可以在电脑、手机或平板电脑上吗？当然可以。

但您可以既试着手写日记，又电脑录入。有些人觉得手写是一种更亲密的表达方式。对他们来说，手写日记比在电脑上记录更具个人色彩。然而，当今世界，许多人认为手写速度慢又乏味，他们是在键盘上长大的，这部分人也可以这样表达自己的感觉。做对自己有用的事。

**提示**

如果您不喜欢写，而是更喜欢说，也可以找一个录音设备来记录。除了记录方式外，不要改变任何其他事情，所以只对您自己的耳朵说话，用第一人称说，录音时间 15～20 分钟，寻找愤怒原因，停止做评判，等等（见前面的章节）。

无论是写作、录音还是打字，都要小心保护您记录的内容不被他人窥视。您的日记就是您自己的。当彻底处理完文件后，甚至可以撕毁文件或完全删除文件。

## 找一个安静的地方

您需要找一个安静的地方写下您的愤怒日记，一个可以独自思考和感受的地方。如果在其他人的需求得到满足并完成所有家务之前，您不能给自己任何私人时间，那么在其他人上床睡觉后，把写日记作为您睡前的最后一件事。

**警告**

有时人们会觉得写日记有点令人兴奋和 / 或不安。如果您也这样觉得，睡前一两个小时内不要写日记。有关睡眠的更多提示，请阅读第 20 章。有愤怒问题的人多有睡眠问题。

另一个写日记的好时机，尽管有时有点难计划，是在您下班回家后，一头扎进家务活之前。如果您清除了一天中的坏情绪，肯定会享受到与亲人更好的关系。

如果工作中的一些问题让您愤怒，随着时间的推移，您发现自己越来越觉得受够了，可能想利用午休时间写日记。这可能会让工作日的剩余时间过得更顺利。

## 花点时间反思

当您觉得自己已经尽可能地在日记中表达了愤怒问题后，考虑添加一个关于"愤怒教会了我什么"的部分。您从愤怒中学到了什么？您是如何以更健康的方式前进的？愤怒会拖累您，或者为您找出过去出了什么问题，或者告诉您如何在未来做得更好。想要哪个结果？

第 **17** 章 | **寻找宽恕**
Finding Forgiveness

**本章亮点**

» 让自己选择宽恕

» 做出原谅的决定

» 看到宽恕的好处

» 继续前进

宽恕是一个复杂的心理过程，包括带着对过去的认识展望未来。宽恕绝不意味着可怕和不公平的事件从未发生过，也不意味着所发生的一切都是好的。宽恕包括希望、信心和勇气。宽恕照亮了摆脱受害者、走向自我赋权的未来道路。这里用一个例子来说明没有宽恕会发生什么：

杰克（Jack）今年50多岁了。他的健康状况很差，也很孤独。而且他的一生几乎没有什么可圈可点的。杰克是一个绝望的人。回望过去，他有很多遗憾。其中最主要的是他几年前与家人的疏远。"我现在知道错了。我的家人，他们只是想帮助我。虽然我需要帮助，但我把他们都拒绝了。为此，我感到非常抱歉"，他哀叹道。

但是杰克也有一件不后悔的事：他对母亲的终身愤怒。在他很小的时候，母亲不得不把他寄养在别处。"她抛弃了我，把我留给了陌生人，我永远不会原谅她！"他解释道。

只有在提到那段难过的时光时，杰克的声音才会变得响亮，眼里噙着泪水——这已经是45年后的事了。一年后，他的母亲将他从寄养家庭中领回来，当时母亲已经有一定经济基础，能够为杰克和他的兄弟提供一个安稳的家。在接下来的几年里，她抚养杰克长大，直到他高中毕业并参军。但这些对杰克来说都无关紧要。他的母亲犯下了不可原谅的罪行，他将因这一行为惩罚她和他自己一辈子。

杰克一直保持着对母亲的愤怒，最终使他自己崩溃。愤怒不止一次导致身体暴力，他离了两次婚，与独生子的关系恶劣，丢了工作，落得满身病痛。然而，即使这样，杰克仍然不肯原谅母亲。

　　本章我们将讲述如何放下与过去的不满有关的愤怒和伤害感，教您如何处理过去的愤怒，这可能是最难控制的愤怒类型。

警告

　　也许愤怒的人最不想做的事就是原谅那些对他们犯下过错的人，想知道为什么自己会受到这种对待。这种反应是完全可以理解的。但是，先等一下，不要对宽恕进行判断，直到您读完这一章。

## 宽恕从来都不容易

　　宽恕对人类来说绝非易事。愤怒当然很容易，但宽恕呢？不，一个人天生就有愤怒的本能，但宽恕是必须学习才会掌握的。这是一项技能，真的，与骑自行车、踢足球或说外语没有什么不同。

　　您可能是在宽恕传统中长大的幸运儿之一。通过观察父母对彼此的原谅学会了原谅，或者通过参加教堂或寺庙的宗教活动学会了宽恕。如果是这样的话，宽恕对您来说相对容易。

提示

　　最难原谅的生活经历包括身体虐待、情感虐待和性虐待。由于他人的疏忽或恶意造成的背叛、袭击和死亡或伤害也对宽恕构成了相当大的障碍。

### 宽恕需要时间

　　宽恕是一个过程，而不是一件事。真的，这是一段旅程。知道魔法棒吗？就是那种点一下就能让物体改变或消失的东西。当谈到原谅那些伤害您的人时，可没有什么魔法棒。您持续愤怒的时间越长，就需要越多的时间来宽恕。今天是您准备开始这段旅程，从昨天的愤怒中解脱出来的日子吗？

## 宽恕需要支持

原谅一个人需要力量、勇气和成熟的思想。其中一些可以从周围的人身上汲取。您知道谁能成为您的宽恕盟友吗？谁正在鼓励您放下过去的愤怒？谁能成为一个积极的榜样，一个原谅了过去的过错并继续生活的人？

诚然，宽恕是一种自愿行为。没有人可以（也不应该）强迫您原谅另一个人。宽恕是您在努力寻找内心平静时可能会考虑的一种选择。但选择权完全在您。

提示

如果得到支持，宽恕会更容易降临到您身上。在许多地方都可以找到支持。有些人通过伟大的文学作品、历史人物或引人入胜的故事来寻找宽恕的榜样。还有人会求助于朋友、家人或治疗师。

提示

只有当您接受了支持，支持才算是支持。支持网是您可以依靠的、能帮助您应对逆境的人。另一方面，支持还与您是否愿意接受这些帮助有关。有些人可能人际网络很小，但当他们在生活中挣扎时，却能感受到巨大的支持感。另一些人可能拥有庞大的人际网络，但却时不时感到孤立和无助。具有讽刺意味的是，那些充满愤怒和怨恨、最需要支持的人，最不可能接受支持。

## 宽恕需要牺牲

现在到了困难的部分。要原谅一个人，您必须牺牲一些东西，必须有所付出。宽恕有时感觉就像是在"允许"别人对您犯错。但实际上宽恕更多的是给自己一份礼物：一份在被伤害

之后拥有的和平与安宁。为了达到目的，您可能不得不放弃以
下几点想法：

» 我是受害者。

» "生活必须永远公平"。

» 利用愤怒来保护自己免受情绪痛苦。

» 日复一日地解决最初的不满。

» 让对方在脑海中占据最重要的位置，让他控制住您。

» 复仇的"权利"。

» 通过保持愤怒，可以用某种方式消除对您的不公正。

» 您有权享受美好的生活，没有压力、不幸、痛苦和伤害。

» 相信每个人，尤其是那些最亲近的人，都必须始终认可您，并
体贴地对待您。

» 宽恕是个人软弱的表现。

## 做好宽恕的准备

在您能够真诚地期待开始宽恕之旅之前，必须确保宽恕的
对象是正确的。如果您最近遇到过创伤、袭击、暴力犯罪或其
他可怕的事件，不要开始这个过程。给自己一些时间。您需要
先体验和探索一下愤怒。没有一个固定的时间表适用于所有人。

### 保证安全

在不安全的生活环境中，愤怒确实起到了保护作用，包括
持续虐待的情况。要警惕他人潜在的伤害行为，以及身体或情
感受到威胁的情况。要求自己原谅一个在此时此地积极伤害您

的人，这太过分了。您必须首先确保安全。举个例子：

> 杜鲁门（Truman）现年 46 岁，收到了父亲的病危通知书。他的父亲一生都酗酒成性。杜鲁门几十年不与他相见。他从来没有考虑过要原谅父亲，因为父亲太残忍、死不悔改。
>
> 当杜鲁门看到躺在病床上奄奄一息的父亲时，几乎认不出他了。他的父亲虚弱、萎缩、惊恐不安。更令人惊讶的是，父亲拉着杜鲁门的手开始哭泣。他说："我现在知道，作为一个父亲、丈夫，甚至是人类，我是多么失败。非常抱歉。我知道我不配请求你的原谅，但我很抱歉。"
>
> 杜鲁门也哭了，不假思索地说："爸爸，我原谅你。"那天晚上，他的父亲去世了。
>
> 当杜鲁门回家与家人团聚时，他感到了一种几十年来一直没有的平静感。他自己与愤怒的斗争缓和了。现在他花更多的时间和家人在一起，让他们知道他有多关心他们。

当杜鲁门的父亲是一个残忍、暴力、酗酒的人时，他作出了远离的明智决定。他不能冒险让家人或自己和父亲在一起。他感到不安全是完全可以理解的，所以他对父亲的愤怒保护了他。但杜鲁门是一个善良的人，当他看到父亲的脆弱时，选择了原谅。

希望您能在那些对您犯下过错的人临终前原谅他们。但是，当存在安全隐患时，您可能无法当面原谅某人。尽管如此，在这种情况下，您仍然可以选择在自己的脑海中原谅他们。您现在是否足够安全？是否可以开始宽恕的旅程？

## 接受人性的脆弱

我们最需要原谅的一件事是生而为人。尽管我们每天都能在技术上取得惊人的进步，但人类实际上是非常脆弱的生物。人会犯错。人经常伤害别人的感情，无论有意还是无意。有时候，人太自私了，当他们应该说"是"的时候，他们会为了自己的利益说"不"。

牢记

大多数人都是善良的，大多数人都会尽力做到最好。但有时候这还不够好。所以人们最终会因为什么而互相指责？作为一个"人"。

您可能会生别人的气，因为他们没有按照您的期望行事。但有没有想过是不是您的期望太高了？没有人拥有绝对完美的父母、孩子、老板、配偶或朋友。如果您不能原谅自己（"我恨自己，我是个失败者，我从来没有做过正确的事情"），是因为您在坚持一种不现实、要么全有要么全无的标准吗？

允许自己谦逊和自我同情，对其他人也要这样做。我们都一样，一样会犯错误。

警告

有些人会有充分的理由争辩说某些行为是不可原谅的。然而，宽恕是为了您自己，而不是施暴者。放下生活中挥之不去的愤怒，这是送给自己的礼物。

## 宽恕的成本效益分析

如果您要原谅某人，就必须有一些收获。必须让自己相信，放下昨天的愤怒对您自己有好处。第 3 章列出了进行成本效益分析的过程，帮助您决定是否改变处理愤怒的方式。在这里，同样的技巧也可以用来决定是否宽恕。

　　您宽恕的主要受益者是自己。忘掉对方吧。为自己做些事吧！宽恕是关于您的愤怒，而不是对方的不良行为。事实上，总是认为您在为一个坏人做一些好事，只能成为开始这段旅程的障碍。

　　所以，看看沉湎于往日的愤怒会让您付出什么代价，如果放手，会从中得到哪些好处。表 17–1 是宽恕的成本和收益。可以随意添加您自己的个人想法。

**表 17-1　宽恕的成本收益分析**

| 宽恕的成本 | 宽恕的收益 |
| --- | --- |
| 不断地重温痛苦的过去。 | 精力被释放出来，用于有建设性的事情上。 |
| 旧的愤怒会渗透到现在和未来的关系中。 | 关注的是现在，而不是过去。 |
| 因为这些愤怒而感到精疲力竭。 | 不再感到脆弱。 |
| 忽视了生活中的积极因素。 | 前景变得更加乐观。 |
| 一直处于悲伤状态。 | 当您原谅了别人，别人也会原谅您。 |
| 健康受到了损害。 | 健康状况有所改善。 |
| 一直处于激动和紧张的状态。 | 更容易原谅自己作为人类而具有的缺点。 |
| 变得尖刻而充满敌意。 | 得到了久违的内心的平静。 |
| | 有一种新发现的成熟感。 |
| | 战胜了过去的痛苦。 |

　　是时候让自己摆脱困境了吗？您不应该受愤怒的影响。但这个问题的答案实际上必须由您自己决定的。如果同意，那么您就必须放下对过去错误的反复回忆，放下对他人行为的指责，放下复仇的欲望——所有这些包袱。看，痛苦和幸福是不相容的。如果保留了一个，就失去了另一个的所有机会。

　　是不是有什么原因让您觉得自己不配拥有幸福的机会？

## 接受被伤害的结局

　　宽恕之旅中的另一个障碍是在某种程度上接受被伤害的结局。在愤怒的时候您有没有这样想过："我会一直生气，直到我得到正义，直到事情再次好转，或者直到我能以某种方式扳平比分？"

　　好吧，祝您好运，在有些情况下，那一天永远不会到来。例如：

» 孩子死于醉酒司机车轮之下，父母能做些什么来真正扳平比分？

» 出轨男人的妻子如何得到真正的补偿？

» 雇主倒闭导致您失去了有史以来最好的工作，如何能改变这个事实？

» 如何弥补那些由于父母忽视或虐待而缺失的爱？

提示

　　要原谅一个人，必须接受他们伤害了您，而不是忽视他们的所作所为。绝对不是！您不能赞成他们的伤害行为，不能原谅他们的罪行。但您必须接受这一切并继续前进。要原谅，必须活在现在，而不是过去。

提示

活在当下是正念练习的一个主要部分。正念能促进宽恕。请阅读第 9 章，了解增加正念的方法。

## 不必忘记过去

经验的真相告诉我们，事件一旦发生在您身上，您永远不会完全忘记。然而，您对所发生的事情的认知可能会随着时间的推移而改变，可以从愤怒到受伤，再从悲伤到原谅。

人类无法从糟糕的事情中恢复过来。如果够幸运（或者得到了正确的帮助），他们可以把这些事甩到脑后。一句话：您永远不会忘记难以原谅的事情。您也不必忘记，记忆会挥之不去。

提示

从糟糕的事情中恢复，也就是说到达一个您可以毫无愤怒地回忆的时刻，唯一的办法就是宽恕。

警告

有时候越是努力忘记某件事（努力不去想它），反而就越记得它。试图压抑某种想法，反而迫使您去关注这些想法。您得到的与所追求的完全相反。

## 选择痛苦而不是愤怒

大多数人都会抓住过去的愤怒，以此来避免痛苦。这很有道理，因为愤怒是一种强烈的情绪，即使是最严重的身体和情感痛苦也会被愤怒所掩盖。但不管怎样，您迟早要面对痛苦。

18 岁的希瑟（Heather）喜欢骑马。有一天，她的马被惊到，把她摔到地上，脊髓严重受伤，从此以后，她只能坐在轮椅上。希瑟陷入了痛苦和愤怒之中。她总想报复她所戴头盔的制造商和她的骑行教练。她没有找到一位称职的律师愿意受理她的案件，律师们都告诉她，没有人应该真正受到谴责。她的事故很悲惨，但不是由于任何人的疏忽造成的。

希瑟的愤怒使她专注于过去。她感觉自己是个受害者，对每一个试图帮助她的人都大发雷霆。她放弃了一笔丰厚的大学奖学金，并拒绝康复治疗，这本来有可能会改善她的功能。

其实希瑟还有一个选择。她可以像现在这样保持愤怒，与悲伤脱节，也可以让自己意识到她是在用愤怒来掩盖情感痛苦。她需要原谅自己，原谅她的马，原谅她的教练，甚至原谅头盔制造商。

有时候，愤怒就是这样产生的。它可以掩盖其他困难的情绪，比如悲伤。坦率地说，愤怒比情感上的痛苦感觉更好。但从长远来看，治愈痛苦的唯一方法是放下愤怒，从而让自己感受到可能出现的任何负面情绪，并最终寻求宽恕。

第 18 章 | **避免复发**
Preventing Relapse

**本章亮点**

» 注意危险情况

» 制定您的个人复发计划

如果您在处理愤怒问题上取得了巨大的进步，那真是太棒了！到目前为止，您应该对自己的成就感到非常满意。

但坏消息是：生活仍然不公平，不公正现象仍然会继续发生，人们仍然可能在路上干扰您，毫无疑问，您还会时不时地遇到粗暴无礼的行为。（关于典型的引发愤怒的情况，请阅读第 2 章。）因此，您再也不会感到愤怒的概率接近于零。

好消息是：感到愤怒并不意味着完全恢复到严重的愤怒状态。您可以感到愤怒，建设性地表达自己的感受，甚至可以重新思考愤怒的感受，让您感觉好些。但是，无论多么善于控制自己的愤怒，您都会期望偶尔发泄一下。

生气并不意味着您的愤怒问题复发了。换句话说，几次失误并不意味着您倒退了。复发是指您又回到了原点。这很难做到，因为您必须忘记您所读到的一切，以及您努力做出改变。

本章将讨论如何管理愤怒的复燃，以及关注愤怒复发的高风险情况。

## 准备好迎接起伏

前进的道路不会总是平坦的。您会有进步，会有更多的收获，然后不可避免地会栽跟头。您会向前走两步，向后退一步，再向前走三步，再向后退一两步，以此类推。人类就是这样跌跌撞撞地前进。这也是愤怒管理的方式。

提示

错误和失误可以教会您很多。由于错误和失误的存在，我们能弄清楚是什么触动了愤怒的按钮，或者是什么让我们感到压力。这样就可以更好地为将来处理此类事件做好准备。

当您感到疲倦、恶心或情绪枯竭时，就有失去冷静的风险。

有时人们就是失去了冷静，却不知道为什么。本节还将讲述会让人感觉糟糕和更容易生气的情况。

信息

在第 3 章中，我们讲到了改变的各个阶段，包括预备阶段（这一阶段甚至想不到要改变）、思考阶段、准备阶段（弄清楚如何开始）、行动阶段（制定策略）、维持阶段（进展顺利）和终点。对于愤怒管理，能到达维持阶段就算是成功了。只有少数人达到了最后阶段，他们的失误或复发风险很小或根本没有。换句话说，愤怒管理已经成为他们的一部分。对大多数人来说，总会有犯错的风险。毕竟，我们是人。

## 生病、受伤或被伤害

精神和身体是同步工作的，当一个不正常时，另一个很容易陷入类似的状态。当您患上严重的感冒或胃病时，感觉如何？不太好。当您的精力都用在恢复健康这件事上，就几乎没余力干其他事了，比如愤怒管理。

如果病得卧床不起，您可能不会和其他人有太多令人恼火的互动。事实上，您甚至没有足够的精力去生气！真正容易让人发怒的情况是您没有卧床不起，但也是艰难地熬日子。

提示

当您睡眠不足时，和有点不舒服的情况差不多。疲劳使您很容易暴怒。如果觉得累了，要小心愤怒的出现。关于如何改善睡眠，请阅读第 20 章。

## 压力急剧上升

压力是另一个耗尽身心宝贵资源的问题。但是，与愤怒不同的是，压力会以非常微妙的方式爆发。您可能会感到有点压力或有点焦虑，可能会对工作截止日期或即将到访的亲戚感到担忧，这些都是日常常见的问题。

提示

我们要当心压力。在压力存在时，您更有可能感到愤怒。压力往往是会累积的。例如，一位已经压力很大、终日忙碌的父亲发生了一场小剐蹭，然后就大发雷霆。请阅读第 19 章，了解管理压力和降低失误风险的方法。

## 持续的损失

在生活的路上，每一个人都是在一路积累损失。损失有多种形式，包括：

- » 失去亲人。
- » 财务挫折。
- » 失业。
- » 一段关系的终止。
- » 犯罪。
- » 健康损失。
- » 失去吸引力。
- » 受伤。
- » 失去青春和活力。

几乎所有的损失都涉及悲伤。许多人觉得愤怒总比悲伤好，悲伤比愤怒更伤人。因此，许多人不再悲伤，而是用烦躁或敌意来取代。

牢记

但用愤怒来掩饰悲伤的不利之处在于，人们需要处理损失，但愤怒的双眼看不到损失。感受悲伤，思考损失，然后发现如何义无反顾地生活下去，这是很有用的。愤怒阻碍了这个健康的过程。

这并不是说愤怒不是损失发生后的正常反应。然而，在某些时候，与悲伤保持联系并放下愤怒是很重要的。

下面例子中的威廉（William）是一个在克服愤怒问题方面非常成功的人。尽管如此，他还是发现自己会由于各种情况而疲惫不堪。他会因一些小事而生气，但正如前面所说，失误并不是复发。

　　　　在经历了动荡的青春期，甚至几次被捕后，威廉终于被送到了一位经验丰富的治疗师那里，就为消除他的愤怒。他们的努力非常成功。现在，朋友们都说威廉举止得体、为人随和。他改变了自己的生活，回到了大学校园，甚至很少生气。他的口头禅变成了："不要为小事流汗。"

　　　　今天，威廉考完了最后一次期末考试，走出了教学大楼。他从口袋里掏出一张纸巾，擤了擤鼻子，他的喉咙有点发痒，他希望自己没有生病。下周，他将飞往西海岸开始他的职业生涯。他已经在工作地点附近找到了一套公寓，并见过了新老板和同事。估计工作的第一周会很忙。

　　　　威廉开着车进入了车流中。他应该感到兴奋和快乐，但现在他只有不知所措。交通灯变绿了，但前面的车一动不动。威廉注意到司机正在低头往下看，可能在发短信。威廉突然感到难以置信的愤怒。他一边大声喊叫，一边猛按喇叭。

威廉为什么这么生气？嗯，他有好几种危险因素。第一，他感觉有点不舒服，病得还不足以躺在床上，但却足以耗尽他的储备。第二，他面临新工作、搬家和开始新生活的压力。尽管威廉很高兴终于完成学业，但他正在褪去学生的角色，进入人生的新阶段。威廉应该让自己休息一下，想想发生了什么，然后继续他的生活。

### 无故摔倒

有时候，人们犯错，却又完全没有明显的原因。他们没有很大的压力，没有生病，也没有特别疲劳。也许他们遇到了一种意想不到的情况，但在过去却造成了巨大的麻烦。或者谁知道呢？是人就会犯错，就这么简单。

当您没有特殊原因而犯错时，就回到前面对您有用的地方。不要因为做了不合适的事情而责备自己。把摔倒当作生活的一部分。

## 制定预防复发的计划

因为摔倒、倒退和失误是不可避免的，所以您需要为它们的到来做好计划。在这个过程中，可以展望未来，为问题事件做好心理准备，从而减少这些挫折的发生频率。如果您以前没有这样做过，可以考虑寻求专业帮助。

如果您已经去咨询了，专业的强化治疗会产生奇迹。强化治疗是指回到以前的治疗师那里，就您的问题做一些额外的工作。有时，回顾一下您的愤怒管理策略，克服当前的压力，并获得客观的意见，真的很有帮助。不要认为强化训练意味着先前的努力失败了。

### 反思失误

当您犯错的时候（肯定会犯错的），注意您对自己说的话。您对失误的认识可能会让事情变得更好或更糟。如果严厉地责备自己，很可能会造成更多的愤怒问题。尽管人们通常会有不同的想法，但辱骂性的自我批评并不能激励您做得更好。

表 18-1 包含了一些常见的非理性想法或自我陈述，经常会出现在失误之后。该表还给出了更合理、更理性的想法。

表 18-1　**关于愤怒过失的理性和非理性想法**

| 非理性想法 | 理性想法 |
| --- | --- |
| 我一无所获 | 我在很多方面都有所进步。我学会了很多技巧，在大多数情况下都能控制住自己的愤怒，这是以前没有的。 |
| 我太糟糕了 | 我是人，是人就会犯错。 |
| 我永远不会好起来 | 这根本不是真的。我的整体趋势向好，重要的是大趋势，而不是每一个小失误。 |

## 尝试以前有效的方法

愤怒管理涉及多种技能，如放松、重新思考愤怒信念、暴露于引发愤怒的事件、坚定果敢地沟通、宽恕和脱离思维反刍。如果您已经取得了一些进展，会发现其中一种或多种策略特别有用。

也许您不再使用这种应对技巧，认为自己不再需要它了。其实不然。您需要再次练习之前有效的方法。您可能永远不会达到可以永久搁置这些技能的地步。时不时把它们从架子上拿下来，掸掉灰尘，并经常练习。

## 尝试不同的东西

请仔细阅读这本书，寻找您没有尝试过或没有太注意的方法。重新审视这些方法，并尝试一下。您不会失去什么，反而可能收获颇丰。

## 寻求反馈

生活中的重要人物——配偶、伴侣、值得信赖的朋友——实际上可以成为您的私人救生员。当您陷入旧的愤怒习惯时，即使自己没有意识到，他们也会给您一个救生圈。换句话说，他们可以帮助您在情绪失控之前避免回到过去。但是也只有在您向他们求助时，这些人才能这么做。所以，当您已经做得很好的时候，让您的潜在救生员帮忙发现您即将发怒或失控的点。你们之间可以设计一些表达方式，可以是一个单词、一个短语或一个信号，他们可以以平静、中立的方式传达给您。以下是一些例子：

» 手向下压的动作。
» 提醒您"让我们呼吸一下。"
» 轻轻拍打肩膀。
» 问一个简单的问题，"还好吗？"

您收到这个信号的第一反应可能是本能地否认。尽量不要防御。相反，告诉自己，救生员可能考虑到了您的最大利益，可以更客观地看到您的行为。举个例子：

伊丽莎白（Elizabeth）有愤怒问题，经过努力，她已经取得了一些进步。她注意到，每次参加大型家庭聚会时，她就会大发雷霆。可能是因为聚会上有那么多过去困难日子的回忆，加上噪声和杂乱，导致她的情绪失控。所以她问她的哥哥迈克尔（Michael），是否愿意当她的愤怒救生员。哥哥欣然接受："当然！我很乐意帮忙。"

伊丽莎白和迈克尔制定了一个计划。当迈克尔看到伊丽莎白开始心烦意乱时，他就轻轻地捏她的胳膊肘。很快，18名家庭成员参加的感恩节晚宴开始了。伊丽莎白专注于厨房里那些事。和往常一样，不断有人打断她，问这在哪，那在哪，他们应该做什么，还有人单纯来找她闲聊。

迈克尔看出伊丽莎白越来越紧张和恼火。他轻轻地捏了一下她的胳膊肘。但是伊丽莎白猛地甩开胳膊肘，喊道："把你的手拿开。你看不出我很忙吗？"

哦，伊丽莎白可能选错了救生员。她和迈克尔在整个童年时期都经常起冲突。她也可能并不适合这种帮助，因为她很容易变得防御性极强。

警告

有些人找不到真正合适的救生员。还有一些人发现这种提醒太难接受了。如果您是这样的，就不要使用这种方法。

## 冷静下来

您不想也不必把思想感受体现在行为上。您生气，并不意味着必须采取行动。您有能力扭转这种情绪。

试着让自己平静下来。做几次呼吸，慢慢数到十，在脑海中重复一两个关键词（如放松、冷静或平静），并提醒自己，除非受到攻击，否则愤怒的反应很少有用。

## 激励自己

列出您不再想让愤怒主宰生活的三个原因。这些原因可以作为抑制愤怒情绪的有力激励。例如，也许您已经厌倦了让自己难堪。或者失去了本可以成为好朋友的人。也许您想成为一个积极的榜样。您可能会想出十几个理由，最好是选择前三名，并反复读理由列表。放下愤怒，思考每一个原因，为什么它对您和您的价值观很重要。

# 第 6 部分

# 生活在愤怒之外

**在这一部分中，您将：**

☑ 识别压力的迹象

☑ 沉着冷静地处理困难的情况

☑ 找到锻炼的方法

☑ 睡个有益健康的安稳觉

☑ 寻求有价值的关系和活动

第 19 章 | **舒缓压力**
Soothing Stress

**本章亮点**

» 列出压力成本表

» 识别带来压力的因素

» 掌控压力

让我们来想想失去冷静的时候会怎样。您可能会生气，对家人、朋友或同事说一些不友善的话，是什么引发了这个过程？下面的陈述听起来像是引发愤怒的典型诱因吗？

» 我的活太多了，干不完。
» 亲戚要来住一周，我没有时间或精力招待他们。
» 我不知道这个月怎样能多挣点钱来付账单。
» 每个人都指望我，我也受不了了。
» 如果我再收到一个关于我们组织不作为的投诉，我会大发雷霆。

如果是这样的话，您的问题不仅仅是愤怒，您也在与压力和超负荷做斗争。要么压力太大，要么压力种类不对，但不管怎样，您都有压力。生气是表达愤怒的方式。有些人会退缩，在炮火下安静下来；其他人则猛烈抨击。不幸的是，这两种方法的作用都不好，最终都会危及健康。

盘子太满，您看到愤怒即将来临的警告信号时该怎么办？本章将为您解答。您将学会如何识别那些压力携带者，如果在遇到他们之前没有感到愤怒，这些压力携带者会给您带来压力。本章还将告诉您如何避免压力性倦怠，以及为什么日常生活中的小麻烦对您的伤害最大。而且，最重要的是，您将学会如何在压力下茁壮成长，如何成为一个顽强的人。这比想象的要容易得多。

## 检查压力与应变

信不信由你，我们的曾祖父母辈并没有感到过"压力山大"。也许他们也感到了压力，但他们并没有这么说。压力和应变是工程术语，20 世纪 30 年代首次应用于人身上。

压力是日常生活中很正常的一部分，是在面对威胁生存的事情——人、环境、事件——时，能帮助我们战斗或逃跑的"燃料"。压力不是一种选择，而是一份礼物（尽管感觉不像是礼物）。

信息

以下是当我们感到压力时，身体会发生的一些变化：

» 瞳孔扩张。

» 血糖升高。

» 血压升高。

» 血液凝固加快。

» 全身肌肉收缩。

» 呼吸加快。

» 心率加快。

» 垂体被激活。

» 下丘脑被激活。

» 肾上腺素自由流动。

» 掌心出汗。

» 血液皮质醇水平升高。（皮质醇是一种应激激素，可以增强和延长身体的战斗或逃跑能力。）

» 脂肪被释放到血液中。

» 肝脏将脂肪转化为胆固醇。

长时间的压力会导致应变。应变是指长期过度紧张时身体发生的变化。想想一座桥，年复一年地有汽车不断地在桥上穿梭。（如前所述，压力和应变这两个术语最初来自工程领域。）汽车的重量会对桥梁施加压力。经过的汽车越多，压力就越大。

现在想象一下，几十年后，桥下开始出现裂缝，裂缝起初很小，但随着时间的推移越来越大。裂缝威胁到桥梁的完整性，造成结构缺陷。出现裂缝说明过大的压力不可避免地产生的应变。桥梁就是您，您的身体，您的健康。您不想让身体有缺陷，是吧！

桥梁开始发生应变时，它吱吱作响。与之相同，您可以将愤怒想象成是身体在向世界传达您承受了多大压力。愤怒只是您发出吱吱声（有点生气）和呻吟声（勃然大怒）的方式。

压力和应变与抑郁症和心血管疾病都有关系。不仅如此，几乎所有的慢性病都会因为压力和应变大大加剧。

提示

看护人员承受压力的风险特别高。如果您要照顾残疾人或老人，试着停下来休息一下，并照顾好自己。也可以考虑加入一个支持小组。

## 用锻炼来减轻工作压力

凯瑟琳·斯利特（Katherine Sliter）博士及其同事研究了体育活动与工作压力之间的关系，并在《国际压力管理杂志》（*The International Journal of Stress*）上报道了他们的研究结果。一个由 152 名护士组成的小组参与了这项研究。护士们承受着常见的压力：难照料的患者、超负荷工作和人手不足。研究人员让护士们完成了关于她们的情绪、工作之外的体育活动、生活满意度和工作承诺的问卷调查。研究人员假设，经常进行体育活动的护士可能不会那么沮丧，能更投入地完成工作，对生活更满意。护士们的回答支持了这个假设。

另一项研究也支持锻炼对改善情绪、增加能量、提高生活质量和减轻压力的作用。这项研究的作者想知道体育活动是否有效，部分原因是它会分散人们对压力的注意力。换句话说，体育活动实际上可以让人们有时间远离与工作相关的痛苦。因此，除了对身体有明显的好处外，体育活动也可以给您提供必要的休息时间。

信息

有些人发现，他们的愤怒导火索会随着时间的推移而缩短，这是为什么呢？一般来说，人们经历越多的压力，压力会演变成应变。慢慢地，生活的重压使人们对应变的耐受力降低，导火索缩短。过去的小麻烦变得难以忍受。一般正常的日常压力不会导致这种情况。相反，当压力长期存在并极端发展时，就会发生这种情况。

## 远离压力携带者

您周围有这样的人吗？当他们走进房间时，似乎会扰乱周围的一切？在那个人到来之前，大家的心情很好，大笑、交谈、完成工作、享受生活，这个人的到来改变了这一切。笑声停止了，人们的情绪发生了变化，紧张气氛突然弥漫在空气中。那个人就是一个压力携带者。

您可以通过以下特征来判断压力携带者：

- » 语调（快速、有压力和刺耳）。

- » 攻击性或防御性的身体姿势（如趾高气扬的表情，或双臂紧紧交叉在胸部）。

- » 紧张的面部表情（咬紧牙关、皱眉或眯眼）。

- » 握拳。

- » 说下流话。

- » 在谈话过程中与其他人交谈。

- » 笑声刺耳。

- » 一成不变的、愤怒的意见。

- » 快速眨眼。

- » 叹气。

- » 出汗过多。

- » 敲手指。

- » 身体抖动。

- » 走得快。

- » 吃得太快。

- » 经常看时间。

- » 试图通过插入诸如"是的""嗯哼""对的"和"我知道"之类的评论来加快他人的发言

- » 看起来像在听对方说话，但眼睛总看别处。

提示

　　尽可能远离这些压力携带者。他们的压力会传染，在他们身边时间久了，也会感到压力。如果一个压力携带者的压力演变成愤怒，想想看会发生什么？他会发现自己很生气，但不知道为什么。

警告

　　您自己可能就是一个压力携带者。再次检查列表，看看您是否有这些压力携带者的特征。如果您足够勇敢，请一个熟悉的人看看列表，说说他的意见。因为您可能不是真实自我的最佳评判者。

## 识别压力源

压力源，即那些给您带来压力的人、事件和环境，可以是各种各样、千奇百怪。有些是身体上的（噪声、污染），有些是社交上的（爱管闲事的邻居、违规的人），有些是情绪上的（爱人去世），有些是法律上的（离婚），有些是经济上的（破产），等等。有些甚至是积极的（如找新工作、结婚、大学毕业等），对神经系统的刺激程度不亚于负面经历。

心理学家倾向于将压力源分为两大类：轻微的刺激（或烦恼）和重大的、关键的生活事件。

您可能会感受到一些小的日常压力，这些压力最终会引发愤怒，包括以下几点：

» 急于赶在最后期限前完成工作。

» 说话时被打断。

» 发现有人在未经允许的情况下拿了您的东西。

» 休息时被打扰。

» 看到有人插队。

» 在拥挤的道路上开车。

» 放错了重要的东西。

» 照顾生病的孩子。

» 同伴不尽如人意。

» 汽车必须维修。

» 感冒。

» 看到一只鸟停在您的新车上。

» 与人约会，对方迟到了。

» 听到针对您的粗鲁言论。

» 空闲时间太多。（您没看错：空闲时间太多的人会感到无聊。这
  种情况在工作场所被称为时间利用不足，被困在家里的青少年
  也是如此，尤其是在疫情期间。如果持续存在，过多的空闲时
  间不可避免地会导致这样或那样的问题。）

重大的压力源可能会对您的生活产生更大的影响，包括以
下几点：

» 被解雇。

» 锒铛入狱。

» 患有慢性或危及生命的疾病。

» 疫情期间的生活。

» 经历一位密友的死亡。

» 银行取消房屋贷款。

» 与配偶分离。

» 怀孕。

» 孩子离开家。

» 改变居住地。

» 赢得大奖。

» 开始新工作。

» 在工作中获得晋升。

您觉得哪种类型的压力源是最不健康的？轻微的还是严重的？大多数人会说肯定是严重的压力源更不健康啊。但现实是，人们同样有可能被生活中的小事毁掉。为什么？正是因为它们很小，而且每天都会发生。人们认为轻微的压力源是如此普遍（"嘿，这只是生活的一部分，对吧？"），以至于没有认真对待它们，这是一个错误。

提示

关于重大压力源，那些可能以某种关键方式影响生活的压力源，好的一面是它们不会频繁发生，您可以调动所有资源来有效地应对它们。有些人甚至说，在逆境之后，他们会以积极的方式成长。

## 关注压力类型

每个人承受压力的能力都是有限的，也就是说，在没有产生严重应变迹象的情况下所能承受的压力。即使是最有韧性的人也会时不时觉得自己在超负荷工作。这时您需要评估一下周围发生的事情，努力恢复生活中的一些平衡。

警告

压力会使人上瘾。如果您已经不记得上一次没有被一天的工作淹没是什么时候了，如果您喜欢伴随着一个又一个挑战而来的肾上腺素飙升，如果您在没有压力的地方寻找并制造压力，如果您发现自己在太安静的时候会感到不安和无聊，那么您就是一个压力成瘾者。

提示

如果您是一个压力成瘾者，就要从一些小事开始让自己摆脱压力。可以以下面的行动作为开始：

» 在繁忙的一周中留出一个晚上，和一个不会跟您竞争、不需要太多交谈的亲密朋友一起出去玩。

» 在晚上和周末的部分时间摘下手表并关掉手机。

» 报名参加瑜伽课，或者每周花一些时间在浴缸里泡上三四次热水澡。

» 跟随应用程序（APP）或老师的课程练习冥想。

» 定期进行户外散步。

## 积累型和慢性压力

积累型或慢性压力是指随着时间的推移累积的压力，就是一件事加上另一件事，一件又一件，直到无法承受为止。累积的、长期的压力会干扰良好的逻辑分析和解决问题的能力。换句话说，在这种压力面前，人们变得易怒，不清楚到底发生了什么。

这就是亨利（Henry）的感受。刚刚退休的亨利觉得自己马上要开始度过自己的黄金时光了，他有稳定的收入，有宽敞的房子，他和妻子的健康状况都很好，或者至少看起来是这样。

最近亨利感到恐慌。他发现妻子经常忘记把东西放在哪里，偶尔还会迷路，无法学习简单的任务，不得不一遍又一遍地重复，这样她才不会忘记。比如，亨利一周前告诉她，某天晚上他会去参加一个志愿者活动。就在第二天早上，她会问："你什么时候去参加志愿者活动？"

亨利又跟她说了一遍。可是第三天早上，她又问道："你什么时候去参加那个活动？"

亨利第三次告诉她，现在显然有点不耐烦。接下来的一天又是同样的事情。最后，在连续六天不得不反复告诉妻子活动日期后，亨利勃然大怒。他大喊大叫，妻子哭着跑回自己的房间，之后两人都感觉很糟糕。亨利不是因为他的妻子问他活动时间而感到压力。而是因为她一遍又一遍地问。一两次，好的，没问题。六次，不行了。

然而，对妻子大喊大叫并不是一个好办法。相反，亨利需要带她去做详细的评估检查，以确定她记忆问题的原因。虽然看医生也会给亨利带来压力，但这能更好地了解妻子的情况，并有更大的能力控制自己的愤怒。

## 灾难性压力

恐怖袭击、流行病、海啸或飓风等事件会给人们带来毁灭性打击，尤其是对直接受影响的人。这些都是最可怕的、改变人生的压力：灾难性压力。有些人无法从灾难性压力中恢复过来（例如，越南退伍军人，他们在将近 50 年后仍然有创伤后应激障碍）。即便能从灾难性压力中恢复过来，往往也需要很长时间才能痊愈。

## 同时处理多项任务的压力

如今的文化似乎推崇同时处理多项任务的优点和价值。经常可以看到员工在接收电子邮件和发送信息时戴着耳机打电话交谈，学生们一边看电视、玩游戏、发信息一边做作业。

这些人自豪地宣称，由于他们的天赋，他们可以同时处理多项任务，而且比其他人做得更多。然而，研究表明情况并非如此。大脑真的无法一次专注于一个以上的项目而不降低效率。

斯坦福大学的心理学家发现，在完成需要记忆和注意力的

### 失去一生挚爱

失去一生挚爱是人生中压力最大、最痛苦的经历之一。从某种意义上说，其悲伤是无法衡量的。毕竟，怎么能给一个人的痛苦设定一个特定的数值呢？尽管如此，似乎有些人完全被悲伤淹没，而另一些人则感到轻微的悲伤。

《创伤学》（*Traumatology*）杂志上的一项研究对经历过丧亲之痛的人进行了分析。他们发现，在某些情况下，人们在失去亲人后能够真正体验到积极的心理和精神成长。最有可能从悲伤中成长的人是那些在失去亲人后经历中度痛苦的人。而那些对自己的损失感到不知所措的人，以及那些悲伤程度较低的人，在对生活的欣赏、感受精神联系、人际关系的改善和其他成长迹象方面都没有同样的增长。

任务时，自称可以同时处理多项任务的人比不经常进行多任务处理的人表现差。研究发现，一次处理多项任务的人比一次完成一项任务的人更容易分心，效率更低。最重要的一点是：同时处理多项任务可能会给您一种完成更多任务的错觉，但这样会造成更多的压力。

### 避免倦怠

倦怠是一种压力，毋庸置疑，长期、强烈和未解决的压力会引起过度疲劳。

避免倦怠的最好方法是提前预测它的到来。下面症状中有

提示

多少会出现在您身上？如果有好几个，您很可能处在过度疲劳状态。

» 慢性疲劳。

» 挣扎着去工作。

» 食欲不振。

» 失眠。

» 慢性拖延症。

» 对工作缺乏兴趣。

» 头痛或肌肉酸痛。

» 胃灼热、胃酸过多或消化不良。

» 焦虑。

» 工作表现不佳或评价下滑。

» 愤世嫉俗。

» 绝望。

» 感到无聊和没有动力。

» 酗酒。

» 错过工作。

» 敌意、易怒和怨恨。

» 烦躁。

» 经常在工作中受到批评。

» 不由自主地哭泣。

» 突然发脾气。

» 对工作或生活失去热情。

» 周一早上和周五晚上一样累。

» 注意力不集中。

» 对工作和家庭中的日常事务感到困惑。

如果您确实有各种倦怠症状，要认真对待。试着退后一步，问问自己的倦怠是从哪里来的。查看您的选项，不要陷入绝望。

米歇尔（Michelle）是一位聪明的年轻女性，在她工作的公司进行重大重组之前，她的工作很顺利，充满希望。公司重组后，米歇尔没有直属领导，工作量增加了一倍（没有额外的补偿），资源太少，无法满足工作需求。最糟糕的是，她再也没有时间投入到她最擅长的活动中。

过去，米歇尔是一个精力充沛、积极进取、充满活力的人，但自从公司重组以来，她发现自己经常感到筋疲力尽，害怕上班，易怒，还患上了偏头痛和胃病。米歇尔的生活失去了控制，她正在经历倦怠。

提示

米歇尔需要为自己的倦怠找到解决办法。她可能只是需要一份新工作。但在她开始找工作之前，应该探索所有其他的方法，比如与更高级别的经理、人力资源部门或同事谈谈，征求他们的意见。沟通方式的改变可能会使米歇尔变得更加自信（这在第 8 章中有介绍）。避免倦怠的最好方法之一是对令人不安的问题采取积极主动的行动。

提示

想避免倦怠，您要现实地看待所处的位置以及自己的能力。倦怠通常发生在能力和位置相差太大的时候。忘记事情"应该"是什么样子，按照实际情况来处理，不要再对自己有过高的要求。

无论您的工作是什么，都不是为了独自拯救世界（或您的公司）。对于工作问题，尽可能务实地去做。但在某些时候，您可能需要稍微后退一点，设定一些限制来保护自己。

## 如何成为适应能力强的人

　　20 世纪 70 年代中期，由萨尔瓦多·马迪（Salvador Maddi）博士领导的研究人员对一家大型电话公司的工作人员进行了跟踪调查。该公司进行了大规模裁员，公司结构也发生了重大变化。大约三分之二的员工出现了严重的健康或情绪问题，主要是由于持续的压力增加造成的。这些问题包括心脏病发作、药物滥用、卒中和情绪障碍等。

　　值得注意的是，另外三分之一的员工表现出了极大的韧性。尽管有困难和压力，这些人还是顺利度过了风暴，没有产生任何负面影响。研究人员发现，应对能力强的人有三个共同点：

» **控制：**可以掌控和影响自己命运的感觉。

» **投入：**对事件有参与感、好奇和感兴趣。

» **挑战：**将负面事件视为正常现象，可以为自己提供成长机会。

　　真正顽强的人以力量、决心和耐力面对艰巨的挑战。他们拒绝被困难压垮。当可怕的事情发生时，他们很少抱怨。下面就是一个这样的例子。

　　　　莉莲（Lillian）是个坚强的人。她在孤儿院长大，因为她的父母都在流感疫情中去世。她活泼好动，20 岁出头时与一名醉酒司机迎头相撞，差点丧命。这场事故中她的膝盖受伤，腿部一直僵硬，不能弯曲，落下了终身残疾。

虽然她是一位很有魅力的女性，但由于残疾，几乎没有追求者。最终莉莲嫁给了一个年纪比她大得多的男人。她想要孩子，但身体条件不允许，所以她成了许多侄女和侄子的赞助人。早在妇女被从家中解放出来之前，她一直是全职工作。

她和丈夫的生活并不宽裕，钱一直是个问题。严重中风后，她在疗养院度过了生命的最后十年，一侧瘫痪，绑在轮椅上。最后，她在睡梦中悄然去世，享年 88 岁。

值得注意的是，莉莲从未抱怨过生活的不公平或她的身体残疾。她拒绝扮演残疾人的角色。她很少对任何人表现出愤怒，即使这个人罪有应得。相反，她以其隐忍、幽默、宽容的方式以及乐观、一切皆有可能的观点而被周围的人熟知。

信息

当面临压力时，性格坚强的人更有可能使用变革型应对策略（将一种情况转化为个人成长和社会进步的机会）。他们也不太可能否认、躲藏或逃避眼前的困难。

警告

缺乏毅力的人往往会感到与周围的世界格格不入。他们没有顽强的同龄人所享受的社交支持和感觉，能在很大程度上减少日常生活中压力的影响。因为他们的生活缺乏价值和目标，他们没有动机来解决自己的问题，所以更容易生气。

顽强的毅力不是由基因决定的，这是一种处理生活压力的方式，是生活经验的副产品。换句话说，顽强的毅力是后天学习获得的。如果您还没有学会，现在开始学还为时不晚。

## 成为自己命运的主人

要想拥有那种应对压力的顽强个性，您要相信自己应对逆境的能力。可以称之为自尊、自信、自我效能，或者您想要的任何东西，归根结底就是成为自己命运的主人。

　　当您处于一些重大压力的错误一端时，会怎么做？您会逃跑躲起来吗？甚至回避思考这个问题或如何解决它？您会用香烟、啤酒或者网购来分散自己的注意力吗？或者您会问自己，"我能做些什么让事情变得更好？"然后采取相应的行动。

提示

　　对自己重复以下语句，练习像一个坚强的人一样思考：

» 如果我以自尊的方式行事，别人也会尊重我。

» 在学校取得好成绩并非偶然，这是努力学习的结果。

» 好的结果不能靠运气。

» 有能力的人之所以能成为领导者，是因为他们能抓住机会。

» 发生在我身上的事情大多是咎由自取。

» 只有在我允许的情况下，人们才会利用我。

## 做一名玩家，而不是观众

　　坚强的人在生活中有着深刻的参与感和目标感，这是顽强人格的组成部分。在人生这场游戏中，您必须决定自己是想成为一名玩家还是观众。

提示

　　当不顽强的人无所事事地等待生活的改善（压力变小）时，顽强的人会做以下事情：

» 在各级政府投票：地方、州、联邦。

» 加入以帮助他人为使命的民间团体。

» 跑马拉松。

» 美化道路和公共空间。

» 做社区服务志愿者。

» 处理工作中没有人想做的项目。

» 从最微小的事情中寻找意义。

» 为了掌握新技能，不怕犯错。

» 承担领导任务。

» 积极为自己和他人祈祷。

» 为了提升自己而学习（或者只是为了好玩！）。

» 全身心参与家庭活动。

» 定期进行健康检查。

» 寻找新的关系。

» 从遇到的每个人身上发现有趣的东西。

## 笑可以缓解疼痛

一项实验选择了一些男性和女性为研究对象。在遭受压力引起的疼痛之前，让他们听三首音乐中的一首：一首让他们开怀大笑，一首让她们放松，还有一首是关于教育主题的。结果是，那些开怀大笑的人对疼痛的容忍度最高。下次当您因某些压力事件或情况而感到痛苦（受到挑战）时，找个人或某事让您开怀大笑。这是良药！

笑会改变您的身体，会增加氧气摄入，提高内啡肽（自然产生的止痛药）的水平，刺激血液循环和肌肉放松。这些都是不错的东西哦。

## 将灾难转化为挑战

生活永远在变化，有时对您有利，其他时候则不然。不管怎样，变化总会有压力。重要的是您把这些变化看作灾难还是挑战。人们总会积极应对挑战，躲避灾难。

有两个人都意外地失去了工作。A 认为这是世界末日。他喝醉了酒回家后，对家人大发脾气，在接下来的两周里不是睡觉就是看电视。B 告诉自己，"太好了，现在我有机会找到更安全、薪水更高的工作了。"然后他（在家人的支持下）制定了下一步的计划。

当您在生活中遇到一些重大压力时，您是 A 还是 B？

提示

下一次当您不得不应对巨大的压力时，当您认为这是世界末日时，当您想要退缩时，试着采取以下行动：

### 1. 明确问题。

失业了吗？最小的孩子刚刚离开家，给您留下了一个空巢吗？配偶病得很重吗？

### 2. 问问自己：挑战是什么？

如果失业了，您必须去找另一份工作。如果身边没有孩子了，您必须找到其他您热衷的事情。如果您所爱的人刚刚被诊断出患有致命疾病，您必须承受失去亲人的悲伤，并在未来更多地依靠自己来处理问题。

### 3. 确定是否有足够的支持来应对挑战。

在应对生活中的重大挑战时，支持是至关重要的。弄清楚您能获得多少支持。问问自己："我能指望谁来帮忙？他们能怎么帮忙？他们能给予情感支持，伸出援手，告诉我没事吗？他们的支持是近距离的、个人的还是远距离的？我需要寻找新的支持来源吗？比如法律援助或咨询。"

### 4. 制定行动计划。

问问自己："我需要采取哪些具体行动应对这一挑战？从哪里开始？在哪里结束？我的目标是什么？我如何知道自己何时应对挑战？"为每个单独的步骤设定一些时间表。在完成每一步后奖励自己。当您完全迎接了挑战，生活压力也减轻了，那就该庆祝一下。

无论您经历过真正的灾难（飓风摧毁了您拥有的一切，在疫情中失去了亲人），还是面临一些常见的问题，这些步骤都很有效。重要的不是这一事件是否是一场真正的灾难。重要的是，这对您来说就像是一场灾难。您可以把灾难变成一个有意义的挑战。事件的创伤越大，您在面对挑战时就越需要帮助。但不管是什么，相信您都能挺过去。

## 应对压力：什么有效，什么无效

您为度过一天所做的一切——每一个想法，每一个行动——都是应对压力的行为。上班、还债、大笑、哭泣：所有这些都是应对的行为。一些应对压力的方法直接针对压力的来源，其他应对方式多与压力产生的影响有关。

警告

下面是一些应对压力的例子，可以暂时缓解压力，但不能解决对您伤害最大的问题：

» **躲避：**躲避就是通过不面对压力来应对压力，例如，通过吃饭、吸烟或喝酒来躲避。

» **指责：** 如果通过指责来应对压力，您要么指责别人，要么指责自己。

» **幻想：** 有些人愿意坐下来，想象自己的问题解决了。

» **冲动行事：** 当有疑问时，有些人会鲁莽行事。他们不会思考；他们只是行动。

提示

**以下是一些应对压力的有效策略：**

» 尝试了解更多情况。

» 与配偶、亲戚或朋友谈论困扰您的事情。

» 一步一个脚印地解决问题。

» 寻求指引或力量。

» 借鉴过去类似性质的经验。

» 寻求专业帮助（来自医生、治疗师、律师或神职人员）。

» 试着去发现积极的一面。

» 关注问题本身，而不是您的情绪反应。

» 要有耐心，不要寻找快速解决方案。

» 坚持。无论需要多长时间找到解决方案，都要继续努力。

» 当您努力寻找解决方案时，要接受不确定的感觉。

» 开发多种解决问题的方案。

» 和他人保持联系。

» 愿意妥协。

» 保持乐观。

| **平衡您的身体**
Balancing Your Body

**本章亮点**

» 站起来活动活动

» 养成积极的睡眠习惯

» 研究物质的作用

» 检查您的饮食

» 寻求药物帮助

当一个人身体不平衡时，情绪可能会不稳定。您可能会感到疲劳、悲伤、易怒或愤怒。一些小事会让您生气。如果能更好地照顾自己的身体，就会在愤怒的情况下更有韧性。举个例子：

里卡多（Ricardo）最近离婚了，而且他发现自己的工作难以维持生计，需要第二份工作。此前，他在教堂完成了愤怒管理课程，因为愤怒问题毁了他的婚姻。里卡多加入了一个男子团体，让自己专注于康复。他希望为自己过去的行为寻求原谅。他相信，只要他辛勤工作努力改变，家人会回来的。

但是里卡多发现他的第二份工作剥夺了他的空闲时间。他没有时间锻炼，开始出现睡眠问题。现在他分担了三个孩子的监护权，对照顾孩子的新责任感到不知所措。在工作、儿子们的足球练习、女儿的舞蹈课和三个孩子的家庭作业连番轰炸下，里卡多的愤怒问题再次爆发。他也开始酗酒以"缓解压力"。他放弃了自己的饮食规划，对孩子们越来越暴躁。最终，当孩子告诉他："爸爸，你一点都没变！"时，他爆炸了。

本章介绍了运动、睡眠、药物和饮食在愤怒管理中的重要作用。还将讨论哪些人适合药物帮助。

## 通过锻炼改善心情

大量的科学研究证明，有规律的体育锻炼可以改善情绪。如果您定期锻炼，可以：

» 注意力更集中。

» 睡得更好。

» 对性表现出更大的兴趣。

» 拥有更多能量。

» 不那么紧张。

» 更全面地享受生活。

» 感觉与周围的人不那么疏远。

» 让决策更容易。

» 更加乐观。

» 更少抱怨身体上的小病。

» 减少自我专注。

» 想得更清楚。

» 少一点强迫症。

» 更加活跃。

» 少一点易怒和暴躁。

即使锻炼有这么多好处，人们也有很多不锻炼的借口。下面的章节会提到其中的一些，了解这些常使用的借口有助于克服它们。

## 安排好时间

好吧，您可能会说，"当然，我很想锻炼，但我就是没有时间。"明白了。当今混乱、快节奏的世界让很多事情都很难找到时间。许多人甚至在开始锻炼之前就让这一事实打败了他们。但研究表明，每周五次或五次以上不到十分钟的高强度运动会带来身体状况的显著改善。您没看错，只需每天十分钟。

**提示**　想知道每天十分钟能做什么，请访问 7minuteworkout.jnj.com 下载免费应用程序。这项运动每天只需 7 分钟。更好的是，只需要一堵墙、您自己和一块地板就能完成。现在您不能说没有时间了吧。

**警告**　在进行任何锻炼计划之前，尤其是高强度的锻炼（7 分钟的计划当然是这样），请咨询医生。如果在训练中受伤了，就停下来。疼痛（与正常的酸痛相反）是健康出了问题的信号。

**提示**　如果您膝盖不好、关节有问题或有其他健康问题，可以相应地修改锻炼计划。如果您的健康问题很复杂，理疗师会有好主意帮助您把锻炼带回生活中。

## 寻找动机

如果您不是没有时间锻炼，而是没有动力跟上锻炼计划，那么从回顾本节前面提到的锻炼的好处开始。此外，许多人发现运动手表一类的"活动监测器"有助于让他们保持活力。这些设备大多可以跟踪您的步数和心率，有些甚至可以在您坐得太久时提醒您，久坐恰好是对健康的真正危害。

您也可以找个伙伴来陪您一起坚持锻炼。让朋友失望比让自己失望要难得多。您和朋友可以制作一张图表，记录每周的进步。最后要做的是报名参加一个课程，例如在当地的健身房里进行动感单车或普拉提运动。

**提示**　如果您把锻炼作为一种规律而不是一件偶尔为之的事情，则更有可能坚持下去。行动起来。如果您这样做了，会感觉好多了。

### 运动类型

有些人能够抽出时间，找到定期锻炼的动力，但他们只是不确定该做什么。他们想知道自己的锻炼计划需要强度有多大、多频繁。或者他们觉得自己必须有一个完美的运动计划。这些基本上都是不必要的担忧。考虑以下内容：

» **选择什么类型的运动并不重要。** 曾经有人问我一个开健身房的朋友，"什么是最好的运动？" 他的回答是，"您愿意做的运动就是好运动！"

» **运动不一定要费力才能有效。** 关键是您要把运动融入生活中去，这样就不仅仅只在有时间或喜欢的时候才会做。

提示

关于如何利用锻炼来提升情绪，最好的养生法是以下几种的组合：

» 有氧运动，如散步或慢跑，以提高耐力。

» 举重以增强力量。

» 平衡运动，提高稳定性。

» 弹性伸展运动。

人们在经过一次艰苦的锻炼后很难感到愤怒。试试看吧。

### 获得足够的睡眠

您见过一个孩子在公共场合大喊大叫，与周围的一切格格不入吗？这个孩子可能又累又生气，父母做的任何事情都不能满足他。但如果他能保持静止一秒钟，就会很快进入深度睡眠，像布娃娃一样挂在母亲的手臂上。

快进到 20 年或 30 年后，您会看到无数成年人在做同样的事情：表现得很暴躁，因为他们筋疲力尽，睡眠不足。睡眠不足会增加易怒情绪，这是即将到来的愤怒的熔炉。

以下部分将讨论休息和适当睡眠在愤怒管理中的重要作用，以及如何保持良好的睡眠卫生。有了这些，您就不会总是有起床气了。

## 睡眠能为您做什么

与您可能一直认为的相反，睡眠并不是在浪费时间。睡眠是人类神经系统赖以生存的重要工具。睡眠对身体和心理都具有恢复功能，可以帮助您从前一天的事件中恢复过来，并为明天迎接新的挑战做好准备。最重要的是，睡眠可以恢复损失的能量。

了解睡眠的作用最简单的方法是看看睡眠不足时会发生什么。以下是慢性睡眠不足的一些症状：

» 抑制对抗疾病的免疫系统功能（换句话说，您患感冒或流感的概率会更高）。

» 更易怒。

» 创造力受损。

» 难以集中注意力。

» 记忆力受损。

» 肥胖。

» 高血压。

» 解决问题的能力下降。

» 工作效率低下。

» 容易发生事故。

» 疲劳驾驶。

» 路怒症。

» 悲观厌世。

» 糖尿病的早期症状。

» 说话拖沓。

» 应对压力的能力较低。

» 处理问题的能力受损。

» 反应较慢。

» 决策能力受损。

» 思维模式僵化（无法以多种方式看待情况）。

» 产生幻觉。

» 无法控制情绪。

» 暴力的可能性增加。

» 肌肉力量下降。

» 耐力丧失。

## 为什么折磨自己？

《日内瓦公约》《联合国禁止酷刑公约》和"大赦国际"组织都认为长期剥夺睡眠是一种酷刑，所有文明社会都应将其视为非法。然而，具有讽刺意味的是，数以百万计的人日复一日地因为睡眠不足而心甘情愿地折磨自己。谁能保护他们免受伤害？

要弄清楚是否睡眠不足，问问自己以下八个问题。如果其中三个或三个以上的答案是肯定的，那么肯定有睡眠问题了。

» 早上起床是不是很吃力？

» 经常在看电视时睡着吗？

» 在工作中，会在无聊的会议上睡着吗？

» 经常在吃了一顿大餐后睡着吗？

» 眼睛周围有黑眼圈吗？

» 在周末会多睡几个小时吗？

» 在开车时经常感到昏昏欲睡吗？

» 白天需要打个盹吗？

警告

　　　　有注意力缺陷 / 多动障碍（AD/HD）、睡眠呼吸暂停综合征、酗酒或抑郁症，以及要上夜班的人，都有很高的睡眠不足的风险。

## 评定睡眠质量

　　　　比睡眠时间更重要的是睡眠质量。仅仅在床上躺了八小时并不一定意味着睡得好。问问那些喝了一晚上酒后睡着的人，第二天早上醒来时是否感到神清气爽。很大可能答案是否定的。

提示

　　　　为了确定睡眠质量，需要用 10 分制来评估休息和精神状态，其中 1 分表示"根本没有"，10 分表示"休息得很好"。注意您早上醒来时（甚至在去洗手间之前）的感觉。记录十天的睡眠质量，然后计算出平均值（将所有 10 个数字相加，除以 10）。这个数字会告诉您晚上是否睡得好。如果平均睡眠评分是 7 分及以上，您的状态很好。如果平均评分低于 7 分，您可能会有麻烦。

牢记

　　睡眠质量与睡眠卫生直接相关，所以要保持健康的睡眠习惯（就像保持口腔卫生是使牙齿和牙龈健康的习惯一样）。举几个睡眠卫生不良的例子：

» 白天小睡 2 小时或更长时间（一些有健康问题的人或非常年长的人除外）。

» 睡觉和起床时间不规律。

» 睡前锻炼。

» 睡前使用电子设备或看电视。

» 过量饮酒、吸烟或喝咖啡，尤其是在临近就寝时。

» 睡前参加一些刺激性活动（例如玩电子游戏或看暴力节目）。

» 带着生气、沮丧的情绪或压力很大的状态上床睡觉。

» 在床上进行睡眠和性生活以外的活动（如工作或看电视）。

» 睡在不舒服的床上。

» 卧室环境不舒服（过于明亮、过于温暖或寒冷、过于嘈杂等）。

» 在床上积极参与重要的心理活动（记住，床不是排练明天早上员工会议演讲的正确地点）。

## 提高睡眠质量

　　提高睡眠质量是一个您可以有所作为的领域。与其继续成为睡眠不足（换句话说，精疲力竭和烦躁不安）的受害者，在考虑使用安眠药之前，先开始练习一些良好的睡眠卫生。以下部分将向您展示如何操作。

### ·避免使用兴奋剂和酒精

　　大多数人在睡觉前四小时应该避免的两种主要兴奋剂是咖

啡因和尼古丁，两者都能激活中枢神经系统——您的大脑——并提高警觉，而当准备睡觉时，并不需要激活它。

提示

虽然酒精不是一种兴奋剂，但也会损害睡眠质量。酒精还与愤怒等情绪爆发有关，这都不利于良好的睡眠。许多人在睡前喝一杯酒精饮料，对睡眠没有任何不良影响。但另一些人发现这样做会损害他们的睡眠质量。

### · 制定睡前常规计划

您的神经系统渴望例行公事。当您以同样的方式日复一日地坚持下去，效果最好，对健康也有好处。您可能会觉得例行公事的生活很无聊，但身体喜欢！

因此，想获得更好的睡眠（并且控制自己的愤怒），需要有一致的睡前习惯。这个程序应该在您真正入睡前 4 小时或更长时间开始。在下午或傍晚锻炼后，不要喝咖啡和饮酒，吃一天中的最后一顿大餐，空着肚子上床睡觉也不好。睡前 1 小时左右，吃点清淡的零食，比如酸奶或水果，而不是 6 片披萨或冰淇淋圣代！

### · 创造一个宁静的空间

当谈到如何创造刺激很少的睡眠环境时，重要的不仅仅是吃什么、喝什么和抽什么，还包括物理环境本身。

提示

以下是一些如何创造积极睡眠环境的方法：

» 使用窗帘，减少来自外部的侵入性光线。
» 避免极端温度。大多数人在凉爽的房间里睡得更好。您可能需要进行实验才能找到最适合的温度范围。

» 如果睡在您旁边的人有打鼾问题，请使用耳塞。

» 使用背景噪声，如吊扇、低音量收音机或录音机，来掩盖更具破坏性的声音。

» **花点钱买一张好床垫。** 您需要一张适合您体型的（您肯定不希望睡觉时脚挂在床尾）床，还有提供足够支撑的床垫。

## ·消除竞争

人类大脑的工作原理是联想，也就是说，如果两件事在时间和空间上经常发生在一起，大脑就会建立联系。当建立该联系后，该关联的一部分将触发另一部分（这就是为什么当您走过一家冰淇淋店时，可能会突然想吃一份圣代）。

牢记

当谈到睡眠环境时，您的大脑应该只有一种联系——一种想法、一种冲动、一种渴望——那就是："万岁，我终于可以睡了！"如果您的大脑说，"性呢？"别担心，性是大脑与卧室联系的另一种活动。

提示

如果大脑和其他睡眠竞争活动有太多的联系，您可能很难在卧室里好好睡觉，例如，您的卧室可能是进行以下活动的地方：

» 看电视。

» 与配偶争吵。

» 深夜吃东西。

» 工作。

» 听大音量的音乐。

» 为课程或即将到来的考试学习。

» 与室友谈论一天中令人不安的事情。

» 思考您的待办事项。

» 抱怨惹您生气的人。

» 为明天做计划。

» 和宠物嬉闹。

» 深夜打电话或发短信。

　　如果总是把卧室当作多功能房间使用，那么难怪您会睡不着，而且很累，很烦躁。这些都是可以也应该在其他地方做的活动。在哪里完成呢？除了睡觉的地方都可以。卧室应该是您的避难所，一个身心可以休息和恢复的地方。

提示

　　如果住在一居室的公寓怎么办？试着用书架、屏风、隔板或类似的东西将睡眠区与房间的其他部分隔开。然后坚持把非睡眠活动放在睡眠空间以外的其他区域。

提示

　　如果您在床上辗转反侧 20 分钟还没睡着，就起床吧。做一些必要但无聊的任务，不会让您兴奋的事。在感到非常累之前不要再上床睡觉。如果在 20 分钟左右的时间内没有睡着，您甚至可以再起来干点别的。大脑需要把床和睡眠联系起来，而不是睡觉以外的事情。

### · 与工作保持距离

　　对许多人来说，工作已经成为一种消耗一切的日常活动（有些人认为这是一种痴迷）。如果您没有实际意义上的工作，也会在脑海、在家里工作。事实上，最有可能干扰睡眠的就是工作（见上一节）。疫情期间，有这么多人在家工作，工作和家庭之间的区分变得更加困难。

提示

　　如果工作占据了您醒着的每一刻，那么在您有希望入睡之前，需要足够的时间将思想从工作活动中分离出来。在睡觉前几小时，先从所有与工作相关的事情中解脱出来。如果做不到，至少在工作和睡眠之间给自己 1 小时的休息时间，但要记住，间隔时间越长越好。您在第二天的工作效率比前一天晚上会有所提高。

### · 理清思路

很难睡个好觉的另一个原因可能是，在睡觉时您的脑子里塞满了心理上的"垃圾"。一旦周围的环境安静下来，房间变暗，大脑就会专注于所有未解决的问题、不满、焦虑、担忧和挫折。有些人发现，睡前一两小时写 20 分钟左右关于这些问题的日记有助于他们平静下来，做好睡觉的准备。

提示

作为睡前常规的一部分，试着写下第二天要做的事情。（为了这个目的，可以在床头柜旁边放一个笔记本。）这样，早上起来，清单就会在那里，您就不必整夜辗转反侧，担心自己会忘记。

## 安眠药

许多人因为几天、几周、几个月或几年的睡眠不佳而感到沮丧，他们认为安眠药是一个不错的选择。使用安眠药来获得良好的夜间睡眠（并减少疲劳和烦躁）可能对您有效，但应该先咨询医生。许多类型的安眠药会产生副作用（白天嗜睡、焦虑、梦游、记忆问题，以及停止服用后的反弹性失眠）。此外，服用安眠药可能只会强化这样一种观念，即您无法控制这种病，这远非事实。

尽管如此，有些人还是在医生的指导下服用了睡眠药物，没有产生负面的不良影响。

另一种可能帮助您睡个好觉的药丸是抗抑郁药，又不必担心成瘾和反弹效应。抗抑郁药可以低剂量服用，以促进健康睡眠。想确定是否适合用抗抑郁药来帮助睡眠，请咨询医生。

比安眠药或抗抑郁药风险更小的是天然激素美拉托宁（又称褪黑素）。您可以在药店里买到褪黑素。使用前请咨询您的保健医生。

## 当尽最大努力都无法获得良好睡眠时，该怎么办

有时，即使您创造了有利于睡眠的环境，建立了良好的睡前习惯，解决了工作中的问题，消除了与睡眠竞争的事件（详见前一节），却仍然睡不好。现在怎么办？接下来的三个部分将告诉您，尽最大努力仍无法入睡时该怎么办。

### · 抛开灾难性的想法

可以在大脑中找到对睡眠最常见的干扰之一。您可能会听到各种各样的想法，这些想法会让您更加痛苦，更难入睡。以下是一些常见的灾难性想法：

» "明天是重要的一天，如果我现在不睡觉，明天会一团糟。"
» "如果我现在不睡觉，就无法完成那件事。"
» "孩子会在凌晨3点吵醒我，明天我会筋疲力尽。"
» "如果睡眠不足，我会一整天都烦躁不安。"

» "不马上入睡让我心烦意乱。"

谁能在脑子里回响着这样的想法时睡着呢？您有其他选择，可以重复一些去灾难性的想法，比如：

» "虽然我不喜欢这样，但我已经有很多次在重大事件的前一天晚上没有睡觉。并没有到世界末日。"
» "如果宝宝醒来，我可以边喂奶边抱抱他，感觉很不错。"
» "随着时间的推移和反复练习，我可以睡得更好，但每个人都会有偶尔失眠的时候。"

换句话说，越觉得睡眠重要，就越有可能干扰睡眠。您可以睡得更好，但同时要放松，不要把睡不着灾难化。

· 睡得少睡得好

您可能会问，能做到睡得少又睡得好吗？事实上，研究表明，有睡眠问题的人倾向于尽可能长时间地躺在床上，希望能得到足够的睡眠。这种方法的问题在于，大脑学会了将床与睡眠断开，这与良好睡眠的效果完全相反。

所以，试着比平时晚一两个小时上床睡觉，尽管这可能看起来违反直觉。这样做会使您更快入睡，得到更有效的睡眠。

如果辗转反侧很长时间都无法入睡，那就起床吧。您需要把床和睡眠联系起来。

· 寻找睡眠疗法

如果尝试了所有这些睡眠建议，您仍然失眠，那么是时候开始治疗了。先去初级保健医生那里咨询，他可能会建议您去睡眠诊所做个评估，确定是否患有睡眠呼吸暂停综合征（一种持续整夜的呼吸开始和停止的情况）或其他阻碍睡眠的问题，如药物、胃食管反流和不宁腿综合征。

即使在排除或治疗了导致睡眠问题的身体原因后，您仍然可能失眠。在这种情况下，您可以找一位治疗失眠的认知行为治疗师。认知行为疗法对这个问题非常有效（更多关于认知行为疗法原理的信息，请阅读第 5 章和第 6 章）。

## 与愤怒有关的物质

本节将向您展示如何通过创造一个不"愤怒"的身体内部环境来有效地管理愤怒。我们将聊一聊常见的化学物质，如尼古丁、咖啡因和酒精是如何影响身体（和愤怒）的，以及冲动、愤怒和药物滥用之间的联系。

### 将愤怒与物质摄入联系起来

如果某件事是合法的，一些人就会觉得这件事情无害。但常识告诉我们，并不是这样。很多物质都会对身体产生影响，从而引发愤怒。例如，香烟是合法的，但每个人都知道尼古丁是一种令人上瘾的物质，吸烟会导致数百万人英年早逝。酒精是合法的，但如果过量使用，会导致家庭虐待、致命交通事故、心脏病发作和肝脏疾病的一系列后果。咖啡因，也许是最受欢迎的常用药物，当然是合法的，但也会干扰睡眠并升高血压。

一个很大问题是，大多数人并不认为常见的化学品是真正的毒品——当然，他们认为海洛因、可卡因、安非他命和大麻是毒品。他们觉得一些化学品是"安全"的药物，对健康和幸福没有不良影响。大多数人并不确切知道"日常生活中的化学反应"与愤怒等情绪之间的联系。

事实证明，以下所谓的"无害"化学物质可以通过多种方式降低您的愤怒阈值：

» **咖啡因和尼古丁刺激中枢神经系统，使其对环境刺激更具反应性。**翻译过来就是：如果您神经系统紧张，当高速公路上有个家伙在您前面慢慢行驶，您将很难保持冷静。

» **即使少量饮酒，也会模糊或夸大一个人的感知，导致醉酒者误解他人的行为和意图。**翻译过来就是：如果喝得太多了，您可能会认为女朋友在和酒保调情，而她只是问洗手间在哪里。

» **酒精往往会减少人们对情绪和行为的抑制，让他们以清醒时不会有的方式感受和行动。**翻译过来就是：喝得烂醉如泥时，您更有可能对让您生气的人大发雷霆或拳脚相向。所以酒吧设有保镖是有原因的。

» **酒精会影响情绪，尤其是在抑郁症方面，抑郁症反过来又会产生悲伤和愤怒等情绪。**翻译过来就是：如果您在给朋友敬酒后不久就对着啤酒罐哭了，那可能是因为酒精严重破坏了情绪。

## 调控您的物质

首先您对愤怒成瘾，接下来您会对情绪物质上瘾。此外，咖啡因和尼古丁是兴奋剂，能够使神经系统过度兴奋，导致在下次受挫或被激怒时更容易生气。最终会陷入一个恶性循环，愤怒会导致您摄入更多的化学物质，更多的化学物质会导致您更加愤怒。

### · 戒烟或减少吸烟

吸烟是一种习惯（习惯是一种可预测的行为，是吸烟者在没有任何意识、深思熟虑的想法或意图的情况下重复的行为）。吸烟者之所以会点燃香烟，主要是因为他们有这样做的冲动，而且这种冲动在一天中的某些时候会更强烈。作为戒烟的开始，试着在一天中最想抽烟时把它灭掉。如果您能消除一天中最强烈的冲动，那么其他较弱的冲动都会更容易克服。

提示

在您确定了一天中最想抽烟的时段后，制定一个行动计划来度过这一冲动。作为计划的一部分，可以：

» **把您放在吸烟上的时间用在其他形式的娱乐上。**尽管尼古丁对健康有危害，但不可否认，吸烟者能从尼古丁中获得乐趣。所以您可以寻找一个替代品。

» **说服自己克服冲动。**一个很好的咒语是"一切都会过去的。"

» **依靠更强的力量来帮助您抵抗吸烟冲动。**您对自己有足够的信心来克服吸烟的冲动吗？

» **躺下，闭上眼睛，投入一些积极的想象。**给大脑找一些事情做，而不是专注于吸烟。想象一下自己在不吸烟的情况下做一些自己喜欢的事情。

» **吃块糖。**这个办法对愤怒有效，那么为什么还要吸烟呢？

» **花点时间写日记。**犯烟瘾的时候是花一两分钟写下此刻感受的最佳时机，只要冲动过去就行。您可以在日记中承认想抽烟。

戒烟（或减少吸烟）最成功的往往是那些制定自己的自助计划的人。因此，如果您将此作为整体愤怒管理计划的一部分，戒掉吸烟的习惯的可能性就很大了。不要害怕有创造力，想想烟盒之外我们还能做些什么！说不定哪件事就管用了。想得到更多戒烟方面的帮助，请阅读《戒烟》(*Quitting Smoking & Vaping For Dummies*，Wiley 出版 )。

### · 计算您摄入的咖啡因

提示

如果咖啡因会引发您的愤怒，试试以下方法：

» 从咖啡切换到茶。两者都含有咖啡因，但茶中咖啡因的含量较少。

» 交替喝含咖啡因咖啡和无咖啡因咖啡。

» 试着喝"一半一半"的咖啡，一半含咖啡因，一半是无咖啡因的。

» 减少使用含有咖啡因的非处方药。

» 在外就餐时点杯苏打水，而不是含咖啡因的饮料。这是一种趋势。

» 彻底放弃软饮料。许多软饮料都含有咖啡因，几乎所有都对您有害，包括减肥版的。

### 让冲动消散

我们摄入的大多数物质都基于冲动，可以称之为欲望、渴望、饥渴等。冲动是身体向您发出的信号，表明它想要（或需要）一些东西，而您的工作就是满足这种冲动。整个过程都是盲目的。

有些人有太多的进食冲动，最终导致肥胖。有些人有太多的饮酒渴望，最终成为酗酒者。有些人有太多的吸烟欲望，最终导致了癌症。有些人总是想买东西，结果他们破产了。这一天中有多少事情是在冲动下完成的，反映了您的生活有多少是由欲望决定的。

　　关于冲动，好的一面是，它们是短暂的：来也匆匆，去也匆匆。每次您有了某种冲动但是没有去满足，冲动的强度就会减弱一点。如果您是一个吸烟者，每次想抽烟的时候都不去抽，抽烟这件事就变得不那么重要了，直到有一天您不会再想抽烟。想保持清醒，不被酒精打败，同样的方法也会奏效：每次当您处于过去经常喝酒的情况，努力让自己不喝酒，慢慢地，这种情况和酒精之间的联系就会减弱，直到没有任何喝酒的冲动。（这也是为什么传统的 28 天住院清醒计划往往不起作用的原因。这种治疗会将您与现实世界隔离几周，直到您精疲力竭，然后再把您送回老地方，在那里，饮酒的冲动一如既往地强烈。您没有机会逃离！）

### · 采用新的饮酒方式

提示

　　合理饮酒的一些常识性规则会对一般程度的小酌有所帮助，但无法解决严重的酗酒问题。

» **避免单独喝酒。** 与未婚者相比，已婚者吸烟、小酌和酗酒的可能性较小。说出来您可能不信，当您和三五好友在一起，喝多了的可能性也更小。

» **饮酒前和饮酒时要多吃一些食物。** 食物能吸收酒精，减少酒精对神经系统的影响（尤其是肉类和奶酪等高蛋白食物）。

» **在酒精饮料和非酒精饮料之间交替选择。** 这样，酒精摄入量就会减少一半。

» **慢慢喝。** 激进的饮酒者喝得更快，结果喝得更多。试着一杯酒

喝上一个小时（也就是身体代谢酒精所需的大致时间，但是很
难做到）。

» **自愿给大家做司机。** 朋友会感谢您，第二天早上您会感觉比他
们好很多。

» **心情不好的时候千万不要喝酒。** 记住：尽管大多数人认为酒精
是一种兴奋剂（它会让你放松），但实际上酒精是一种镇静剂。
在短暂的愉悦之后，情绪又会低落。

警告

　　如果您照着上面所说的做了，但仍然喝得太多，可以考虑
寻求专业支持。

## 抑制进食欲望

　　饮食和饮食模式也会导致愤怒问题，反过来，愤怒也会影
响您的饮食。如果严格限制饮食，您可能会发现自己比平时更
易怒。另一方面，在愤怒爆发后，许多人会通过食物来让自己
平静下来。

　　大多数人会转向糖。吃糖让人感觉很好，但也只是在一段
时间内。然而，研究表明，血糖水平飙升之后会急转直下，引
起更强烈的食欲。

警告

　　还有一些研究表明，当血糖水平骤降时，人们会做出可怕
的决定。爆发式的愤怒无疑就是一个糟糕的决定。

　　尝试以下办法，在一天中保持更稳定、更健康的血糖水平：

» 慢慢吃。

» 多吃水果和蔬菜，但要吃完整的食物，不要摄入太多果汁。

» 如果您选择吃碳水化合物，请确保它们搭配得当。

» 少吃，但可以考虑在白天吃一两份健康的小零食。

## 查看药物选项

　　大多数愤怒管理方法并没有考虑到使用药物。在某种程度上，这可能是因为服用药物实际上并不是控制愤怒的方法。关于药物治疗愤怒的有效性的研究也有些前后矛盾。然而，您应该知道，对一些人来说，药物可能是必要的选择，尤其是愤怒伴有其他情绪障碍，如抑郁或焦虑时。或者，当愤怒衍生出了暴力，药物可能在治疗中发挥作用。

　　为有愤怒问题的人开出的药物主要包括以下几类：

» **非典型抗精神病药：**这些是强效药物，往往会使患者镇静。可能会有严重的副作用，例如葡萄糖代谢问题，这会增加患糖尿病的风险。

» **抗精神病药：**这些是非典型抗精神病药的旧版本。当患者与现实失去联系，出现幻觉、妄想或偏执时，就可以使用这类药物。这类药物有极其严重的副作用，包括异常、不规则的肌肉运动，痉挛，步态蹒跚和强烈的不安感。

» **抗抑郁药：**这类药物对抑郁和愤怒并存的情况尤其有效。许多也有显著的副作用，如体重增加、恶心和疲劳。

» **抗痉挛药：**这些药物有时能减少严重的情绪波动和失控的情绪爆发。副作用包括疲劳、恶心和意识模糊等。

» **β 受体阻滞剂：**这些药物一般用于治疗高血压。也可以帮助减少愤怒时体内升高的化学物质，因为它们可以阻断伴随愤怒爆

发时去甲肾上腺素的作用。β 受体阻滞剂的副作用比前面的药
物少，可能包括疲劳和头晕。

警告

抗焦虑药，如苯二氮䓬类药物，有时也被用来治疗愤怒问
题。然而，它们会导致去抑制，而愤怒往往是由于去抑制造成
的。此外，这类药物很容易引起药物依赖（需要随着时间的推
移增加剂量）和成瘾。

警告

治疗愤怒问题的药物应由专业的精神科医生开具。并不是
所有的初级保健医生都愿意为这个问题开药。所以，一旦有需
要，请考虑一下看专业的愤怒管理医生。

第 21 章 | **建立社会支持**
Building Social Support

**本章亮点**

» 在愤怒管理计划中添加一个支持小组

» 寻找新朋友并成为好朋友

人类是群居动物，或称群体动物或伴侣动物。独自生活不是人性的一部分。这并不是说人不能独自生存，只是独自生存会更加乏味、负担繁重和生活困难，尤其是当生活充满压力时。

发展稳固的社会支持可以在很大程度上帮助您保持积极的心态，并成功提高长期控制愤怒的概率。当周围有一群支持您的人时，您很难觉得自己是受害者。当周围都是关心您的人时，就不会那么生气了。最后，一项又一项严谨的研究表明，社会支持可以降低心血管不良事件、痴呆症的风险，并提高整体健康水平。

本章将讲述如何提高社会支持的数量和质量，为您介绍建立人际关系的步骤，展示如何从身边合适的人中获得益处。

## 建立优质的社会支持

人们常常将社会支持与社交网络混为一谈。社会支持与您和身边最亲近的人（家人、配偶、朋友、孩子、邻居）的关系质量有关，反映了您与他人的亲密状态或情感联系。而社交网络只是简单地定义了您有多少（数量）这样的关系。

有些人拥有坚强的支持网络，虽然提供支持的人不多。还有些人有无数的朋友和熟人，但很难说出一个在需要的时候可以求助的人。当然，只要您背后有强大的支持，在生活中有一些能偶尔一起玩的人也是很好的。那些更持久、更有意义的关系才是在困难（压力更大）时期保护您的。

提示

以下是一些组建支持团队的方法：

1. 列出生活压力太大时可以求助的人。

2. 在每个名字旁边，列出这些人离您的距离远近，是一脚油门就能见面的，还是需要打电话发邮件来联系的。

3. 写下您有多久没和这些人联系了——两天，六个月，还是更长？

　　如果距离上次接触已经太久了，快给每个人打电话或发信息，重新联系。

4. 想想您可以从支持团队的成员那里得到什么类型的支持。

　　比如：

　　• 情感支持：一个拥抱，发泄的机会。

　　• 有形支持：开车，为您解决问题。

　　• 信息支持：建议、法律顾问。

　　• 评估反馈：建设性的批评、赞扬。

5. 想想您能给名单上的人什么样的支持（毕竟这是双向的）。让他们知道您可以为他们做什么。


　　如果清单显示您的生活充满了常联系、有帮助的关系，那就太棒了！但是，如果有点欠缺，下面的部分会为您提供其他方法，帮助您找到新的人来填充支持系统。

提示　　友谊的发展需要时间和精力。要有耐心，眼光要长远。在找到两三个真正能支持您的人之前，可能需要遇到很多人。即使只有一位亲密的朋友也能给您的生活质量带来不可估量的提升。


## 志愿者活动

　　志愿者活动具有丰富的潜力，可以将您与有趣的人和经历联系起来。首先问问自己有什么兴趣和才能。接下来，在网上搜索您所在社区的志愿者活动。您会发现大量的组织和人员需要帮助，而您的个人专业知识正好与之相匹配。做志愿者时，您不仅会从组织或人员中受益，志愿者活动还有以下作用：

» 改善健康状况。

» 让您感觉受到重视和赞赏。

» 表达您的感激之情。

» 发展新技能。

» 构建关系网络。

» 充实个人履历。

» 为社会作出贡献。

» 提高社交能力。

» 对抗抑郁。

» 提高自尊。

» 让自己更快乐。

» 向自己展示您可以有所作为。

» 看到别人的问题比您还多。

» 增强您的掌控感。

» 关注他人，而不仅仅是自己。

» 意识到其他人也和您一样经历过不公平。

信息

　　当人们对他人所经历的不公正、痛苦或歧视感到不安时，他们有时会感到所谓的道德愤怒。如果道德愤怒激励人们帮助那些遭受不公平的人，实际上是一件好事。对不公正、不公平和不平等感到愤怒的人带着激情、热情和利他主义从事志愿服务，而这些并不是制造有毒愤怒汤的成分。（有关道德愤怒的更多信息，请阅读第 11 章。）

　　一般来说，志愿者是一个潜在的好友库。这是因为志愿者们致力于他人的幸福。此外，很多人不仅自愿做好事，还愿意结识其他人。在这个过程中，志愿者自身的生活目标感和意义往往会增强。（有关目标感和意义的更多信息，请阅读第 22 章。）

提示

您可能会觉得没有足够的空闲时间来做志愿者。当然，时间压力也是可能引起愤怒的一个问题。但即使是这样，努力一下，也能每个月挤出一小时的时间来做志愿者，相信我，您不会后悔的。

## 加入自助小组

环顾四周，自助团体比比皆是。您可以考虑让这些团体在生活的某些领域帮帮您，比如愤怒管理。另外，自助团体也会给您提供交朋友的机会，毕竟，你们一开始就有一些共同点。具体来说，愤怒管理自助小组由对愤怒管理和改善生活感兴趣的人组成。这些团体通常不是由有专业人士经营的，所以您要首先确保这不仅仅是一群聚集在一起抱怨的人。

警告

愤怒管理自助小组中的一些人可能很早就开始处理他们的愤怒问题，但效果并不好，他们不是朋友或知己的好选择，请谨慎行事。对最近被法院系统强制出庭的人或承认有暴力史的人要特别小心。

网上也有一些管理愤怒的自助小组。如果您想交朋友，可能更需要能见面的线下团体。在美国，您可以在网上访问 https://angermgt.meetup.com，找到当地的愤怒管理小组（见面会），或者通过搜索"我附近的愤怒管理"找到盟友。也可以通过教堂、报纸（别惊讶，现在有些报纸确实还有这部分内容）、老年活动中心以及当地大学和学院的继续教育项目找到愤怒管理自助团体。

提示
　　大多数人在生活中都有各种各样的问题和担忧，包括愤怒、焦虑、抑郁、关系问题、悲伤等。可以考虑加入一个自助小组，解决除了愤怒之外可能遇到的各种问题。

## 寻找朋友

　　您也可以通过直接寻找朋友来找到朋友。您也许有几个熟人，但还没有尝试过把他们变成亲密朋友。把熟人变成朋友需要付出一些努力。您可以和他们深入交流，向他们伸出友谊之手，邀请邻居、学校或工作场所的人和您一起做点什么。

　　从一些小事开始：喝喝咖啡，散散步，或者短暂地拜访。如果有人对与您交朋友这件事没有表现出兴趣，那很可能是因为他们日程太满，与您本身并无关系。

提示
　　大多数人在找到一个真正的好朋友之前，都需要发出无数的邀请。做好被拒绝的准备，持之以恒。

## 举办社区派对

　　许多社区会不时地组织活动，包括所谓的邻里联防队。邻里联防队有助于减少社区里的犯罪行为，增进邻居间的互相照顾，发现可疑情况及时向当地警方报告。

　　有时，当地警察和消防部门的代表也会被邀请参加社区派对。他们会倾听邻居的担忧。邻里联防建立了一种社区意识，增加了人们对维护邻里安全的兴趣，同时也提供了另一个结识朋友的途径。

　　如果您所在的社区还没有正式的邻里联防队，可以考虑组织一次。当地警察局可能会在这一过程中为您提供帮助。但是，如果您还没有准备好做这样的事情，可以考虑简单地举办一个社区聚会。以下是关于如何举办这样一个聚会的方法：

» 邀请一些感兴趣的邻居加入聚会，成立一个组织委员会。

» 为您的第一次聚会安排方便的时间和地点，大多数人喜欢在下班后的傍晚。

» 可以让大家每人带一个或两个菜，在聚会时分享。如果最初的努力成功了，将来可以尝试一些更有趣的事情，比如户外烧烤。

» 通过电子邮件、传单和口口相传的方式与邻居交流聚会的情况。让与会者提供姓名和电子邮箱。

» 坐下来，享受生活，和邻居一起交流感想。您可能会交到一两个新朋友。

警告

当然，社区聚会可能会受到限制，比如在疫情期间。与地方当局核实可能干扰活动的障碍，尤其是涉及酒精等情况。

## 随时随地交谈

毫无疑问，您每天都会遇到可能成为朋友的人，只是您自己不知道。您可能完成了一天的基本工作，却几乎没有注意到周围的人。也许是时候尝试一些新的东西了。

我喜欢鼓励人们在重要性较低的情况下练习他们的对话技巧。换言之，试着与不太可能成为亲密朋友的人交谈，比如邮局职员、杂货店排在您前面的人，或者遛狗时从旁边经过的人。以下可以作为您的开场白：

» **评论天气。**今天真热，你打算去哪避暑？你觉得我们这还会下雨吗？最近老是刮风！

» **问一个关于您所在地区的问题。**这附近有什么好吃的餐馆吗？我想找个地方逛逛，有推荐的地方吗？这附近你最喜欢的便利店是哪个？

» **告诉别人一些关于自己的事情。**我刚从西北部搬到这里，对新人有什么建议吗？上周末我玩得很开心，我 13 个月大的儿子刚开始走路。

» **对人们的设备或工具进行评论或提问。**我看到你有个新手机，像素 6000 呢，效果怎么样？

警告

　　无论您的立场如何，谈论政治都有点冒险。当试图闲聊时，请远离有争议的话题。在尝试改变别人的想法之前，要先学会与他人建立联系。

　　在真正的朋友出现之前，您可能会进行几百次简短（或更长）的对话，但也会获得社交技能和技巧，这将在聚会、会议和其他场合上为您提供帮助。

牢记

　　在任何谈话中，试着问对方几个问题。人们往往喜欢谈论自己，您可能会了解到一些令人惊讶的有趣的东西。友谊就是这样开始的。

## 进入健身房

　　在第 20 章中，我们发现了锻炼对愤怒管理的价值。在健身房锻炼不但可以很好地抑制愤怒，也可以遇见和结交新朋友。上网也可以找到远足和其他社交机会，但不包括去健身房。

　　与尽可能多的人一起练习社交技能，比如前台的人、其他工作人员和一起上课的人（瑜伽、动感单车等）。如果您和对方有了很愉快的谈话，可以考虑在下一次锻炼结束后一起去喝咖啡或果汁，在那里继续加深友谊。

## 朋友优先

朋友不会自己找上门。不要期望一两次对话就能带来一生的友谊。当今繁忙的生活似乎让友谊很难有立足之地。大多数人整天工作，疲于奔命。

因此，如果您想结交新朋友，在交往过程中要把朋友放在优先的位置。必须明白，朋友确实可以让您更快乐，减少生气。以下部分是您在交朋友过程中需要用到的技能。

### 重听轻说

有句古老的格言大意是，不能仅仅通过说话来学习，只有在听的过程中才能学到东西。当您试图交朋友时，这一点尤其重要。

您只需多提问，认真倾听对方的解答并提出后续问题。不要把谈话搞得像乒乓球比赛，您说了一句话，朋友接一句，然后话题又回到您身上。相反，要积极探索主题。询问朋友的观点、感受和价值观。下面是一个乒乓球对话的例子（不是您想要的）：

罗伯（Rob）：上周末你干什么了？

基恩（Gene）：没干啥，就打扫了车库。

罗伯：我去了赌场，赢了 1000 美元。

基恩：真厉害。我去了街角新开的那家餐馆。

罗伯：我从来没有赢过那么多钱。

基恩：我吃了烤鸡，味道很不错。

罗伯：我想下周末再去赌场。

基恩：嗯，他们那的甜点也很好吃。

可以看到罗伯和基恩只是来回拍打，自说自话，没有探索，没有对话，没有联系。如果他们采取探索性方法聊天，会发生什么？

罗伯：上周末你干什么了？

基恩：没干啥，就打扫了车库。

罗伯：这还叫没干啥？我还从来没抽出时间去打扫过。你怎么想起要打扫车库？

基恩：嗯，我决定进行一次车库大拍卖，需要把东西整理整理。

罗伯：什么时候开始拍卖？需要帮忙吗？

基恩：你要是能帮忙就太好了。星期六你能来帮我安排吗？大概需要一两个小时。

罗伯：行啊。如果你需要，我还有更多的时间。我也带几件东西来卖，行吗？

基恩：当然可以。你帮我干活，星期天我用挣的钱请你吃饭。

正如您所看到的，他们相互倾听，相互联系，相互支持。听起来有点像朋友，是吗？

## 问问自己需要什么

大多数人周围都有很多潜在的支持者，但从来没有充分利用过。如果您不接受，别人的帮助对您有什么好处呢？

在本章的前面我们提出过一个建议，列出生活中能支持您的人。允许别人在需要的时候帮助您，会让友谊更加亲密和牢固。

然而，仅仅有人支持是不够的。当他们提供支持时，您必须学会接受。如果志愿服务和帮助别人能给您带来快乐，为什么要剥夺别人同样的快乐？不要否定别人给予您的快乐。

牢记

## 与他人共情

与愤怒做斗争的人经常会花太多时间考虑自己（这在第 7 章中有介绍）。以自我为中心的想法会使您与其他人脱节。将一切都个人化的想法会让人更容易对别人生气。

### 邻里互助

在美国许多社区，为了帮助老年人尽可能长时间地留在家中，努力让邻居发挥作用。为了实现这一目标，志愿者组织了邻里互助村（Villages，一个非营利机构）。他们的目的是让会员来完成一些基本的日常服务，如杂工和油漆工，更换灯泡或提供前往医疗机构就诊的交通工具。此外，邻里互助村还组织一些课程、社会活动和讲座。

我住在新墨西哥州的科拉莱斯，我们这里的邻里组织叫作"村中村"，因为科拉莱斯本身就是一个村庄。志愿者为居民们提供了计算机技术支持和临时护理。在疫情期间，志愿者们运送口罩和洗手液，还为被关在家里的老年人领取食品、杂货和处方药。像这样的组织只是与他人联系并在世界上有所作为的另一种方式。

同理心可以帮助您建立与他人联系。当您能够思考并关心他人的需求时，就会产生同理心。换句话说，您找到了一种设身处地为他人着想的方法，走出自己的空间，从另一个人的角度出发看问题。这样做的时候，您就会变得不那么生气，能交到更好的朋友。

提示

如果您不知道怎样同情别人，需要一些时间和耐心来学习。倾听并理解其他人的想法，不要评判。

| **找到生活的目的和意义**
Finding Meaning and Purpose

**本章亮点**

» 过有价值的生活

» 让自己沉浸在有意义的追求中

» 保持积极态度并表现出同情心

» 努力做到谦逊

当愤怒的想法充斥于脑海，没有空间专注于更有意义、更有成效的追求。反之亦然：当您专注于过一种有目的、有价值的生活时，愤怒的空间要小得多。换句话说，做好事可以让您不感到难过。举个例子：

> 瑞秋（Rachael）和克里斯托（Crystal）在一个贫穷的家庭长大。童年的大部分时间里，他们的父亲都因家庭暴力和一系列与毒品有关的指控而在监狱里度过。当他偶尔在家时，也是在辱骂孩子们和他们的母亲。他们的母亲大部分时间都在与毒瘾做斗争，孩子们也无法从母亲身上获得情感帮助。
>
> 两个孩子在学校都有行为问题。到了高中，他们的人生路出现了分叉。瑞秋加入了一个帮派，她辍学，使用非法药物，14 岁时第一次被捕。她们的姑姑特别关心克里斯托，经常问她希望自己以后的生活是什么样子。克里斯托最终决定从事社会工作，她想改变世界，她希望自己的工作能帮助他人，不要遇到她在成长过程中遇到的问题。她的生活有目标，有意义。

本章将帮助您评估您是否过着真正想要的生活。是什么让克里斯托摆脱了童年的阴影，继续前进？她是有目标的人，她希望自己的生活有意义。要做到这一点，她必须审视自己的价值观、兴趣和方向。您也可以这样做。

## 把价值观放在中心位置

拿出一张纸，在第一行写上"我"。然后花 15 分钟写一篇关于您迄今为止的生活的文章，包括您认为相关和重要的任何事情。15 分钟后停下来（如有必要，定个闹钟），读读您写的内容。尽量做到客观，假装您在读别人的生活。

读完后，请回答以下问题：

» 文章中有多少是关于您自己的？又有多少是关于其他人的？

» 有多少与工作有关？

» 您的文章在多大程度上与财务成功或失败有关？

» 这篇文章像是一个让人满意的人生故事吗？

» 您会觉得这篇文章写的是关于一个对生活有目标感或意义的人吗？

» 这篇文章有多少是关于您从生活中得到了什么，而您又回馈了多少？

» 如果这是另一个人的人生故事，您愿意和那个人交换位置吗？

如果文章中提到自己和他人之间有一个平衡，如果工作和财务上的成功（或失败）不是唯一的焦点，如果文中描绘了一个相当满足的人，他的生活充满了目标，如果在得到和给予之间很平衡，如果您真的想过那个人的生活，可以相当肯定，您过着有意义、有价值的生活。

如果您的答案不是这样，那就仔细审视一下自己，想办法改变您的故事。在接下来的六周里，每周重复一次这个练习，每次都问自己同样的问题，看看是否开始超越以自我为中心的生活。如果努力改变生活的重点，您文章的重点也会改变。

## 书写自己的墓志铭

　　无论您现在多大年纪，都可以开始思考自己的墓志铭。换句话说，您希望别人对您的人生做出什么样的评述？您希望人们记住您的哪些价值观和特点？您希望生命的标签是什么？

　　请阅读表 22-1 中的所有墓志铭，诚实点，选择一个您觉得周围的人对您的评价。

**表 22-1　墓志铭**

| 无价值：躺在这里的人 | 有价值：躺在这里的人 |
|---|---|
| ……发了财 | ……是每个人的朋友 |
| ……令人害怕，但受到所有人的尊重 | ……非常关心家人和朋友 |
| ……讨厌迟到 | ……可以信任 |
| ……是一个有影响力的人 | ……是一个真正的团队合作者 |
| ……不惧怕别人生气 | ……对生活有着持久的好奇心 |
| ……与最优秀的人一起处理多项任务 | ……热烈地爱着 |
| ……离开这个世界时，没有表达出积极的爱和关怀 | ……让全世界满意 |

提示

　　选择了墓志铭之后，问问自己是否愿意以这种方式被记住。如果其他人认为对您来说最准确的墓志铭恰好在"无价值"一栏，也许是时候改变了。例如，如果最准确地描述您的墓志铭是"这里躺着一个有钱人"，可以开始发展新的友谊，丰富您的生活，或者探索有意义的慈善捐赠。

如果您的"无价值"墓志铭是"这是一个令人害怕但又受人尊敬的人",您可以尝试帮助别人学习,人们就会因为您的助人为乐尊敬您,而不是怕您。

## 养成感恩的习惯

愤怒在很大程度上与您觉得没有得到想要的(或觉得有权得到的)有关。例如,工作中没有得到认可,也没有赚到您认为应该赚到的钱;孩子没有给予您作为父母应有的尊重;您喊您的狗时,它没有过来。所以您会生气。要学会感恩与感激已经拥有的东西。

### 把感恩放在工作上

感恩是一种积极的情绪,当人们相信自己从某件事或某个人身上受益时,就会产生这种情绪。例如,车爆胎了,有人停下来帮忙,您会很感恩。或者,当您得到赞美、加薪或意外礼物时,会心存感激。您也可能会对好天气(如果您想滑雪,下雪天也可以是好天气)、美味的食物、引人入胜的书或看到爱人的微笑感到感激。

埃蒙斯(Emmons)和麦卡洛(McCullough)教授曾做过一项研究,让一组参与者在两周内写下 5 句话,讲述他们每天感激的事情。另一组写关于日常烦恼的事,第三组写中性事件。结果发现,第一组人帮助他人的概率更高,感觉更好,甚至锻炼更多。

以感恩的祈祷或练习开始每一天。在脑海中列出您想感恩的所有——人、事，无论什么——并背诵给自己（无声或大声），这样您就能记住您所拥有的美好事物，并真的感到感激。然后看看面对一天的挑战，您是否感到内心平静。

心存感激是有好处的。欣赏生活的人会发现生活更令人满意。总的来说，那些感恩的人比那些不感恩的人较少感到身体不适，睡得更好，与周围的人关系更好，而且更乐观。

不论大事小情都可以心存感激。无论是中了百万美元的彩票，坠入爱河，及时赶上地铁，还是找到了一个好的停车位，所有这些都为您提供了体验和感激的机会。最重要的是养成感恩的习惯。

## 关注心流

您是否曾经很投入地致力于似乎无关紧要的事情中，以至于忘记了时间？米哈伊·契克森米哈伊（Mihaly Csikszentmihalyi）博士在他的研究中问了无数人这个问题，他称之为"心流"，这是一种意识状态，当您发现自己沉浸在"生命中最美好的时刻"之一时就会发生。

有趣的是，契克森米哈伊博士发现只有 20% 的人回答是的，他们每天都会出现这种情况。还有 15% 的人说，这种情况从来没有发生过，我敢打赌，这些人是最有可能经历长期愤怒的人。

那么，如何拥有这种健康的心态的呢？事实上，这并没有那么难。

» **心流来自积极参与日常活动。**心流并不是某种神秘、神奇的精神状态，如果您足够幸运，心流就像来自天堂的薄雾一样笼罩在身上。只有在您积极参与生活时，才会出现。被动的活动，如看电视或听音乐，并不能起到作用。就拿我来说，写书能让我频繁体验这种状态（当然，有些日子好些，有些日子差些）。对您来说，给您带来心流的可能是一种爱好，比如集邮、观鸟、烹饪、园艺、国际象棋，或者慢跑、排球或网球等娱乐运动。

» **心流需要积极的动力。**心流是欲望活动的副产品。如果您今天真的不想打高尔夫，只是因为老板想让您打，您很可能会打出低分，不太可能体验到心流。一些幸运的人，像我一样，在工作中找到了心流，对此，我非常感激。

» **心流需要您的充分关注。**心流需要全身心投入。当积极参与有可能产生心流的活动时，思想不可能停留在其他地方。从心理学上讲，必须心神合一才行。

　　一位 20 多年来每天每分钟都经历全身剧烈疼痛的患者是这样说的："当我再也忍受不了疼痛的时候——当它真的要了我的命的时候——我会打开我的电脑，让自己专注于网络世界里。在那几个小时，我完全感觉不到疼痛。"

» **心流活动必须具有挑战性。**一些简单的事情不需要太多的技能、精力或关注，不会产生心流。心流来自具有挑战性的活动，尽管当您做这些活动时，看起来毫不费力。重复会让人变得迟钝。如果一开始，您可以从一个特定的活动中获得心流，随着时间的推移，假如不以某种方式改变活动，使其更具挑战性或更复杂，就会失去效果。

» **心流来自能够产生即时回报的活动。**心流产生于过程中，而不是结果中。它发生在您积极参与某活动的时候，而不是以后。

尽管生活中的大多数回报都来自持续的努力（脚踏实地），但心流发生在过程中。一旦停止了您正在做的事情，心流就会开始消退。

» **产生心流的活动并不总是能轻易完成，所以有时您必须自己挤时间去做。**人们总是说："我似乎从来没有时间做我真正喜欢的事情。我不记得最后一次有机会坐下来弹钢琴是什么时候了——这是我最喜欢的事。真希望上帝能给我一天假期。"

还有一些不太常见的情况是，"我知道盘子需要洗，但我还没有用吸尘器打扫楼下，但是，我还要停下来弹一会儿钢琴。我需要融入其中。"

抽出时间进行心流活动。把它作为优先事项。成为那 20%理解契克森米哈伊博士所说的人。

» **心流来自了解自己。当您投入到最喜欢的活动中时，会体验到心流。**那么您最喜欢的活动是什么？您可能无法轻易回答这个简单的问题。这在一定程度上是因为您对自己的了解不够，不知道自己最喜欢的活动是什么。花点时间尝试一些对您有吸引力的不同活动，看看哪些活动最有趣。

表 22-2 列出了可能产生心流状态的活动和一些不太可能产生这种状态的活动。

问自己以下问题：

» 我最喜欢的活动是什么？
» 我做什么才是毫不费力的？
» 我做什么的时候好像时间都停止了？

表 22-2　**产生心流和不产生心流的活动**

| 产生心流的活动 | 不产生心流的活动 |
| --- | --- |
| 从事或学习您最感兴趣的事情 | 做家务 |
| 准备一顿有创意的饭菜 | 不走心地吃饭 |
| 旅游 | 看电视 |
| 参与有趣的活动 | 无聊地坐着 |
| 进行娱乐运动 | 休息和放松 |
| 演奏乐器 | 被动地听音乐 |
| 与有趣和有激情的人交谈 | 闲聊 |
| 写一本关于愤怒的书 | 回复消息 |
| 参与创造性活动 | 做无意识地活动 |
| 深入研究和挖掘互联网上一个引人入胜的话题 | 随意地上网 |

提示

牢记

现在，确保您每周至少参加一次可能产生心流的活动。

心流和愤怒是不相容的。处于心流的状态时，愤怒就没有存在的空间。

## 寻找健康的快乐

有一点是肯定的：人类需要快乐，所以在不断地寻求快乐。如果一个人的生活中没有足够的快乐和乐趣，最终会不可避免地感到易怒、情绪化、紧张，最糟糕的是，会变得迟钝。

在日常生活中寻求快乐对大脑来说就像避免痛苦一样自然。

没错，人类有一个容量相当大、极其复杂的大脑，它根据所谓的疼痛——快乐原理运作，不断努力（无论您有没有故意而为之）在两者之间取得有利的平衡。

**牢记**　大脑无法区分健康的快乐和不健康的快乐。从神经学的角度来看，一切都是一样的。关于这一点，好处是，您可以通过跑马拉松获得和抽大麻同样的快乐。前者是健康的快乐（没有不良后果的快乐），后者则不然。

大多数人有过一些不健康的快乐经历，比如吃太多糖果、喝太多酒、摄入太多咖啡因、赌博、超速驾驶、无保护的性行为，以及疯狂购物。您经常享受健康的快乐吗？以下是一个健康的快乐的列表：

» 参加爵士音乐节。

» 品尝一杯清凉的柠檬水。

» 在美丽的大草原上徒步旅行。

» 遛狗。

» 去一个有趣的博物馆。

» 在狗狗公园度过一段时间。

» 品尝一块巧克力。

» 在春天，看着鸟儿在树上嬉戏。

» 享受一顿特别有趣的饭。

» 帮助不幸的人。

» 第一次到科罗拉多大峡谷游玩。

» 乘坐热气球。

» 在热带岛屿上度过一周。

» 观看最喜欢的足球队在比赛的最后一秒触地得分。

提示

　　每天花一些时间（不必太多）享受某种形式的健康的快乐。小心点，可能会上瘾哦！

## 将玻璃杯视为半满

　　积极心理学是对引导人们感到快乐、满意和满足的原则和概念的研究。积极心理学认为乐观主义非常有用。因此，人们往往认为，那些相信会有好结果的人在面对挑战时会坚持到底。

　　从直觉上讲，有愤怒问题的人似乎不够乐观。但事实并非如此。有时乐观可能是件好事，但这对减少愤怒没有多大帮助。

警告

　　过于乐观的人实际上可能会带来一些负面影响。例如，一个过于乐观的人可能低估了不健康行为（如暴饮暴食、吸毒和无保护的性行为）对健康的风险。此外，当事情没有像他们预期的那样好时，过于乐观的人可能会变得愤怒和沮丧。

## 练习同情

　　世界上所有的宗教，无论其差异如何，都有一个共同点：它们教导和宣扬同情。当《圣经》谈论"你希望别人怎样对待你，就应该怎样去对待别人"时，它不是在谈论愤怒和暴力，而是在说对人类同胞的爱。

　　表 22-3 中列举了对待他人的两种相反方式之间的一些差异：同情和报复。

提示

　　跟自己做个约定，每一天都要对他人表达同情。您可能会惊讶于小小的同情行为——一个在正确的时间使用的带有善意的词——能挽救一个人的一天。加州大学洛杉矶分校的雪

表 22-3    **报复和同情**

| 报复 | 同情 |
|---|---|
| 是出于愤怒或仇恨 | 因爱而生 |
| 以伤害他人为目标 | 有帮助他人的目标 |
| 加剧冲突 | 缓和冲突 |
| 具有评判性 | 不带偏见 |
| 总是说"他们错了" | 总是说"他们需要帮助" |
| 总是说"我反对他们" | 总是说"我支持他们" |
| 具有破坏性 | 具有建设性 |
| 密谋惩罚别人 | 释放惩罚别人的欲望 |

莉·泰勒（Shelly Taylor）教授将这些行为视为她所说的"照顾和交友"，这是一种积极心理学形式，可以让每个人更好地度过艰难时期。有趣的是，这种特征在女性中比在男性中更常见。也许这就是为什么女性寿命更长的原因。

## 谦逊对您有帮助

培养一种谦逊的态度是另一种消除有毒愤怒的解药。谦逊与以下态度相反：

» 傲慢。

» 感觉有资格。

» 认为自己高人一等。

» 对所有认为不如自己的人采取蔑视的态度。

所有这些与谦逊相反的东西往往会激起愤怒。您遇到过一个愤怒而又谦逊的人吗？不大可能。

当被问及为什么他没有因为年老体弱（蹒跚地上下舞台，进行关于"压力"的演讲）以及其一生的成就并非为医学界的每个人都承认而感到压力时，汉斯·塞利（Hans Selye）医生简单地回答说："因为我从来没有把自己当回事。"塞利的回答是一个很好的有关谦逊的例子。

试着在不担任负责人的情况下参与社区服务。找到一些相当微不足道的方法，让世界变得更美好。比如在高速公路边捡垃圾来美化环境。或者花一天时间为"人类家园"（Habitat for Humanity）这类公益组织工作。

如果您还没有谦逊的概念和情感，可以考虑出去看看星星。思考宇宙的浩瀚和个人的渺小。我们所有人都是这伟大存在中的一小部分。

# 第 7 部分

# 三个十

The Part of Tens

**在这一部分中，您将：**

☑ 学会当愤怒升级时，要保持冷静和安全

☑ 知道什么时候该离开愤怒

☑ 尝试做善事

☑ 多微笑

☑ 专注于目标，而不是愤怒

第 23 章 | **十种与愤怒的人相处的方法**
Ten Ways to Deal with Angry People

**本章亮点**

» 缩短愤怒升级过程

» 喜欢倾听而不是诉说

» 保持冷静沟通

» 通过放手赢得胜利

现在，我们来假设您在杂货店的停车场。您慢慢倒车，不知怎么地撞上了一辆突然出现在后面的汽车保险杠，这辆车似乎不知从哪里冒出来的。您怀疑这辆车开得太快了，但不确定。您停下来，打开车门检查车辆是否有损坏。

另一个司机怒气冲冲地从车里冲了出去，跑到您面前大声喊道："这是怎么了?! 你这个白痴! 你在做什么? 你连看都懒得看吗? 你有什么毛病? "

他满脸通红，站得离您很近，可以看到他的双手紧握成拳。您感到自己心跳加速，掌心出汗。虽然不确定这是谁的责任，但您肯定不希望事态扩大。这件事从一开始只是轻微的挡泥板弯曲开始升温，但您不知道该怎么办。怎么才能把热度降下来。

在这一章中，我们为您提供了十种技巧，在不想发火的情况下冷静下来。除极少数情况外，当您能控制冲突而不是放任愤怒爆发时，会感觉更好，并能想出更有效的解决方案。

警告

当面对一个愤怒的人时，您肯定想竭尽所能避免事态升级，避免激烈的争论甚至暴力。如果不小心，这样的事可能会很快发生。

## 道歉并认真倾听

您可能会想，如果不是我的错，为什么要道歉? 道歉会让您失去什么? 道歉可能会让愤怒停止。您不必承认自己做错了什么，只是为所发生的事情做一个全面的道歉。例如，可以说："天哪，很抱歉发生了这种事。"

当受到攻击时，最好的化解策略就是倾听。认真听，给愤怒的人一些时间来完整表达他的情绪。如何表明您在听呢? 最理想的方式是复述对方所说的话。可以用以下语句开始：

» "听起来你是在说……"
» "如果我没听错……"
» "我觉得你在说……"
» "如果我错了，请纠正我，我觉得你的意思可能是……"

提示

用上面的语句开始，告诉对方您是如何理解他说的话的。如果对方觉得您说得对，就可以继续；如果对方觉得您说得不对，就会纠正您，这样您就可以更好地理解对方的意图。

## 控制节奏、空间和呼吸

在停车场和其他空地上争吵只会增加事态升级的机会。您可以尝试搬到一个封闭一点的空间去解决问题，比如附近的咖啡店或商店内。在这样的地方，一般不会发生身体的接触或言语的辱骂。

以下是一些关于如何遏制可能的爆发性互动的办法：

» **建议你们两个坐在椅子上。**这样做可以平衡身高，起到镇静的作用。
» **注意出口的位置，以防万一。**这样做您会感觉更放松。不要把自己放在一个出口通道被阻塞的位置。
» **尝试与对手保持大约两臂远的距离，**这是个安全距离。
» **控制语速。**放慢说话的速度，注意停顿。对一个说话缓慢、停顿的人发火要困难得多。同时也要控制您的呼吸速度。

人们很容易被与之争论的人的快节奏语速所吸引。这种反应很少有帮助，往往会导致事态迅速升级。所以，要小心。

## 要求对方说清楚

当两个人根本不明白对方想说什么时，就会发生很多争吵。与其假设您知道争论的内容，为什么不要求对方来说清楚呢？您可以重述您所认为正在发生的事情，告诉对方您只是想弄清楚究竟发生了什么。如果有任何不清楚或不确定，都要询问对方。举个例子：

阿曼莎（Amantha）是一名牙科保健师，每周工作三天。不工作的时候她都会去照顾年迈的祖父母。阿曼莎工作时，照顾祖父母的事就由她的姐姐负责。特伦斯（Terrence）是她的同事。他对阿曼莎说："我跟老板申请每周工作四天，但他不同意。你却能每周只工作三天。你和老板有某种特殊的关系吗？"

工作和照顾老人让阿曼莎感到筋疲力尽，面对这样的挑衅，她愤怒地回应道："你怎么敢指责我和老板上床！"

特伦斯回答说："哇，别激动，我不是故意的。我只是在开玩笑。不过我很好奇，他们为什么能让你每周只工作三天呢？"

阿曼莎说："可能是因为我在面试的时候告诉过老板，我一周中有四天都要照顾年迈的祖父母。这是一项累人的工作。"

特伦斯道歉说："哦，我明白了。我很抱歉我觉得老板偏袒了你，你太辛苦了。"

特伦斯只是简单地要求阿曼莎说清楚她为什么会有这样的

日程安排。如果他没有这样做，事情可能会很快变得无法控制。

最后我要说的是，多问问题。没错，多问问让对方觉得不对的事。与其采取防御措施，不如提出以下问题：

» "好吧，我想我们已经清楚了，还有更多的事情困扰着你吗？"
» "有其他困扰你的事情吗？"
» "你认为这种情况会让你更难过吗？"
» "还有什么你想让我知道的吗？"

别担心，当事情平静下来后，您将有机会表达自己的想法。当您急于陈述自己的情况时，反而增加了事态升级的可能性。慢慢来。

警告

有时，愤怒的人会迅速从咆哮和喊叫转变为沉默不语。如果是这种情况，那就不要坚持问更多问题。建议您下次再谈。

## 说话轻声细语

您听过人们争吵时的音量吗？您可能想不出轻声细语地争论是怎样一幅场景。柔和、耐心的语调和音量可以控制情绪，就这么简单。所以当争论有爆发的危险时，要密切注意音量。

提示

如果和您说话的人音量很大，您可以说："你知道吗，如果你说话稍微柔和一点，我就能更好地理解你。可以这样吗？"

## 建立联系

当感到与他人脱节时，更容易对他们感到愤怒。另一方面，即使是一点点的联系也会抑制敌对情绪。可以先问愤怒的人叫什么名字。然后在交谈过程中多次称呼他们的名字。

另一种联系方式是给对方提供一些可食用的东西（松饼、薄荷糖等）或茶、咖啡甚至水等。当您给人们提供一些东西时，他们往往会产生某种回报的欲望，至少不太可能爆炸。此外，如果嘴里有东西，就很难大喊大叫！

## 降低防御力：语言和非语言

防御力传达了对批评或其他敌对行动进行防御的强烈需求，无论批评或敌对行动是真实的还是想象的。当有人对您进行口头或身体攻击时，防御力会增加。防御是一种较弱的反应，而非防御行为则能表达更多的力量和信心。

面部表情、肢体语言、姿势和您说的话都会增加或降低防御力。考虑尝试以下非防御性策略：

» **脸上露出好奇的表情。**微微抬起眉毛，头稍稍倾斜。看起来真的对对方的观点感兴趣。

» **带上蒙娜丽莎的微笑。**您的目的是表达善意，而不是讽刺。

» **点头。**即使不同意对方的观点，点头也表明您在听——不一定是同意，而是在倾听。

» **向一边转一点。**一个轻微的侧身表明您并没有试图挑衅或对抗。

» **给出选择，而不是全部肯定或全部否定。**大多数论点可以有多个解决方案。试着找到您可以接受的多种可能性，并把它们抛给对方。

» **询问对方您是否可以做些什么来帮助解决问题。**不一定要得到肯定的答复，但主动提供帮助可以减轻压力。

## 尽可能达成一致

无论一个人的观点多么令人讨厌或愤怒，几乎总能找到一点点和您的共识。可以用以下语句表示部分同意：

» "我知道你可能会这样看待这件事。"
» "有时候这可能是真的"（即使您现在不这么认为）。
» "你可能有些道理"（即使你怀疑，这总是可能的）。

提示

可以看看第 8 章，了解更多关于坚定果敢沟通的信息。

## 表达理解

当您与一个愤怒的人打交道时，可以通过同情对方来表明您对对方的理解。不要说您很清楚对方的感受，显然，您不能确定。您可以怀着同理心去排除一种可能性，但允许对方不同意。例如：

» 感谢对方诚实地表达了自己的观点。
» 告诉对方您理解他的难过。
» 不要对他人发表评判性的言论。这并不意味着您同意对方的观点，但这表明您至少尊重她。

## 分散注意力

分散注意力，可以将注意力的主题或焦点转移到与当前冲突无关的其他事情上。

警告

大多数分歧都不需要分散注意力。例如，如果有人争论找零，你不会想改变话题。然而，当争议的另一方涉及以下任何一项时，可能会需要分散注意力：

» 一个孩子，尤其是在其破坏行为会带来麻烦的地方，比如宗教仪式现场。
» 有精神障碍的人，如痴呆症或智力功能受限。
» 因合法或非法药物而导致推理能力受损的人。

如果需要分散注意力，可以尝试以下技巧：

» 指着周围的东西评论它。例如，"看看奇形怪状的云"或"看到天花板上的巨大裂缝了吗？"
» 提出另一个完全无关的话题，例如天气或新闻。可以这样说："你能相信这股冷空气来得这么快吗？"
» 拿出您的智能手机，给对方看一张有趣的照片，如果知道对方的号码，甚至可以把照片发给他。

## 暂停

有时问题无法立刻解决，争论一轮又一轮，没有进展，找不到任何解决方案。出现这种情况的话，是时候停止了。以下是一些建议：

» "你说的内容我需要好好想一想。我们明天再继续讨论行吗？"
» "恐怕我现在无法处理所有的事。我们可以稍后再谈一次吗？"
» "我们正在谈论的事情真的很重要，但我几分钟后必须去一个地方。我们明天早上再说吧？"
» "我们现在似乎没有进展，停一下吧，让我们下次再谈。"

不要有必须立即下定决心的感觉。如果事情进展不顺利，或者您感到不安全，最好终止对话并离开。并非所有情况都是可以解决的。如果您觉得有成功的机会，一定要再试一次，但如果看起来不可能，就不要尝试。

可以用上厕所的借口来缓和，甚至逃离困难或危险的环境。大多数人都无法拒绝对方上厕所的请求。如果需要帮助，可以在上厕所的途中求助。

第 24 章 | **用同情减少愤怒的十种方法**
Ten Ways to Decrease Anger with Compassion

**本章亮点**

» 停留在当下

» 寻找友善的方式

» 礼貌

愤怒，无论是对您还是对他人，都是一种不愉快的经历。大多数人在经历了一段愤怒之后会感到精疲力竭。与其用更多的愤怒来回应愤怒，不如考虑同情。同情包括善意和理解，作为对自己或他人的反应。在本章中，我们将探寻同情心如何成为愤怒的解药，无论是对施予者还是对接受者。

## 拥抱接受

人生在世，总会经历苦难。痛苦是生活中不可避免的一部分。婴儿摔倒受伤，年幼的孩子被欺负，青少年感到尴尬，这些都是痛苦。人们生病，失去亲人，发生事故，最终死亡。虽然不愿提及，但这些都会发生。

明白自己有时会受苦，别人也会受苦，这就是接受现实。此外我们还要接受世界并不总是公平的，人们并不总能得到想要的，有些事情永远不会改变。接受现实会减少无效的愤怒和其引起的自我伤害。

与此同时，快乐、爱和美丽也是生活的组成部分。好事也会发生在我们身上。尽可能多地花时间享受生活。感恩友谊和家庭。抬头看看浩瀚的星空。

## 寻找共性

大多数人都在寻找安全的生活，寻找栖身之所，寻找有意义的生活，寻找尊严和良好的人际关系。大量研究表明，在人们的基本需求得到满足之后，即使收入大幅增加也无助于改善他们的幸福感。

与此同时，大多数人也在为一些事情而挣扎。可能是愤怒、堕落、焦虑、肥胖、人际关系问题、成瘾、经济困难、虐待或其他什么。既要同情自己，也要同情他人。关注大多数人对生活的期望。

## 多行善

行善可以使大脑释放感觉良好的神经递质。当一个人感觉很好的时候，很难生气。对他人的友善会激励那些接受善行或目睹善行的人，将爱传递出去。从事慈善事业的人更快乐、更健康，而且往往寿命更长。有成千上万的小方法可以让其他人度过快乐的一天。想想可以做些什么，您也会感觉好很多。

## 多倾听

在做出反应之前，多花点时间倾听他人的意见。外向的人很善于娱乐，他们可能会用笑话和故事吸引别人。但当人们遇到问题时，他们会求助于那些乐于倾听的人。同情来自认真倾听人们的经历。能深入倾听他人意见的人不太容易生气。

## 宽容

多道歉，多原谅自己和他人。怀恨在心意味着过去的委屈会伴随着现在的每时每刻。对自己感到愤怒和后悔会让您成为一个不快乐的人。对过去既往不咎。以希望和乐观开始每一天，而不是愤怒。

## 说声谢谢

礼貌会大大减少愤怒。我们要寻找一种方法来增加对感激之词的使用。注意到每天遇到的小小的善意。一定要对那些帮忙的人说声谢谢，比如服务员、司机和店员。感谢另一半做了日常家务，感谢孩子完成了家庭作业，感谢自己没有发脾气。礼貌很重要。

## 少做判断

"假设"的英文单词是"assume"，关于这个词英语里有一种说法："Assume makes an 'ass' out of 'u' and 'me'"。字面意思是"Assume"这个词是由"ass（傻瓜）""u（你）""me（我）"组成的，也就是说"假设使你我成了傻瓜"。您对某人或某事有一定的了解，但并不知道全部真相，然后您接受这个假设并作出了判断。

如果您正在购物，有人撞到您，差点把您推倒。您可能会认为这个人是个粗鲁的混蛋。但也许那个人刚刚接到一个电话，说家里人出事了，或者他发生了中风。不要对无法核实的事进行判断，这只会引起不必要的不安。

## 享受欢乐

如果您总是处于愤怒的状态，可能很难进行一些让人愉快的活动。如果您是愤怒的对象，也是如此。在这两种情况下，欢乐与愤怒是不相容的。请列出一份愉快的活动清单。您应该有一段美好的时光，为自己做点什么，这将有助于减少愤怒。

警告

如果您觉得美好时光就是和朋友一起喝醉或狂欢，但往往会因为政治问题而陷入争论，那么也许您应该重新考虑这算不算您的愉快活动。同样，如果您喜欢网球，但当您输了或有一球没打中就会大发雷霆，那么网球也许不适合您。如果愉快的活动会把您点燃，那就换点别的事情。

## 微笑着说你好

我住在（美国）新墨西哥州阿尔伯克基郊外的一个小村庄里。这里的人很友好。他们互相挥手致意，打招呼，即使在最近政治中最红、最蓝的时候，他们也在很大程度上互相帮助和友善相处。

来自东海岸的游客经常会说新墨西哥州人民非常友好。当我去东海岸旅行时，花了很长一段时间才意识到，其实每个人都没有生对方的气，只是会忘记和路过的人打招呼。

对路人微笑或点头并不需要太多努力。如果点头没有得到回应，不要把它当成是针对个人的。

## 打开更多的门

如果方便的话，请为同时进来的人开门。这并不算多大的事，但小小的善意姿态往往会得到极大的赞赏。友善会让您感觉良好。为他人敞开大门可能会帮助您打开自己的小世界，让它变得更加和平。现在就可以试试。

第 25 章 | **十种对抗愤怒的想法**
Ten Anti-Anger Thoughts

**本章亮点**

» 保持健康的观念

» 实现内心的平静

» 让愤怒失去力量

» 让愤怒找到出口

在愤怒管理中，心态重于物质。动脑子去想很重要，要意识到充满愤怒和没有愤怒之间的区别。本章为您提供了十个有助于控制愤怒的想法——昨天、今天和明天。

## 没有您的参与，没有人能让您生气

每当有人说"他（或她或他们）让我很生气"时，我都想大声说"你错了！"当人们这么说时，是在试图让其他人对自己的情绪负责。没有任何环境、个人或事件对您有那么大的影响力。您不是一辆可以用别人的钥匙启动的汽车。

事实上，外部事件可以（而且确实会）为您提供愤怒的机会。不幸的是，人们太容易接受这个机会了。如果您愿意，可以选择不发脾气。不管怎样，选择权在您。

提示

下一次，当您发现自己愤怒的时候，记住这个想法：没有人能让您生气，无论他多么努力，除非您决定生气。

牢记

愤怒的程度不一。如果偶尔因为烦恼或愤怒而大发雷霆，不要责备自己。试着冷静下来，继续前进，不要失去冷静。

## 善有善报，恶有恶报

您可能听过很多类似谚语，比如"善有善报，恶有恶报"和"种瓜得瓜"，多从那些受到他人伤害的人嘴里说出来。这些谚语有一个目的：它们提醒您，总的来说，生活是一条双向的车道。

人类的情感有一定的相互作用，也就是说，愤怒会引发愤怒，恐惧会引发恐惧，一种善行之后往往会有另一种善行。人们会对您抛出去的东西做出同样的反应。把愤怒抛出去，就能收回愤怒。抛出爱，就会得到爱。情绪就像回旋镖一样。

提示

如果想让别人积极地对待您，就去做一些积极的事。可以问自己以下问题：

» 今天我可以去关心谁？

» 谁需要我的理解，而不是我的判断？

» 今天我想对其他人说些什么友好的话？

» 我可以同情谁？

» 在太阳落山之前，我能拥抱多少人？

» 我多久能说一次"请"和"谢谢"？

» 人们看到我的笑脸时有多开心？

如果这样想了，生气对您来说将是一件很难的事。

## 能用钱解决的事都不是事

很多时候，人们会因为出了金钱方面的问题而感到沮丧甚至愤怒。如果成本很低，他们只是有点恼火。如果成本超过了他们能够（或想要）承受的，就会勃然大怒。

您也是这样吗？如果是这样的话，想想那句话，能用钱解决的事都不是事，这并不是世界或文明的终结，并不意味着您的生活永远被毁。这只是钱的事。例如，孩子或配偶弄坏了汽车，您会有以下想法吗？

»"这要花多少钱？"

> » "车怎么样？"

> » "损失有多大？"

> » "这辆车能开吗？"

> » "我们的保险费率会上涨多少？"

其实，更重要的问题——您应该关心的问题是

> » "你还好吗？"

> » "你受伤了吗？"

> » "你怎么样？"

> » "你能处理吗？"

剩下的只是钱和金属的问题。

牢记

这一切都与优先事项有关。您对他人的爱和关心远比任何事情的"代价"重要。正如金融大师苏茜·欧曼（Suze Orman）经常宣称的那样，"人第一，钱第二，物第三。"

## 其他人不是敌人

从进化的角度来看，愤怒是为目的服务的，这是达到生存目的的一种手段。情绪存在于神经系统中，帮助您适应生活，这样才能长寿。愤怒只有一个目的：保护您免受敌人的伤害，那些威胁您生存的人。但是这些敌人是谁？您有多少敌人？

如果孩子带着"D"的成绩单回家，他是您的敌人吗？如果妻子对性没有您希望的那么感兴趣，她是您的敌人吗？如果在杂货店的快速结账队伍中，您前面的人有 11 件商品（按规定少

于 10 件商品才能快速结账），她是您的敌人吗？妨碍您、给您带来不便或在扑克比赛中击败您的人都是敌人吗？如果是这样的话，那么您会经常生气的！

为那些真正威胁您人身安全的人保留敌人的地位吧。把其他人当成普通人——儿子、女儿、配偶，或者一个在结账时不遵守规则的人——而不是敌人。除非排队结账的女士拿出枪向您要钱包，否则她只是一个烦人的人，而不是敌人，不值得为此生气。

## 生活是不公平的，永远不会公平

当生活按照您想要的方式发展时，您会认为这是公平的。如果没有，您就会说这是不公平的。什么是公平，什么是不公平，由您决定。换句话说，您是最终的裁判。如何看待发生在您身上的事情决定了您有多生气。每当认为"不公平"时，您会诉诸愤怒吗？

让我们来想想公平。什么是公平？谁让事情变得不公平？所有糟糕的事件都不公平吗？为什么？有些人认为发生在他们身上和周围人身上的事是由未知的力量决定的。还有些人认为，对偶然事件根本没有任何解释，无论是好的还是坏的。

所以，也许我们最好是停止思考今天发生的事情是公平的还是不公平的，竭尽所能处理它，而不是评判它，消除愤怒的来源。试试看。

此外，即使生活没有按照您想要的方式发展，也要记得心存感激。对小事的感激能改善情绪。

## 精力是一种有限的资源

生气需要耗费精力，保持愤怒需要耗费精力，做所有表达或缓解愤怒的事情也需要耗费精力。太多的愤怒会让您筋疲力尽。

您确定想把这么多精力放在一种情绪上，还是一种很一般化的情绪上？您的精力不是无穷无尽的，可以像使用其他资源一样使用它。把精力花在哪里决定了这一天可以如何度过。如果把大部分时间投入到工作中，那么在一天结束时，您会感到很有效率。如果把大部分时间都投入到愤怒中，那么在一天结束时，您会感到愤怒、挫败、疲惫和徒劳。

牢记

只要活着，人们就会把精力花在一些事情上。问题是，"把精力花在了什么上？"您的精力是为了让您或您关心的人受益，是为了改善您或他人的生活，还是只是为了浪费？这是您的决定，您的选择。

### 保持活力

研究表明，随着年龄的增长，人们发怒的次数会减少，更少有强烈愤怒，而且即使生气，也能很快克服。也许是因为爱愤怒的人死得早。也许是因为那些幸存下来的人发现了生活的秘密：生存需要耗费精力。而且在人生的后半段可以支配的精力比前半段要少得多。因此，人们被迫成为良好的精力管理者，以此来确保活下去。

## 毕竟我们都是普通人

认为自己高人一等，或者比别人好，这是一种愤怒的原因。愤怒更倾向于针对那些您认为不如您的人：那些没有您聪明、比较笨、不那么重要的人。您告诉自己："当他们让我生气时，他们（那些地位较低的人）咎由自取，罪有应得！"

心理学家用自恋这个标签来形容那些感觉自己比别人优越的人。自恋者是对自己有着浮夸看法的人，认为自己很"特别"，自己的观点应该比其他人更有分量，觉得其他人的存在只是为了满足她的需求——换句话说，就是蜂王！

婚姻也是如此。根据婚姻专家约翰·戈特曼（John Gottman）博士的说法，一旦蔑视进入婚姻关系，婚姻就注定要失败。蔑视伴随着一种优越感，它远远超出了对伴侣的一般批评。蔑视背后的意图是贬低、侮辱和心理伤害所谓的爱人。

提示

满足于做一个普通的、没有什么特别的人。然后您就可以放松了。

## 这不是您不惜一切代价要达到的目标

就像在战争中一样，当您在生活中挣扎时，必须决定哪些目标值得为之而死，哪些不那么重要。事情越重要，对某件事的情感投资越多，当事情不按您想要的方式发展时，就越生气。频繁的强烈愤怒对健康有害。只为值得的目标生气。

提示

保留在生活中尽可能少打几场仗的权利，为下一天努力生活。

## 愤怒实现的目标，不生气也能做到

在某些情况下，愤怒可以被建设性地利用，但生活中的任何目标都可以在没有愤怒的情况下实现。

如果人们在生气和完成事情之间建立联系，当面临障碍、挑战和问题时，愤怒会自动产生。换句话说，人们认为愤怒对他们的日常生存至关重要，而事实并非如此。

试着回忆您上一次生气是什么时候。是什么问题导致您生气？能用其他方式处理这个问题吗？不需要生气的方式？要诚实。愤怒是帮助还是阻碍了问题的解决？最有可能的是，愤怒是一种阻碍。

在人类历史上的某个时期，愤怒无疑起到了一定的作用，主要是通过它与肉体生存的联系。但在当今世界，愤怒几乎已经不再有用了。很多时候，愤怒只不过是一种代代相传的坏习惯。

## 您没有任何特权

如果通过阅读本书，您发现了一件能帮助您更好地控制愤怒的事情，那肯定就是：您没有特权。在当今这个快速发展、错综复杂的世界里，权利感是许多愤怒的根本原因。

根据字面意思，权利是指合法要求的任何东西，比如一件财产的所有权。从历史上看，权力是贵族忠诚服务国王而被授予的东西。然而，现如今，如果您和大多数人一样，就会把这个概念应用到日常生活的几乎每一个方面。

以下是一些常见的人们有虚假权利感的事物：

» 时刻被所有人理解。

» 内心的宁静。

» 世上的一切都是公平的。

» 廉价汽油。

» 繁荣。

» 赞同自己政治观点的人。

» 同行的尊重。

» 让每个人都重视他们的想法、信念和意见。

» 睡个好觉。

权利感的问题在于，它传达了一种义务感、确定性和可预测性。例如，毫无疑问，孩子总是会按照父母的要求去做，因为孩子们感激父母把他们带到这个世界上。如果孩子们不听父母的话会发生什么？父母会生气。那么生气能起到什么作用呢？一般来说，作用不大，至少是好处不大。

提示

忘记权利吧，努力为生活中一些您想要（而不是必需的）的东西进行谈判：加薪、升职、尊重、爱和认可。这会让生活变得更加轻松。

**图书在版编目（CIP）数据**

愤怒管理：第 3 版 / （美）劳拉·史密斯

(Laura L. Smith) 著；王嫩寒等译. -- 长沙 ：湖南

科学技术出版社，2025. 3. --（国际临床经典指南系列丛

书）. -- ISBN 978-7-5710-3483-2

Ⅰ. B842.6

中国国家版本馆 CIP 数据核字第 2025QJ8398 号

FENNU GUANLI

**愤怒管理（第 3 版）**

著　者：[美]　劳拉·史密斯（Laura L. Smith）

译　者：王　楠　王嫩寒　张忠丽　王峻清

出 版 人：潘晓山

责任编辑：李　忠

文字编辑：寻晓庆

特约编辑：王超萍

出版发行：湖南科学技术出版社

社　址：长沙市芙蓉中路一段 416 号泊富国际金融中心

网　址：http://www.hnstp.com

湖南科学技术出版社天猫旗舰店网址：

　　　　http://hnkjcbs.tmall.com

邮购联系：0731-84375808

印　刷：湖南省众鑫印务有限公司

　　　　（印装质量问题请直接与本厂联系）

厂　址：湖南省长沙市长沙县榔梨街道梨江大道 20 号

邮　编：410100

版　次：2025 年 3 月第 1 版

印　次：2025 年 3 月第 1 次印刷

开　本：710 mm×1000 mm　1/16

印　张：28.5

字　数：336 千字

书　号：ISBN 978-7-5710-3483-2

定　价：128.00 元

（版权所有·翻印必究）